教科書ぴったりトレーニング

- ふろくの「がんばり表」に使おう！
- はじめに、キミのおとも犬を選んで、がんばり表にはろう！
- 学習が終わったら、がんばり表に「はなまるシール」をはろう！
- 余ったシールは自由に使ってね。

キミのおとも犬

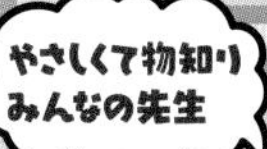

はなまるシール

ごほうびシール

教科書ぴったりトレーニング 理科３年 がんばり表

いつも見えるところに、この「がんばり表」をはっておこう。
この「ぴたトレ」を学習したら、シールをはろう！
どこまでがんばったかわかるよ。

★ 植物の育ちとつくり
❶ 植物が育つようす
❷ 植物の体のつくり

20～21ページ	18～19ページ
ぴったり３	ぴったり１２
できたらシールをはろう	できたらシールをはろう

3. チョウを育てよう
❶ チョウの育ち
❷ チョウの体のつくり

16～17ページ	14～15ページ	12～13ページ	10～11ページ
ぴったり３	ぴったり１２	ぴったり１２	ぴったり１２
できたらシールをはろう	できたらシールをはろう	できたらシールをはろう	できたらシールをはろう

4. 風とゴムの力のはたらき
❶ 風の力のはたらき
❷ ゴムの力のはたらき

22～23ページ	24～25ページ
ぴったり１２	ぴったり３
できたらシールをはろう	できたらシールをはろう

★ 花のかんさつ
❶ 花がさいたようす

26～27ページ	28～29ページ
ぴったり１２	ぴったり３
できたらシールをはろう	できたらシールをはろう

9. じしゃくのふしぎ
❶ じしゃくにつくもの
❷ じしゃくのきょく
❸ じしゃくについた鉄

62～63ページ	60～61ページ	58～59ページ	56～57ページ
ぴったり３	ぴったり１２	ぴったり１２	ぴったり１２
できたらシールをはろう	できたらシールをはろう	できたらシールをはろう	できたらシールをはろう

8. 電気で明かりをつけよう
❶ 明かりがつくとき
❷ 電気を通すもの

54～55ページ	52～53ページ	50～51ページ
ぴったり３	ぴったり１２	ぴったり１２
できたらシールをはろう	できたらシールをはろう	できたらシールをはろう

10. 音のせいしつ
❶ 音が出ているとき
❷ 音がつたわるとき

64～65ページ	66～67ページ
ぴったり１２	ぴったり３
できたらシールをはろう	できたらシールをはろう

11. ものと重さ
❶ ものの形と重さ
❷ ものの体積と重さ

68～69ページ	70～71ページ
ぴったり１２	ぴったり３
できたらシールをはろう	できたらシールをはろう

★ おもちゃランド

72ページ
ぴったり１
できたらシールをはろう

（キリトリ線）
教科書ぴったりトレーニング　理科　3年　啓林館版　折込①（オモテ）

すきななまえを
つけてね！

なまえ

ぴた犬
（おとも犬）
シールを
はろう

シールの中からすきなぴた犬をえらぼう。

おうちのかたへ

がんばり表のデジタル版「デジタルがんばり表」では、デジタル端末でも学習の進捗記録をつけることができます。１冊やり終えると、抽選でプレゼントが当たります。「ぴたサポシステム」にご登録いただき、「デジタルがんばり表」をお使いください。LINE または PC・ブラウザを利用する方法があります。

LINE用 

PC・ブラウザ用 

★ ぴたサポシステムご利用ガイドはこちら ★
https://www.shinko-keirin.co.jp/shinko/news/pittari-support-system

スタート

1. 生き物をさがそう

2〜3ページ ぴったり１２ できたらシールをはろう

4〜5ページ ぴったり３ できたらシールをはろう

2. たねをまこう

❶ たねまき

6〜7ページ ぴったり１２ できたらシールをはろう

8〜9ページ ぴったり３ できたらシールをはろう

★ 植物の一生

❶ 実ができたようす
❷ かんさつのまとめ

34〜35ページ ぴったり１２ できたらシールをはろう

36〜37ページ ぴったり３ できたらシールをはろう

5. こん虫のかんさつ

❶ こん虫のすみか
❷ こん虫の体のつくり
❸ こん虫の育ち

30〜31ページ ぴったり１２ できたらシールをはろう

32〜33ページ ぴったり３ できたらシールをはろう

6. かげと太陽

❶ かげのでき方と太陽
❷ かげの向きと太陽のいち
❸ 日なたと日かげの地面

38〜39ページ ぴったり１２ できたらシールをはろう

40〜41ページ ぴったり１２ できたらシールをはろう

42〜43ページ ぴったり１２ できたらシールをはろう

44〜45ページ ぴったり３ できたらシールをはろう

7. 光のせいしつ

❶ はね返した日光の進み方
❷ はね返した日光を重ねたとき
❸ 日光を集めたとき

46〜47ページ ぴったり１２ できたらシールをはろう

48〜49ページ ぴったり３ できたらシールをはろう

ゴール

さいごまでがんばったキミは
「ごほうびシール」をはろう！

ごほうび
シールを
はろう

バッチリポスター

自由研究にチャレンジ！

「自由研究はやりたい，でもテーマが決まらない…。」
　そんなときは，このふろくをさんこうに，自由研究を進めてみよう。
　このふろくでは，『植物のどこを食べているのか』というテーマをれいに，せつめいしていきます。

①研究のテーマを決める

「植物の体は，どれも根・くき・葉からできていることを学習したけど，ふだん食べているものは，植物のどこを食べているのか，調べてみたいと思った。」など，身近なぎもんからテーマを決めよう。

②予想・計画を立てる

「ふだん食べているやさいなどの植物が，根・くき・葉のどの部分かを調べる。」など，テーマに合わせて調べるほうほうとじゅんびするものを考え，計画を立てよう。わからないことは，本やコンピュータで調べよう。

③調べたりつくったりする

計画をもとに，調べたりつくったりしよう。けっかだけでなく，気づいたことや考えたこともきろくしておこう。

④まとめよう

「根を食べているものには～，くきを食べているものには～，葉を食べているものには～があった。」など，調べたりつくったりしたけっかから，どんなことがわかったのかをまとめよう。

どの部分か
わかりにくいものは
本などで調べよう。

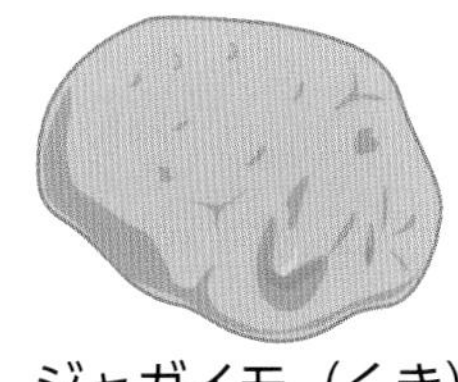

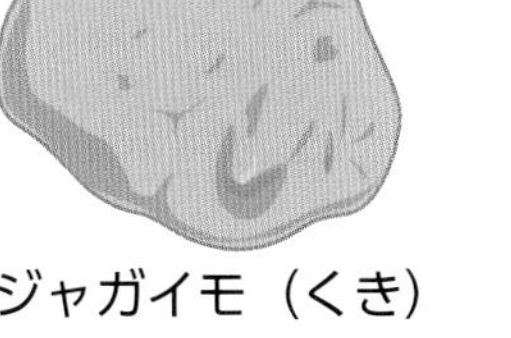

ジャガイモ（くき）

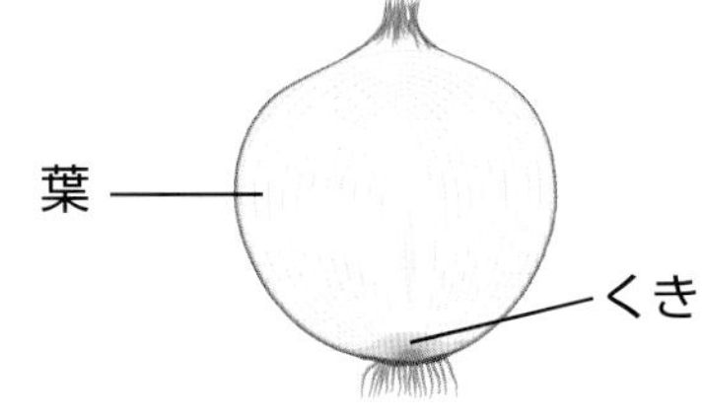

タマネギ

右は自由研究を
まとめたれいだよ。
自分なりに
まとめてみよう。

（キリトリ線）

【1
小
ふた
てみ

【2
①ま
②食

【3
・根
・く
・葉
・そ

【4
や
根・

植物のどこを食べているのか

年　組

研究のきっかけ

学校で，植物の体は，どれも根・くき・葉からできていることを学習した。

んやさいなどを食べているけど，それは植物のどこを食べているのか，調べ

たいと思った。

調べ方

いにち食べているものの中から，植物をさがす。

べている植物が，根・くき・葉のどの部分かを調べる。

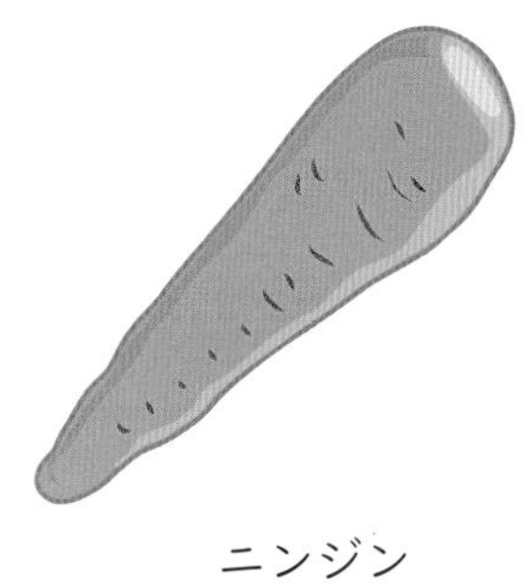
ニンジン

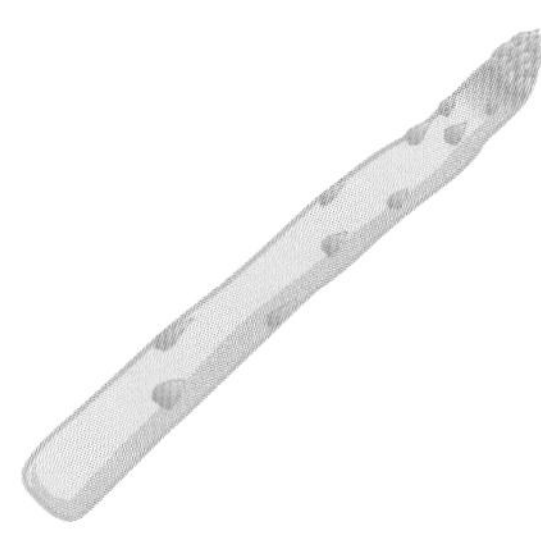
アスパラガス

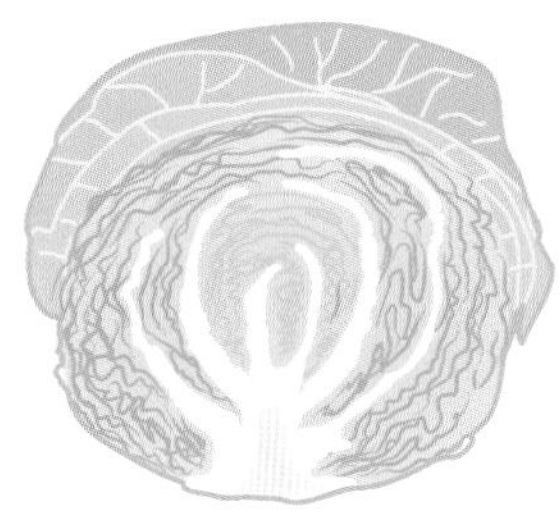
キャベツ

けっか

を食べているもの…

きを食べているもの…

を食べているもの…

のほか…

わかったこと

さいは，植物の根・くき・葉のどれかだと思っていたけど，実やつぼみなど，

くき・葉いがいでも，やさいとよんでいるものがあるとわかった。

\ きょうみを広げる・深める！ /

かんさつ・じっけんカード 3年

生き物

何という植物（しょくぶつ）かな？

生き物

何という植物（しょくぶつ）かな？

生き物

何という植物（しょくぶつ）かな？

生き物

何という植物（しょくぶつ）かな？

生き物

何という植物（しょくぶつ）かな？

生き物

何という植物（しょくぶつ）かな？

生き物

何という植物（しょくぶつ）かな？

生き物

何というこん虫かな？

生き物

何というこん虫かな？

生き物

何というこん虫かな？

生き物

何というこん虫かな？

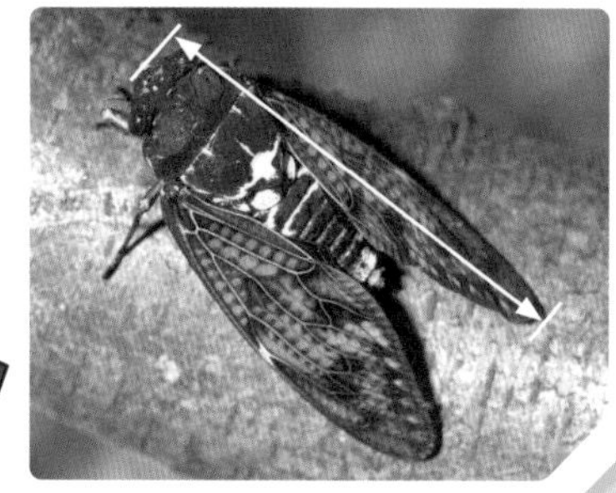

タンポポ

草たけは、15～30cm。
1つの花に見えるが、
たくさんの花が
集まったもの。

使い方

- 切り取り線にそって切りはなしましょう。

説明

- 「生き物」「きぐ」「たんい」の答えはうら面に書いてあります。
- 植物の草たけ（高さ）や動物の大きさはおよその数字です。
- 動物の大きさは、←→ をはかった長さです。

ハルジオン

草たけは、30～60cm。
つぼみはたれ下がり、
くきの中は空っぽに
なっている。

ナズナ

草たけは、20～30cm。
小さな花がさく。ハート
の形をしたものは、
葉ではなく実。

カラスノエンドウ

草たけは、60～90cm。
葉の先のまきひげが、
ほかのものにまきついて、
体をささえる。

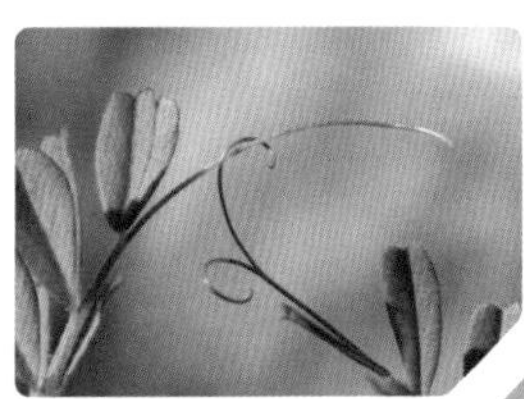

シロツメクサ

草たけは、20～30cm。
1つの花に見えるが、
たくさんの花が
集まったもの。

ヒメオドリコソウ

草たけは、10～25cm。
葉は、たまごの形を
していて、ふちが
ぎざぎざしている。

ホトケノザ

草たけは、10～30cm。
葉は、ぎざぎざがある
丸い形をしている。

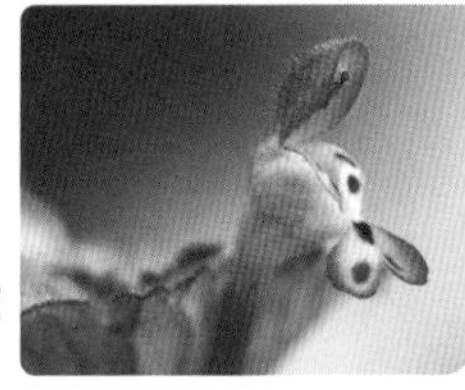

ショウリョウバッタ

大きさは、めすが80mm、おすが50mm。
たまご→よう虫→せい虫のじゅんに育つ。
キチキチという音を出す。

ベニシジミ

大きさは、15mm。たまご→よう虫
→さなぎ→せい虫のじゅんに育つ。よう虫は、
スイバなどの葉を食べる。せい虫は草地で
よく見られ、花のみつをすう。

アブラゼミ

大きさは、55mm。
たまご→よう虫→せい虫の
じゅんに育つ。
ジージリジリジリと鳴く。

ぬけがら

ツクツクボウシ

大きさは、45mm。
たまご→よう虫→せい虫の
じゅんに育つ。
オーシツクツクと鳴く。

ぬけがら

生き物

何という
こん虫かな？

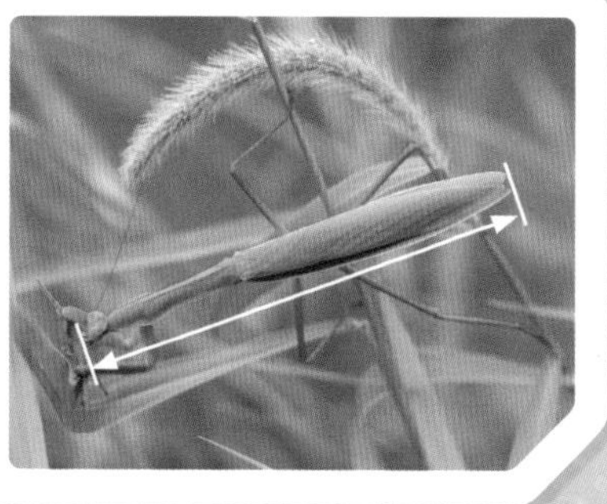

生き物

何という
こん虫かな？

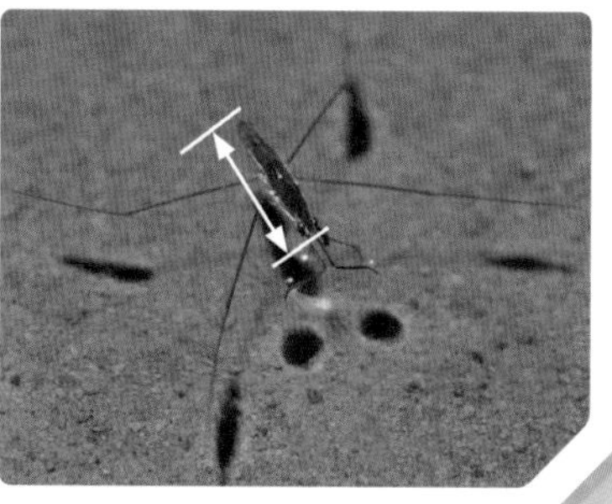

生き物

何という
こん虫かな？

きぐ

何という
きぐかな？

きぐ

何という
きぐかな？

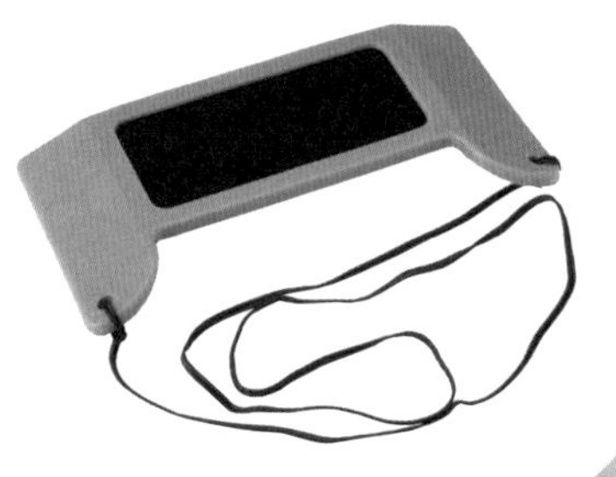

きぐ

何という
きぐかな？

きぐ

何という
きぐかな？

きぐ

何という
きぐかな？

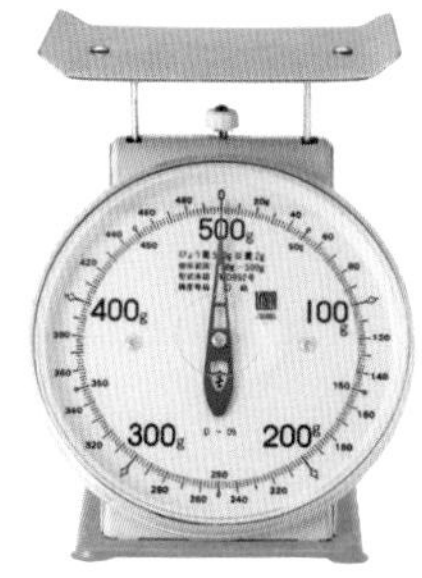

きぐ

何という
きぐかな？

たんい

これで何を
はかるかな？

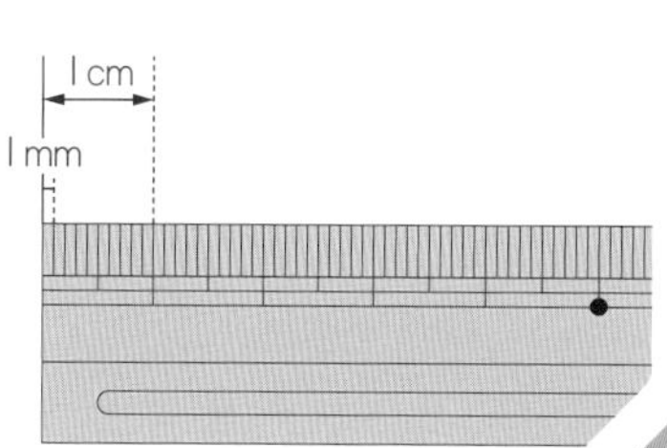

たんい

これで何を
はかるかな？

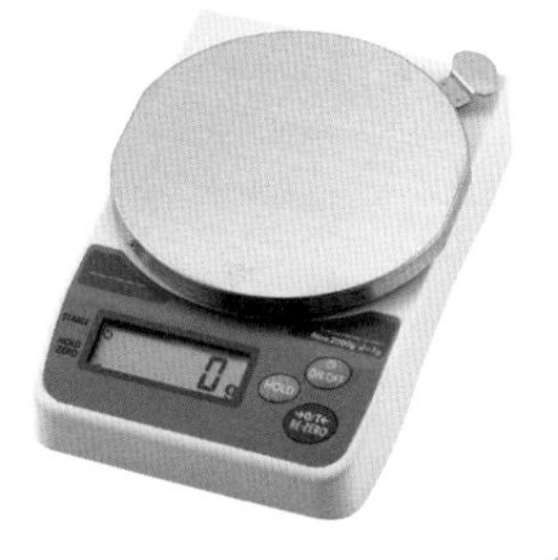

たんい

ものの大きさ（かさ）
を何というかな？

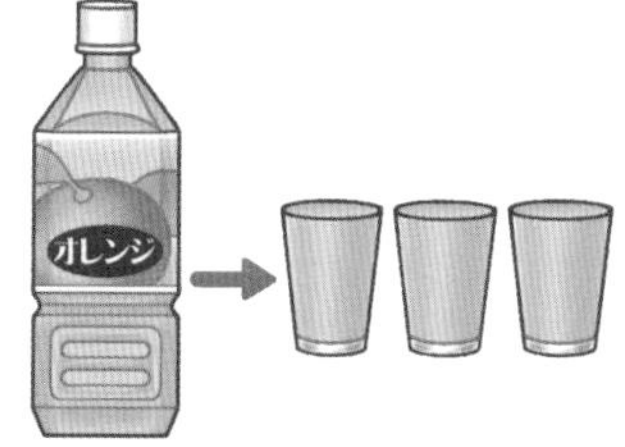

アメンボ

大きさは、15mm。たまご→よう虫→せい虫のじゅんに育つ。
あしの先に毛が生えていて、その毛には油がついているため、水にしずまない。

オオカマキリ

大きさは、80mm。たまご→よう虫→せい虫のじゅんに育つ。
かまのような前あしで、ほかのこん虫をつかまえて食べる。

虫めがね

小さなものを大きく見たり、
日光を集めたりするために使う。
目をいためるので、ぜったいに、
虫めがねで太陽を見てはいけない。

シオカラトンボ

大きさは、50mm。たまご→よう虫→せい虫のじゅんに育つ。
おすの体は青く、めすの体は茶色い。
ムギワラトンボともよばれている。

方位じしん

方位を調べるときに使う。
はりは、北と南を指して
止まる。色がついている
ほうのはりが北を指す。

しゃ光板

太陽を見るときに使う。
太陽をちょくせつ見ると目を
いためるので、これを使うが、
長い時間見てはいけない。

はかり(台ばかり)

ものの重さをはかるときに使う。はかりを使うときは、平らなところにおき、はりが「0」を指していることをかくにんする。はかるものをしずかにのせ、はりが指す目もりを、正面から読む。

温度計

ものの温度をはかる
ときに使う。
目もりを読むときは、
真横から読む。

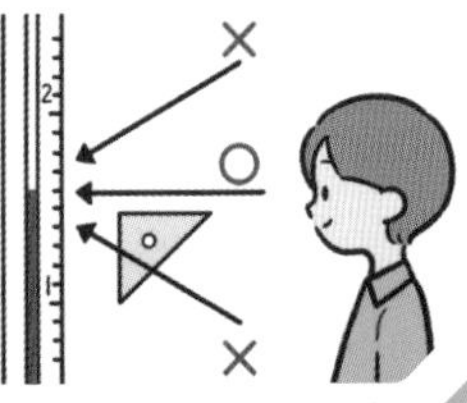

長さ

長さは、ものさしではかる。m(メートル)やcm(センチメートル)、mm(ミリメートル)は長さのたんい。
1m＝100cm　　1cm＝10mm

はかり(電子てんびん)

ものの重さをはかるときに使う。はかりは平らなところにおき、スイッチを入れる。紙をしいて使うときは、台に紙をのせてから「0g」のボタンをおす。しずかにものをおいて、数字を読む。

体積

ものの大きさ(かさ)のことを
体積という。同じコップで
はかってくらべると、体積の
ちがいがわかる。

重さ

重さは、はかりではかる。
kg(キログラム)やg(グラム)は
重さのたんい。1円玉の重さは
1g。1kg＝1000g

もくじ

理科３年
啓林館版
わくわく理科

教科書ぴったりトレーニング

▶３分でまとめ動画

【写真提供】
アフロ／アマナイメージズ／NNP／コーベット・フォトエージェンシー

ぴったり1 じゅんび

3分でまとめ

1. 生き物をさがそう

学習日　月　日

めあて
身の回りの生き物のようすがどうだったか、かくにんしよう。

教科書 8～17ページ　答え 2ページ

下の(　)にあてはまる言葉をかくか、あてはまるものを○でかこもう。

1 見つけた生き物は、どんなようすだったのだろうか。

教科書 8～17ページ

▶ 動物も植物も、どちらも(①　　　)です。

(②　　　)　(③　　　)

どんな生き物が見られるのかな。

▶ 生き物を見つけた場所、大きさ、形、色などを調べて、(④　　　　)にかきます。

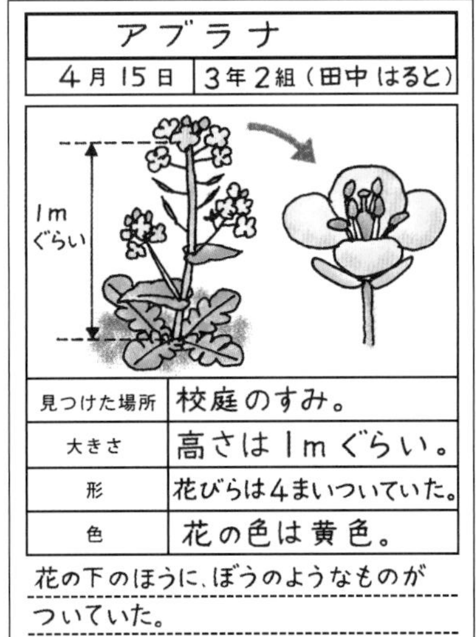

アブラナ	
4月15日	3年2組（田中 はると）
見つけた場所	校庭のすみ。
大きさ	高さは1mぐらい。
形	花びらは4まいついていた。
色	花の色は黄色。

花の下のほうに、ぼうのようなものがついていた。

▶ (⑤　　　　)を使うと、小さなものを大きく見ることができます。目をいためるので、ぜったいに(　⑤　)で(⑥　　　)を見てはいけません。

▶ 虫めがねの使い方

○動かせるものを見るとき
虫めがねを目の近くに持つ。(⑦　　　)を動かし、はっきりと大きく見えるところで止める。

○動かせないものを見るとき
虫めがねを目の近くに持つ。(　⑦　)に自分が近づいたりはなれたりして、はっきりと大きく見えるところで止まる。

▶ 生き物は、それぞれ、すんでいる場所、大きさ、形、色などにちがいが(⑧　あります　・　ありません　)。

①生き物は、それぞれ、すんでいる場所、大きさ、形、色などにちがいがあります。

世界には、およそ175万しゅるいの生き物がいます。

1. 生き物をさがそう

教科書 8～17ページ　答え 2ページ

1 校庭や野原で見つけた生き物のようすをかんさつしました。

(1) ①～③の生き物は、どんなとくちょうがありますか。ア～ウで合うものをさがして、線でつなぎましょう。

①

②

③

ア	イ	ウ
落ち葉の下で見つけた。 1cm ぐらいの大きさ。 細長い黒色。 さわると丸くなった。	花だんで見つけた。 1cm ぐらいの大きさ。 赤色に黒いもようがあった。	花だんの近くで見つけた。 高さは 15cm ぐらい。 葉はぎざぎざ。 黄色い花がさいていた。

(2) 生き物のすんでいる場所、大きさ、形、色は、どれも同じですか、ちがいますか。

(　　　　　　　　)

2 虫めがねを使って、生き物をかんさつしました。

① 虫めがねを目の近くに持ち、見るものを動かす。

② 虫めがねを目の近くに持ち、見るものに近づいたりはなれたりする。

(1) 動かせるものを見るときの虫めがねの使い方は、①と②のどちらですか。

(　　　)

(2) 動かせないものを見るときの虫めがねの使い方は、①と②のどちらですか。

(　　　)

(3) 虫めがねで、ぜったいに見てはいけないものは、ア～ウのどれですか。1つえらび、○をつけましょう。

ア(　　)動物　イ(　　)植物　ウ(　　)太陽

1. 生き物(もの)をさがそう

1 身(み)の回りの生き物のようすをくらべました。 1つ5点(15点)

①  ②  ③ 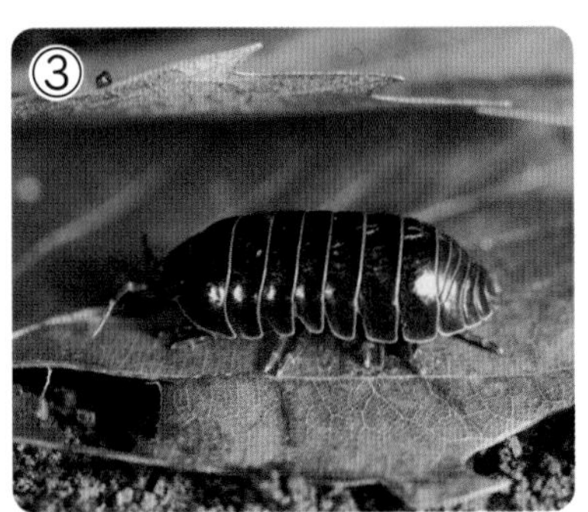

(1) ①～③の生き物の体の色は、どれも同じですか、ちがいますか。

(　　　　　　　　)

(2) ①～③の生き物の形は、どれも同じですか、ちがいますか。

(　　　　　　　　)

(3) ①～③の生き物の大きさは、どれも同じですか、ちがいますか。

(　　　　　　　　)

よく出る

2 虫めがねを使(つか)って，生き物をかんさつしました。 技能 1つ10点(20点)

(1) 動(うご)かせないものを見るときの虫めがねの使い方は、①と②のどちらですか。

(　　　)

①
見るものを動かして、はっきりと大きく見えるところで止める。

②
見るものに近づいたりはなれたりして、はっきりと大きく見えるところで止まる。

(2) 記述 虫めがねで、ぜったいに太陽(たいよう)を見てはいけないのはなぜですか。

(　　　　　　　　　　　　　　　　　　　　)

3 身の回りの生き物をかんさつして、きろくカードにまとめました。

(1)は1つ5点、(2)は1つ10点、(30点)

(1) 生き物をかんさつするときに、注目(ちゅうもく)することをかきましょう。

① 「花だんの近く」「落(お)ち葉(ば)の下」など、
(　　　　　　　　)に注目する。

② 「15 cm ぐらい」「1 m ぐらい」など、
(　　　　　)に注目する。

③ 「丸い」「ぎざぎざしている」など、
(　　　)に注目する。

④ 「赤色」「黄色」など、(　　　)に注目する。

(2) 図のアには、何をかけばよいですか。

(　　　　　　　)

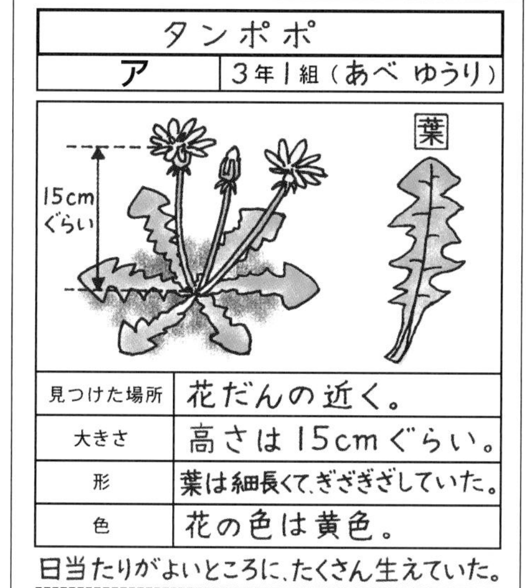

タンポポ
ア
3年1組（あべ ゆうり）
葉
15cm ぐらい
見つけた場所　花だんの近く。
大きさ　高さは15cmぐらい。
形　葉は細長くて、ぎざぎざしていた。
色　花の色は黄色。
日当たりがよいところに、たくさん生えていた。
葉をさわると、ざらざらしていた。

できたらスゴイ！

4 身の回りの生き物をかんさつしました。

(1)は1つ5点、(2)、(3)は1つ10点(35点)

(1) ①～③のきろくは、写真(しゃしん)のどの生き物のことですか。名前をかきましょう。

タンポポ

アブラナ

ナナホシテントウ

モンシロチョウ

ダンゴムシ

(① 　　　　　)
野原にさいていた。
高さは1mぐらい。
花びらは4まい。花は黄色。

(② 　　　　　)
落ち葉の下にいた。
1cmぐらい。細長い。
黒い色。

(③ 　　　　　)
葉(は)の上で小さな虫を食べていた。
1cmぐらい。丸い。
赤と黒の目立つ色。

(2) 植物(しょくぶつ)はどれですか。名前をすべてかきましょう。

(　　　　　　　　　　　　)

(3) 動物(どうぶつ)はどれですか。名前をすべてかきましょう。

(　　　　　　　　　　　　)

ふりかえり
②がわからないときは、2ページの1にもどってかくにんしてみましょう。
④がわからないときは、2ページの1にもどってかくにんしてみましょう。

2. たねをまこう

①たねまき

学習日　　月　　日

めあて
植物がたねからどのように育つのか、かくにんしよう。

教科書 20〜25ページ　答え 4ページ

 下の（　）にあてはまる言葉をかこう。

1 植物は、たねからどのように育つのだろうか。

教科書 20〜25ページ

ホウセンカ

ヒマワリ

▶（①　　　）から、はじめに出てきた葉を（②　　　）といいます。やがて葉が出て、草たけがのびます。

▶たねのまき方

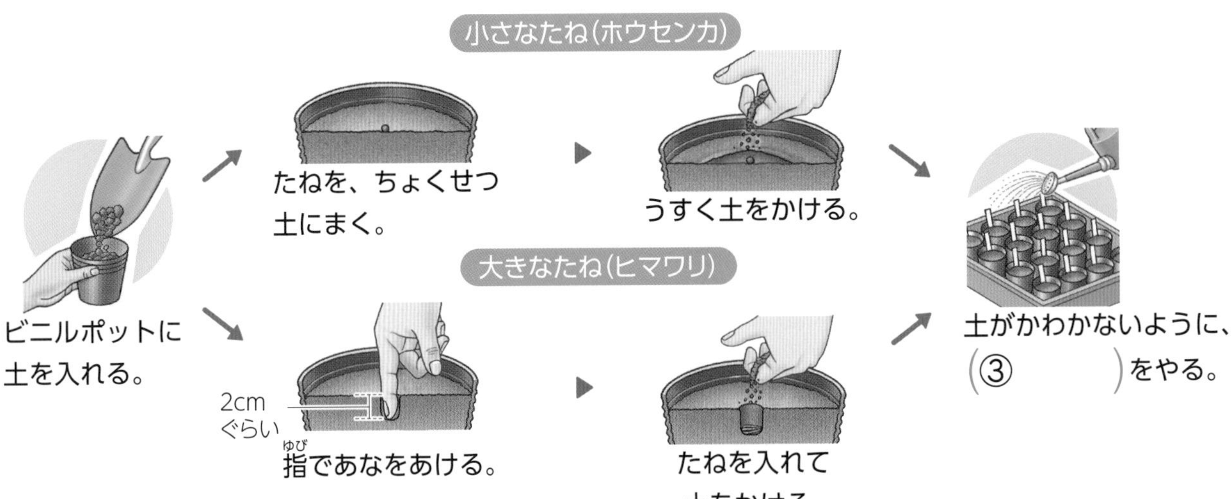

小さなたね（ホウセンカ）
ビニルポットに土を入れる。
たねを、ちょくせつ土にまく。
うすく土をかける。
大きなたね（ヒマワリ）
2cmぐらい
指であなをあける。
たねを入れて土をかける。
土がかわかないように、（③　　　）をやる。

ここがだいじ！　①たねから、はじめに子葉が出ます。やがて葉が出て、草たけがのびます。

ホウセンカなどははじめに２まいの子葉が出ますが、イネなどの子葉が１まいの植物もあります。

1 ホウセンカとヒマワリの育ちをかんさつしました。

(1) 上の写真で、同じ植物をそれぞれ線でつなぎましょう。

(2) アを何といいますか。　(　　　)

(3) イを何といいますか。　(　　　)

2 ホウセンカのめばえのようすをカードにきろくします。次のことは、カードのア〜オのどこにかけばよいですか。記号をかきましょう。

① 調べた日づけ、名前をかく。　(　　)

② 調べたものをくわしくかく。　(　　)

③ 形や大きさ、色などがわかるようにスケッチをかく。　(　　)

④ ほかに気づいたことをかく。　(　　)

⑤ 調べたもの(題名)をかく。　(　　)

ホウセンカのめばえ　ア
4月24日　3年1組(入谷 ひまり)　イ
1cmぐらい
ウ
大きさ　1cmぐらい。
形　葉のようなものが2つついていた。
色　黄緑色。
エ
土の上に、たねの皮のようなものがあった。
オ

ヒント 1 子葉は2まいだけですが、葉はどんどんとふえていきます。

2. たねをまこう

教科書 18～25ページ　答え 5ページ

1 ①と②の植物(しょくぶつ)のたねを、ア、イからえらんで、(　　)に記号(きごう)をかきましょう。

1つ5点(10点)

ア

イ

①(　　　)　②(　　　)

よく出る

2 たねからめが出た後の植物の育(そだ)つようすを調(しら)べました。　1つ5点(10点)

(1) アを何といいますか。　(　　　　)

(2) イを何といいますか。　(　　　　)

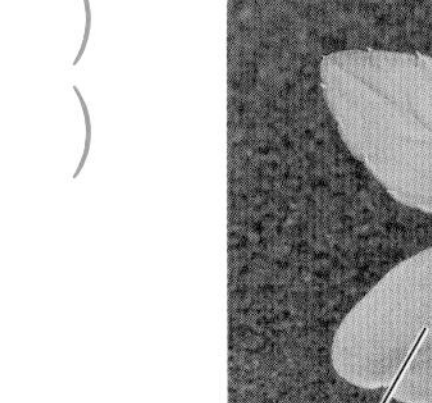

3 ビニルポットに土を入れて、ホウセンカのたねをまきます。　1つ10点(20点)

(1) たねのまき方で、いちばんよいものは①～③のどれですか

(　　　)

① 土の上におく。

② うすく土をかける。

③ そこのほうにうめる。

(2) たねをまいた後、土がかわかないように、何をすればよいですか。

(　　　　　　　　)

4 **植物の育ちをカードにきろくします。①〜④にあてはまることがらを、[ ] の中からえらび、記号をかきましょう。**

1つ5点(20点)

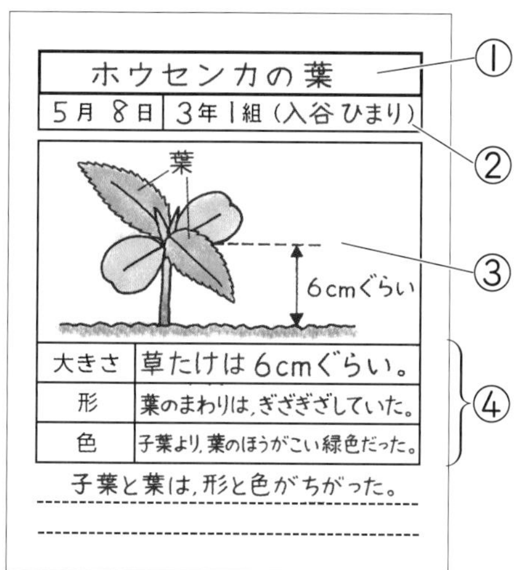

ア 調べた日づけ、名前をかく。
イ 調べたことをくわしくかく。
ウ 調べるものをよく見て、スケッチをかく。
エ 題名(だいめい)(調べたもの)をかく。

①(　　) ②(　　)
③(　　) ④(　　)

できたらスゴイ!

5 **植物のたねをまいてからの育つようすをまとめました。**

1つ5点(40点)

(1) ①〜⑤にあてはまる記号を下の**ア**〜**カ**からえらび、表(ひょう)をかんせいさせましょう。

名前	たね	めが出て	しばらくして
ホウセンカ	①(　　)	②(　　)	**カ**
ヒマワリ	③(　　)	④(　　)	⑤(　　)

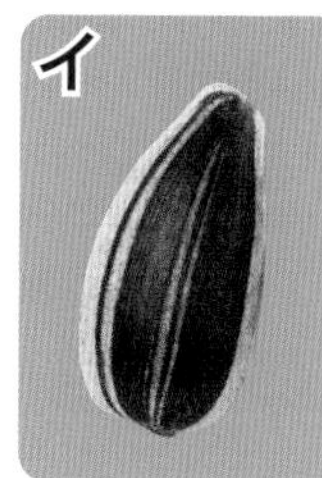

(2) 記述 たねからめが出た後の育つようすを、[ ] の中の言葉(ことば)をすべて使(つか)ってまとめましょう。

思考・表現

- たねから、はじめに(①　　　　)が出る。
- やがて(②　　　　)が出て、(③　　　　)がのびる。

子葉(しよう)　葉(は)　草たけ

ふりかえり
2 がわからないときは、6ページの **1** にもどってかくにんしてみましょう。
5 がわからないときは、6ページの **1** にもどってかくにんしてみましょう。

学習日　　月　　日

3. チョウを育てよう

①チョウの育ち(1)

めあて
チョウがたまごからどのように育つのか、かくにんしよう。

教科書 28〜32ページ　答え 6ページ

下の(　)にあてはまる言葉をかくか、あてはまるものを○でかこもう。

1 チョウは、たまごから、どのように育つのだろうか。　教科書 28〜32ページ

▶モンシロチョウは、キャベツの葉に(①　　　　)をうみつけます。
▶うみつけられた(①)から、(②　　　　)がかえります。

▶よう虫の育ち方

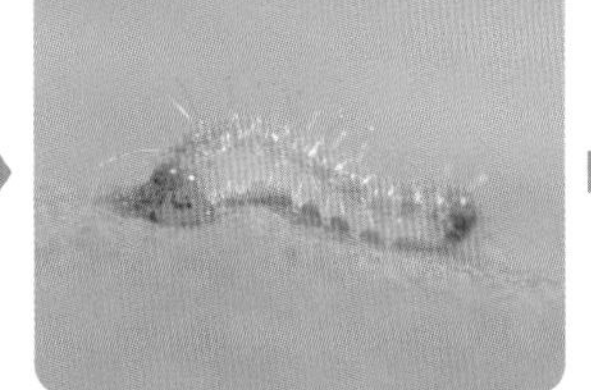
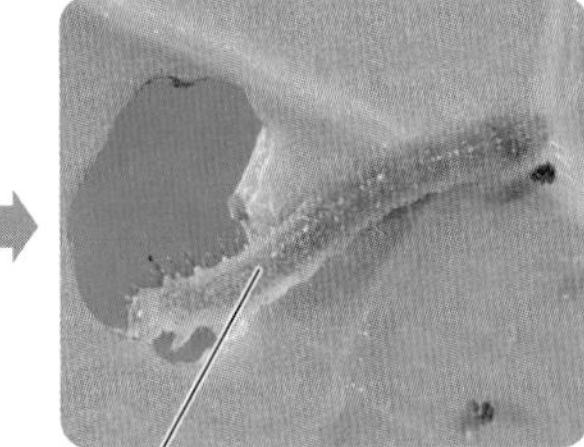

たまごのからを食べる。　体が緑色になっていく。

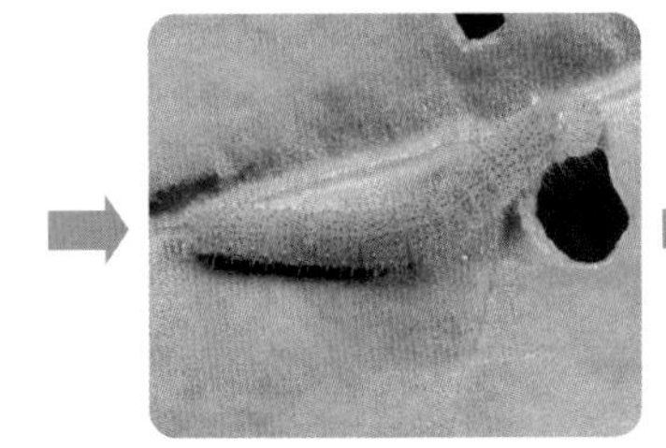

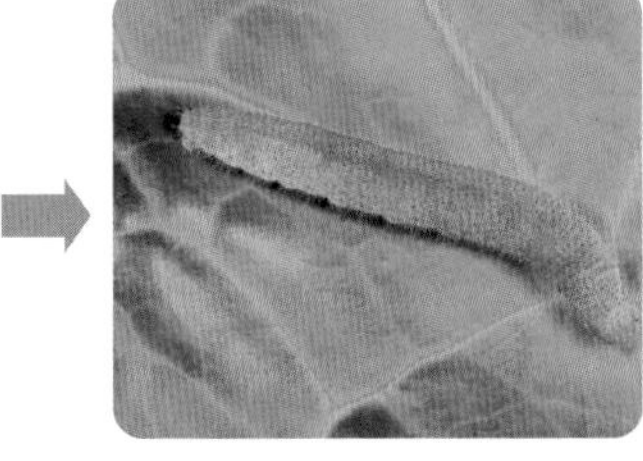
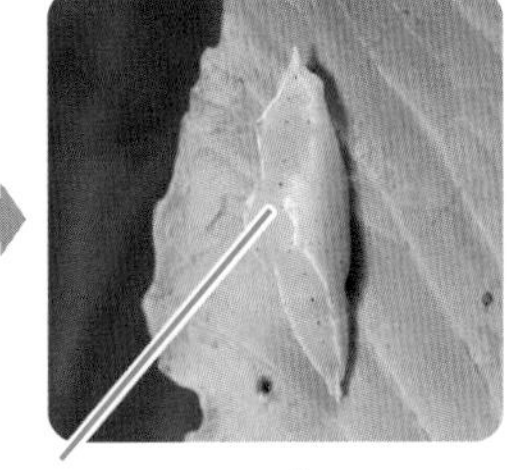

皮をぬぐたびに(③　大きく　・　小さく　)なる。　(⑤　　　　)になる。
大きくなるたびに食べる(④　　　　)のりょうや、ふんのりょうがふえる。

▶チョウの育て方
・育てる入れ物は、(⑥　　　　)がちょくせつ当たらないところにおきます。
・たまごは、(⑦　　　　)についたまま、入れ物に入れます。
・よう虫になったら、葉がしおれたり、かれたり(⑧　する前に　・　した後に　)新しいものにかえます。
・(⑨　　　　)のそうじは、こまめにします。

ここが だいじ!
①モンシロチョウは、キャベツの葉にたまごをうみつけます。
②よう虫は、皮をぬぐたびに大きくなり、やがてさなぎになります。

ぴたトリビア
チョウのしゅるいによって、よう虫が食べる物はちがいます。モンシロチョウのよう虫はキャベツなど、アゲハのよう虫はミカンなどの植物を食べます。

学習日　　月　　日

3. チョウを育(そだ)てよう

①チョウの育ち(1)

教科書 28～32ページ　答え 6ページ

1 モンシロチョウとアゲハのたまごをさがしました。

モンシロチョウ

①

③

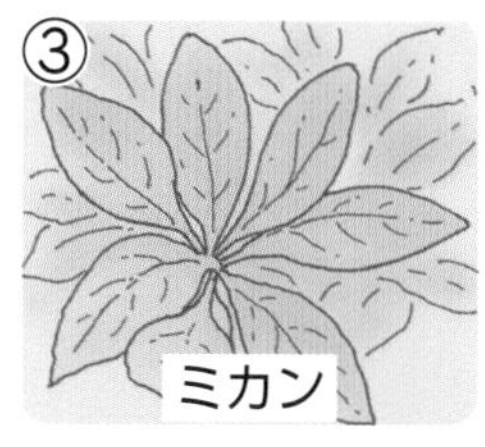

アゲハ

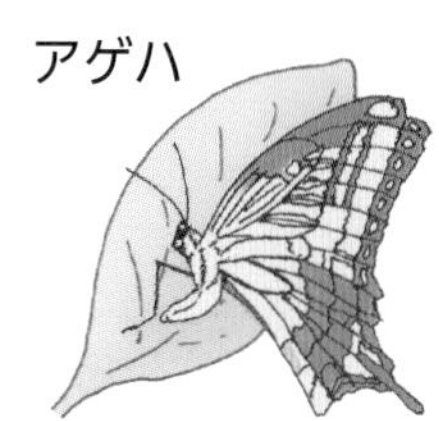

②

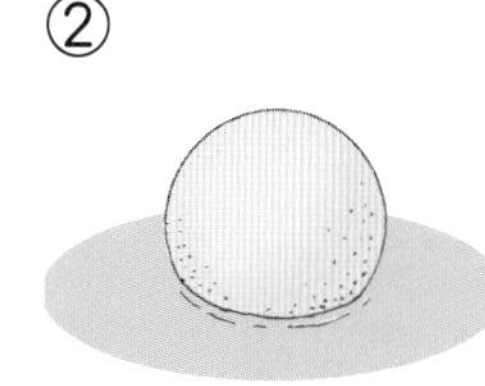

④

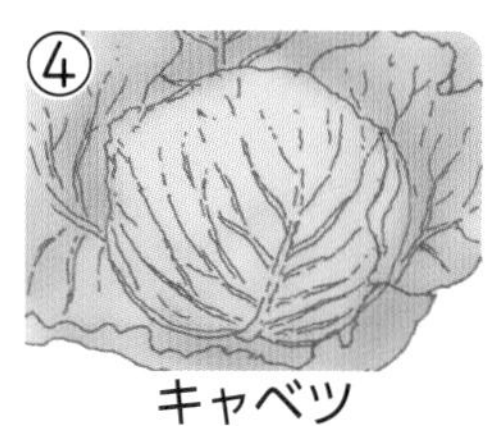

キャベツ

(1) モンシロチョウのたまごと、モンシロチョウがたまごをうみつける葉(は)を、①～④からえらびましょう。

たまご(　　)

うみつける葉(　　)

(2) たまごからは、しばらくすると、何が出てきますか。

(　　　　)

2 モンシロチョウのたまごとよう虫をかんさつしました。

①

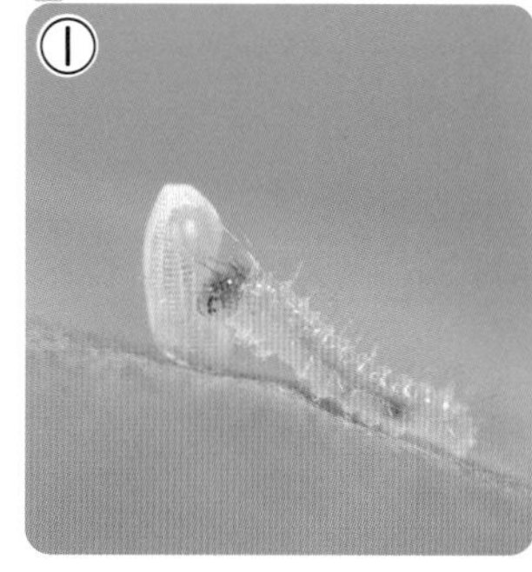

②

③

④

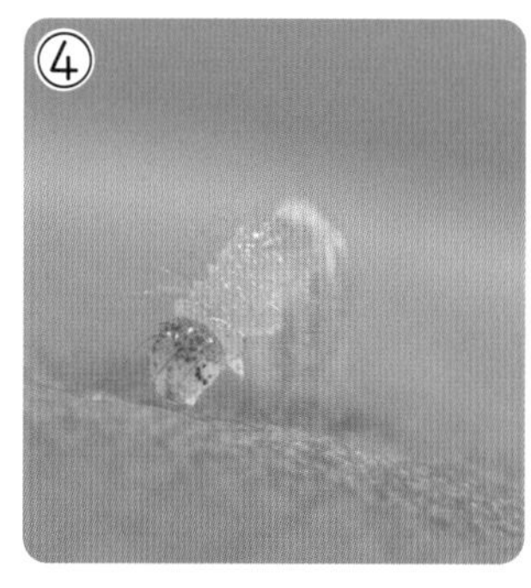

(1) たまごからよう虫がかえるまで、①～④をじゅんばんにならべましょう。

(　　→　　→　　→　　)

(2) よう虫は、何の葉を食べて大きくなりますか。

(　　　　)

(3) よう虫は大きくなると、食べるえさやふんのりょうはどうなりますか。正しいほうに○をつけましょう。

ア(　　)ふえる。

イ(　　)へる。

3. チョウを育てよう

①チョウの育ち(2)

学習日　　月　　日

めあて
さなぎになったあと、チョウがどのようにかわるのかかくにんしよう。

教科書 33～34ページ　答え 7ページ

 下の(　)にあてはまる言葉をかくか、あてはまるものを○でかこもう。

1 さなぎは、どのようにかわっていくのだろうか。　教科書 33～34ページ

▶大きくなったよう虫は、やがて(①　　　　　　)になります。

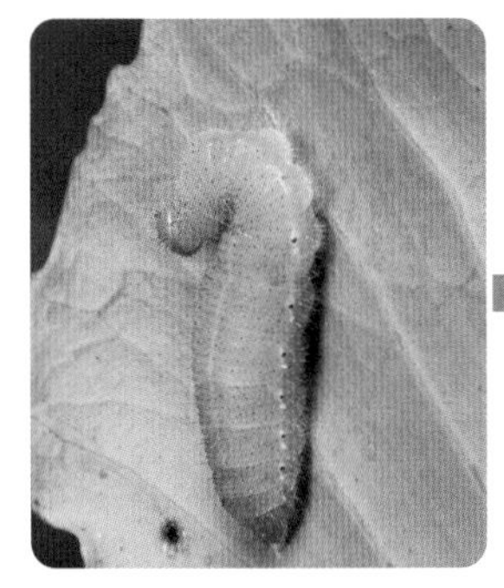
体に糸をかける。

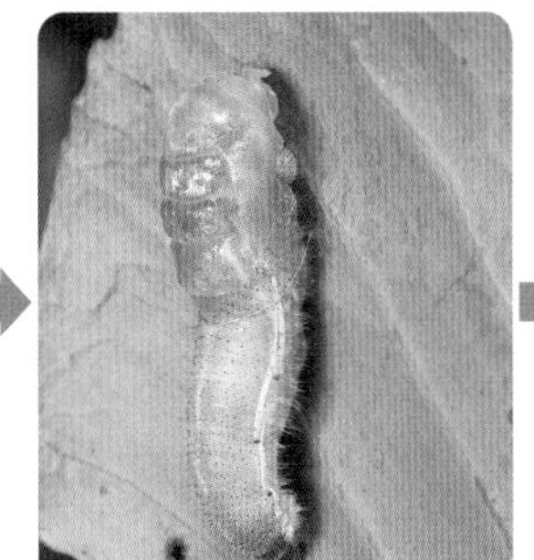

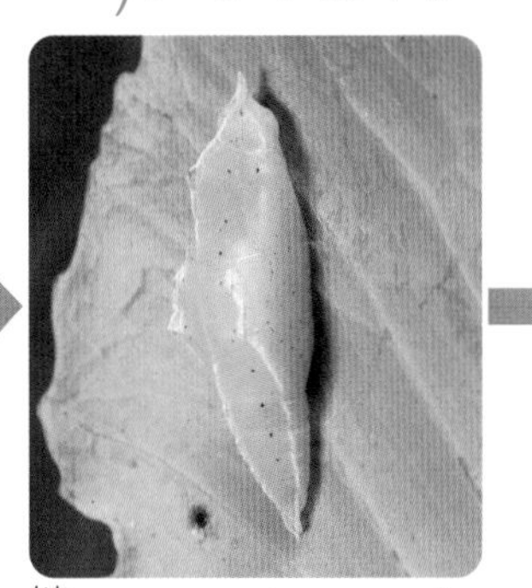
皮をぬいで(　①　)になる。

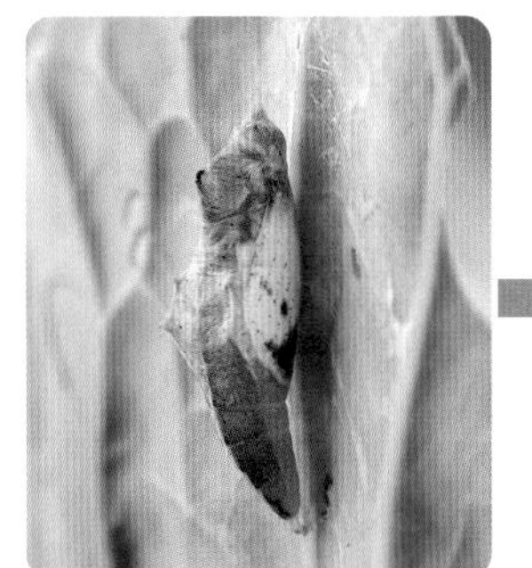
はねのもようがすけて見える。

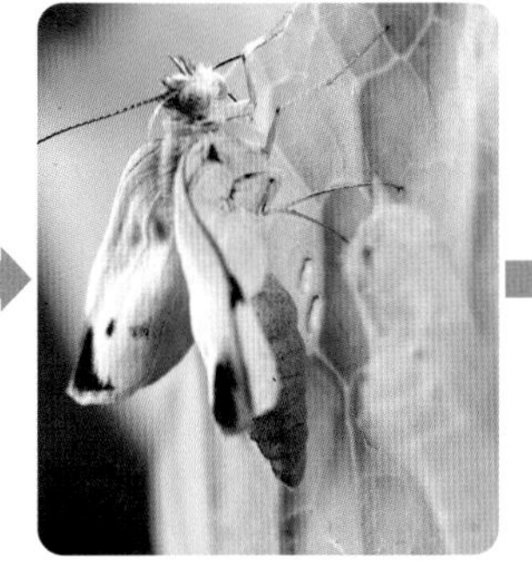

▶さなぎは、じっとしていて、えさを(②　食べます　・　食べません　)。

▶さなぎの大きさや形はかわりませんが、(③　　　　　)は少しかわります。

▶さなぎになってしばらくすると、さなぎから(④　　　　　　)が出てきます。
出てきたばかりの(　④　)は、はねがのびるまで、じっとしています。

▶チョウは、(⑤　　　　　　)→(⑥　　　　　　)
→(⑦　　　　　　)→(⑧　　　　　　)のじゅんに
育ちます。

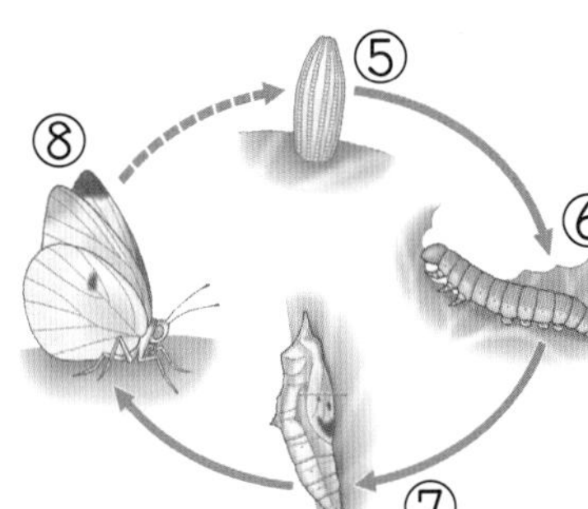

出てきたせい虫も、
またたまごをうむんだね。

ここがだいじ!
①チョウのよう虫は葉を食べますが、さなぎは何も食べません。
②チョウは、たまご→よう虫→さなぎ→せい虫のじゅんに育ちます。

ぴたトリビア
モンシロチョウのよう虫はキャベツなどの葉を食べ、せい虫は花のみつをすいます。このように、こん虫は育って体の形がかわると、食べる物もかわることがあります。

学習日　　月　　日

3. チョウを育てよう

①チョウの育ち(2)

教科書 33～34ページ　答え 7ページ

1 モンシロチョウのさなぎをかんさつしました。

(1) さなぎの大きさや形、色は、どうなりますか。正しいほうに○をつけましょう。

①(　　) さなぎの大きさや形、色はかわらない。

②(　　) さなぎの大きさや形はかわらないが、色は少しかわる。

(2) さなぎのとき、えさを食べますか、食べませんか。

(　　　　　　)

(3) さなぎになってからしばらくすると、さなぎから何が出てきますか。

(　　　　　　)

2 モンシロチョウの育ち方をまとめました。

(1) モンシロチョウの育つようすで、①～④のころを何といいますか。(　　)に名前をかきましょう。

①(　　　　)

②(　　　　)

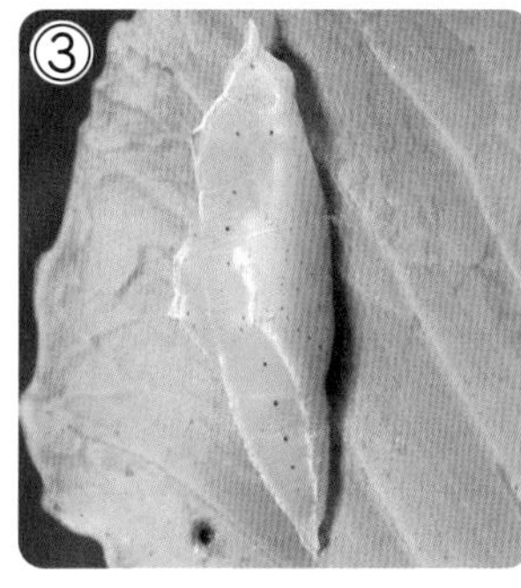

③(　　　　)

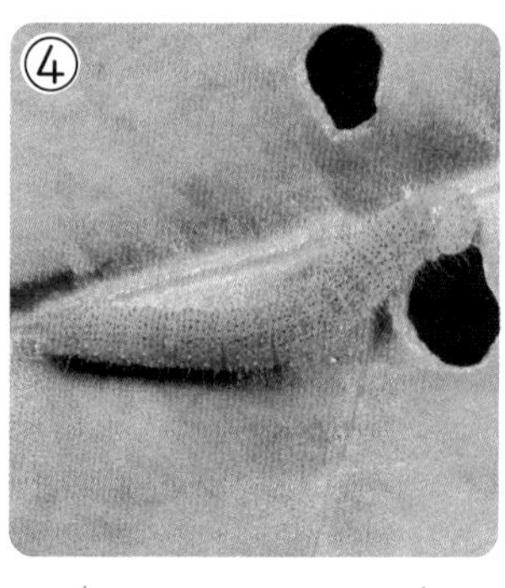

④(　　　　)

(2) モンシロチョウが育つじゅんばんになるように、①～④をならべましょう。

(　①　→　　　→　　　→　　　)

(3) 皮（かわ）をぬいで大きくなるのは、①～④のどのころですか。

(　　　)

(4) 何も食べないのは、①～④のどのころとどのころですか。

(　　　)と(　　　)

3. チョウを育(そだ)てよう

②チョウの体のつくり

学習日　　月　　日

めあて
チョウのせい虫をかんさつして、こん虫の体のつくりをかくにんしよう。

教科書 35～36ページ　答え 8ページ

下の（　）にあてはまる言葉(ことば)をかこう。

1 チョウのせい虫の体は、どんなつくりになっているのだろうか。 教科書 35～36ページ

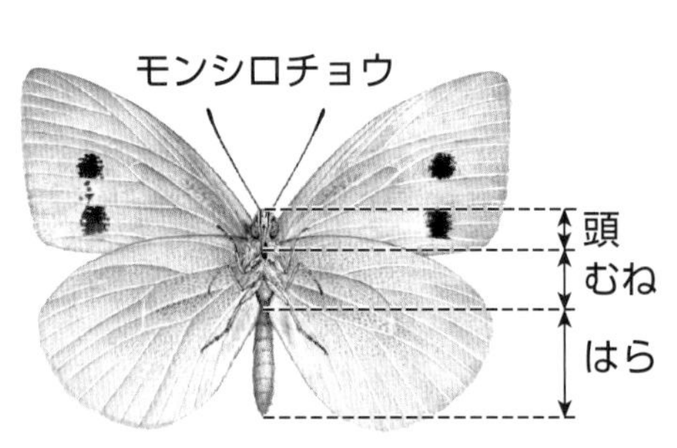

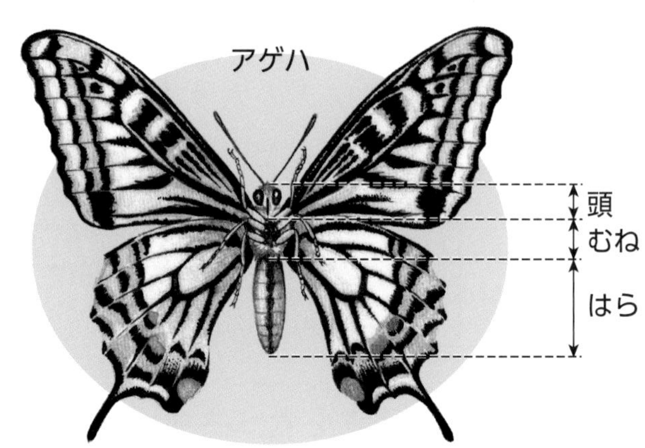

▶チョウのせい虫の体のつくり

- （①　　　）・（②　　　）・（③　　　）の３つの部分(ぶぶん)からできています。
- （④　　　）に、目や口、しょっ角があります。
- むねに（⑤　　　）本の（⑥　　　）、４まいのはねがあります。
- はらに（⑦　　　）があります。

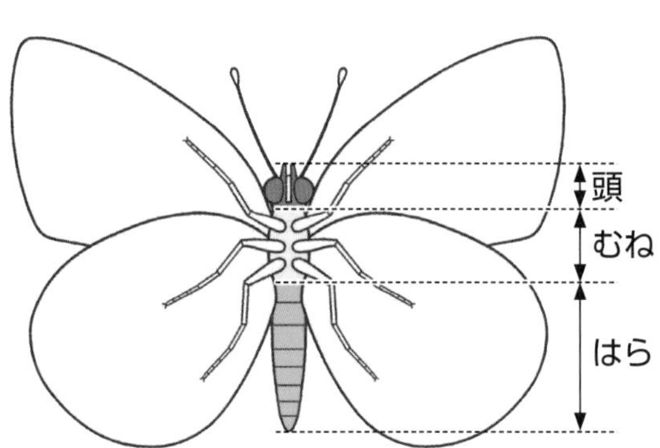

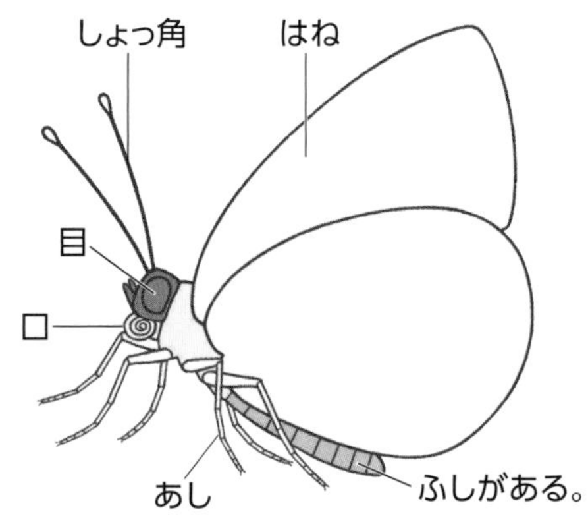

▶チョウのせい虫のような体のつくりをしたなかまを（⑧　　　）といいます。

ここが、だいじ！

①チョウのせい虫の体は頭・むね・はらの３つの部分からできていて、むねに６本のあしがあります。このような体のつくりをしたなかまをこん虫といいます。
②チョウのせい虫の頭には目や口、しょっ角があり、むねには４まいのはねがついています。はらにはふしがあります。

こん虫のせい虫のむねには、６本のあしがありますが、ダンゴムシには１４本、クモには８本のあしがあり、どちらもこん虫ではありません。

学習日　月　日

3. チョウを育てよう

②チョウの体のつくり

教科書 35〜36ページ　答え 8ページ

1 チョウのせい虫の体のつくりを調べました。

(1) チョウのせい虫の体は、①〜③の3つの部分からできています。①〜③の名前をかきましょう。

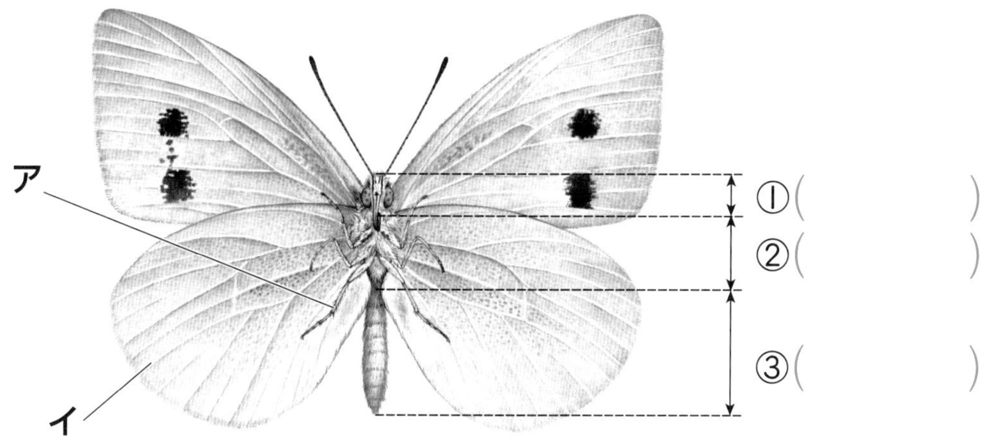

①(　　　　)
②(　　　　)
③(　　　　)

(2) **ア**は①〜③のどこについていますか。また、何本ありますか。

ついているところの名前(　　　　)

数(　　)本

(3) **イ**は①〜③のどこについていますか。また、何まいありますか。

ついているところの名前(　　　　)

数(　　)まい

(4) チョウのせい虫のような体のつくりをしたなかまを何といいますか。

(　　　　)

2 モンシロチョウのせい虫の頭をかんさつしました。①〜③は何といいますか。名前をかきましょう。

①(　　　　)
②(　　　　)
③(　　　　)

3. チョウを育(そだ)てよう

教科書 26〜39ページ　答え 9ページ

よく出る

1 モンシロチョウの育ち方を調(しら)べました。

(1)、(2)、(4)はぜんぶできて10点、(3)、(5)は1つ5点(40点)

(1) ㋐〜㋓の写真(しゃしん)と名前が合うように、線でつなぎましょう。

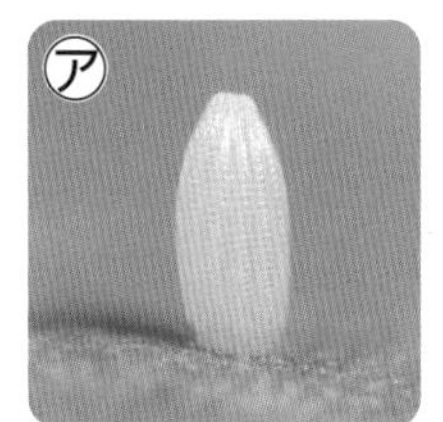

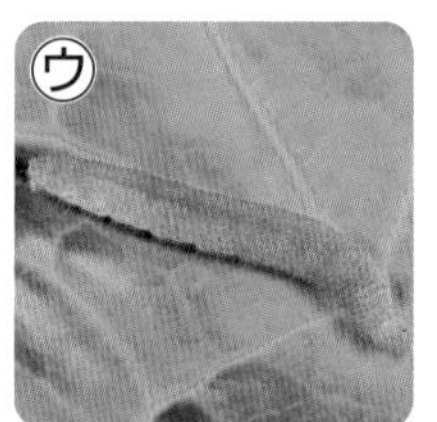

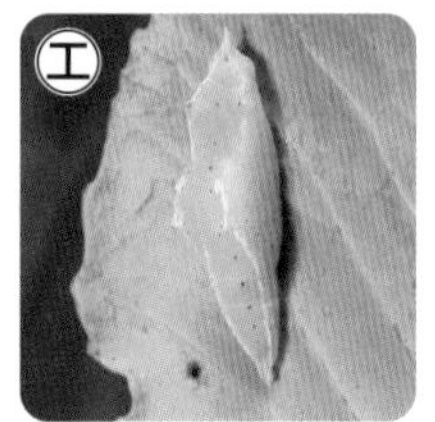

せい虫　たまご　さなぎ　よう虫

(2) モンシロチョウが育つじゅんばんに、名前をかきましょう。

たまご→(　　　　　)→(　　　　　)→(　　　　　)

(3) モンシロチョウのよう虫は何を食べますか。１つえらび、〇をつけましょう。

①(　　)レンゲなどの花のみつ　②(　　)キャベツの葉(は)

③(　　)クヌギなどの木のしる　④(　　)ミカンの葉

(4) 何も食べないのは、どのころとどのころですか。名前をかきましょう。

(　　　　　)と(　　　　　)

(5) たまごをうむのは、どのころですか。名前をかきましょう。(　　　　　)

2 モンシロチョウのよう虫の育つようすをかんさつしました。正しいものに〇をつけましょう。

思考・表現　10点(10点)

よう虫は大きくなっても、食べるえさのりょうはかわりません。

①(　　)

よう虫は、えさを食べなくなると、すぐにせい虫になりました。

②(　　)

よう虫は大きくなると、ふんのりょうがへりました。

③(　　)

よう虫は、皮(かわ)をぬぐたびに大きくなります。

④(　　)

学習日　　月　　日

3 チョウのせい虫の体のつくりを調べました。

技能　1つ5点(30点)

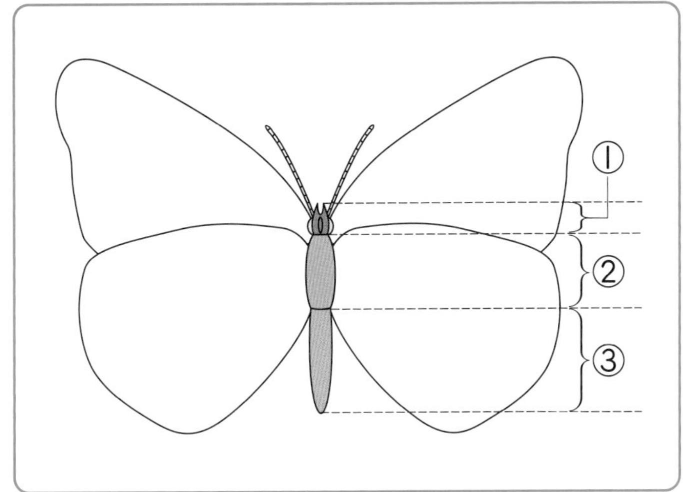

(1) チョウのせい虫の体は、①～③の3つの部分からできています。それぞれ名前をかきましょう。

①(　　　　)
②(　　　　)
③(　　　　)

(2) 作図 図に、あしをかき入れましょう。

(3) ①～③で、ふしがあるのはどこですか。　(　　　　)

(4) チョウのせい虫のような体のつくりをしたなかまを、何といいますか。

(　　　　)

できたらスゴイ!

4 モンシロチョウのせい虫の体をかんさつしました。

1つ5点(20点)

(1) ①～③の部分の名前をかきましょう。

①(　　　　)
②(　　　　)
③(　　　　)

(2) ①～③は、体のどの部分についていますか。

(　　　　)

ふりかえり
❶がわからないときは、10ページの❶にもどってかくにんしてみましょう。
❹がわからないときは、14ページの❶にもどってかくにんしてみましょう。

★ 植物(しょくぶつ)の育(そだ)ちとつくり

①植物が育つようす
②植物の体のつくり

学習日 月 日

めあて
植物の育つようすや、植物の体のつくりをかくにんしよう。

教科書 41～45ページ　答え 10ページ

下の(　)にあてはまる言葉(ことば)をかこう。

1 植物は、どのように育っているのだろうか。

教科書 41～42ページ

▶植物の育ち
・育ててきた植物は(①　　　　)が高くなっています。また、(②　　　　)の数がふえ、(③　　　　)が太くなっています。

2 植物の体は、どんなつくりになっているのだろうか。

教科書 43～45ページ

▶植物の体は、どれも(①　　　　)・(②　　　　)・(③　　　　)からできています。
▶葉(は)は(④　　　　)についています。
また、根(ね)はくきからつながり、(⑤　　　　)の中に広がっています。

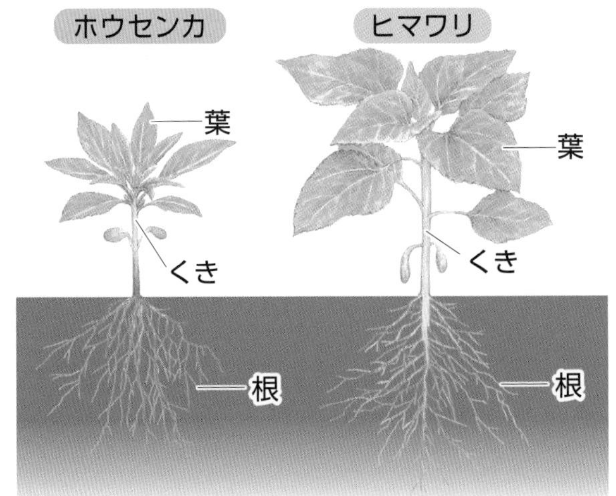

ここが、だいじ！
①植物は、草たけが高くなり、葉の数がふえ、くきが太くなっています。
②植物の体は、根・くき・葉からできています。
③葉はくきについています。また、根はくきからつながり、土の中に広がっています。

ぴたトリビア
ヒトが根・くき・葉のどこを食べているかは、野さいによってちがいます。キャベツは葉、ジャガイモは地下のくき、ニンジンは根を食べます。

★植物の育ちとつくり

①植物が育つようす
②植物の体のつくり

教科書 41～45ページ　答え 10ページ

1 ホウセンカとヒマワリの育ちをかんさつしました。

①
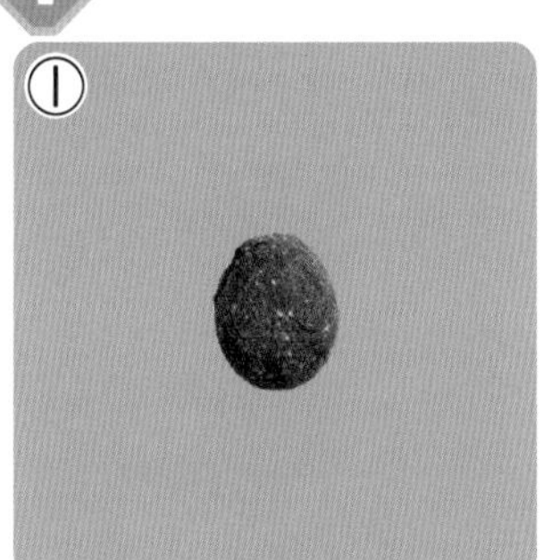
③

⑤

②

④

⑥

(1) 上の写真で、同じ植物をそれぞれ線でつなぎましょう。

(2) 春のころとくらべて、葉の数や草たけ、くきの太さはどうなっていますか。

葉の数（　　　　　　　　）
草たけ（　　　　　　　　）
くきの太さ（　　　　　　　　）

2 植物の体のつくりを調べました。

(1) ①～③をそれぞれ何といいますか。

①（　　　　）
②（　　　　）
③（　　　　）

(2) ③は何の中に広がってのびていますか。

（　　　　）の中

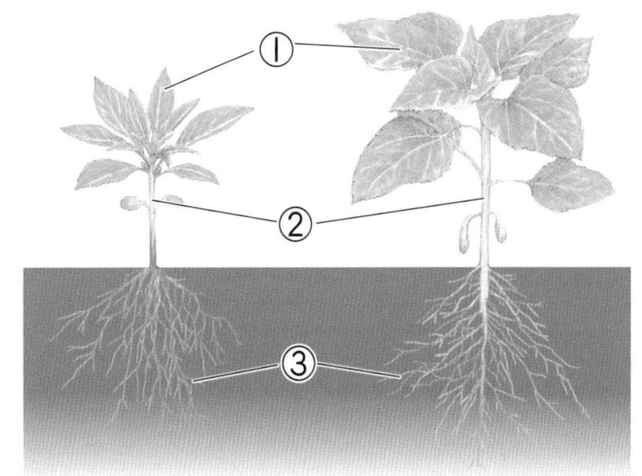

ヒント 2 植物の体のつくりは、どの植物でも同じです。

★植物の育ちとつくり

教科書 40～45ページ　答え 11ページ

よく出る

1 ホウセンカの体のつくりを調べました。

1つ5点(30点)

(1) ①を何といいますか。（　　　　）

(2) ①より後に出てきた葉の形は、①と同じですか、ちがいますか。（　　　　）

(3) ②～④を何といいますか。

②（　　　　）
③（　　　　）
④（　　　　）

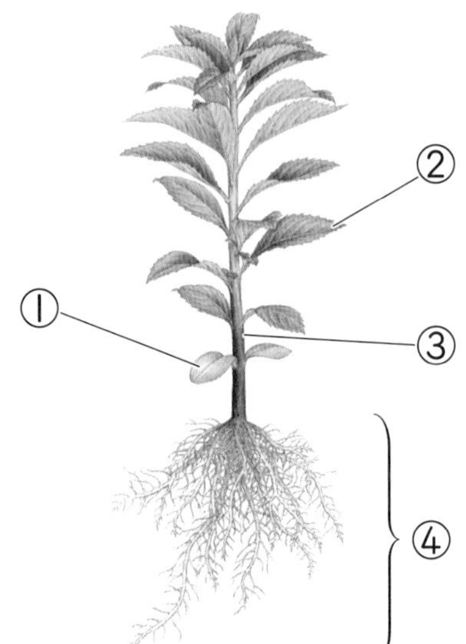

(4) 土の中に広がってのびているのは、どの部分ですか。名前をかきましょう。（　　　　）

2 ホウセンカとヒマワリの育ち方を調べました。それぞれ①～③を育つじゅんにならべましょう。

それぞれぜんぶできて5点(10点)

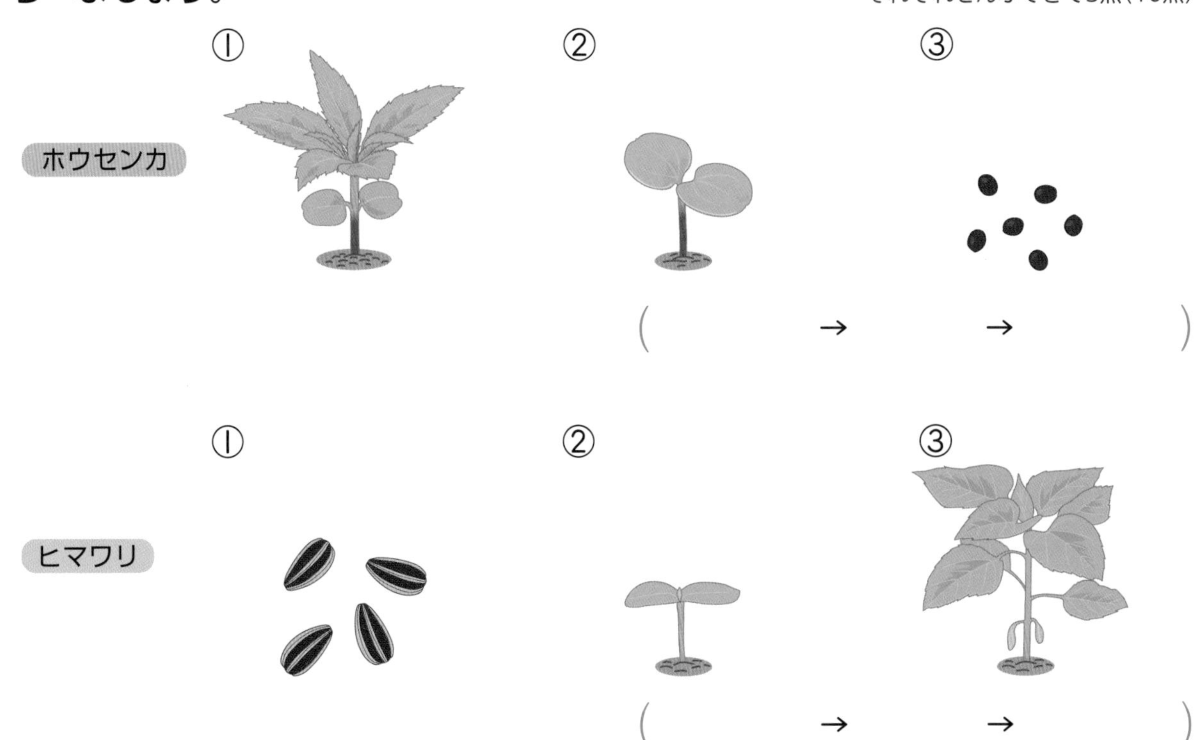

ホウセンカ（　　　→　　　→　　　）

ヒマワリ（　　　→　　　→　　　）

3 春から育ててきたホウセンカをかんさつしました。

1つ5点(20点)

(1) 春のころにくらべて、葉の数や草たけ、くきの太さは、どうなっていますか。

葉の数(　　　　　　)

草たけ(　　　　　　)

くきの太さ(　　　　　　)

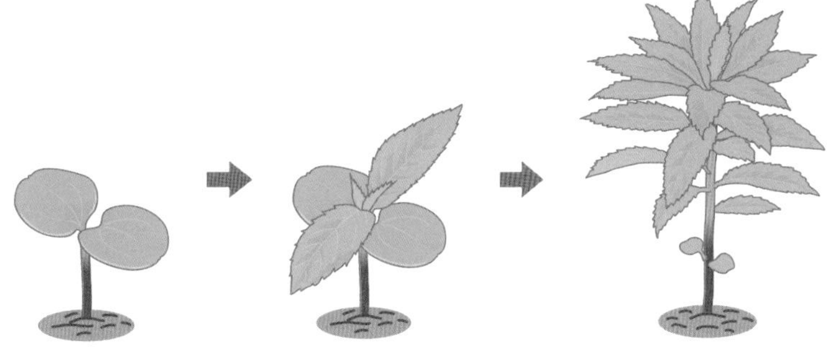

(2) ホウセンカの草たけを調べたところ、表(ひょう)のようになりました。**ア**にあてはまる草たけを［　］からえらんで、かきましょう。

1cm　　6cm　　16cm

ホウセンカの草たけ

かんさつした日	4月24日	4月28日	5月8日	6月11日
草たけ	1cm	2cm	**ア**	15cm

(　　　　　　)

できたらスゴイ！

4 植物の体のつくりをくらべました。

思考・表現　(1)は1つ10点、(2)はぜんぶできて10点(40点)

(1) ホウセンカの①〜③と同じ部分を、**ア**〜**カ**からえらんで、すべてかきましょう。

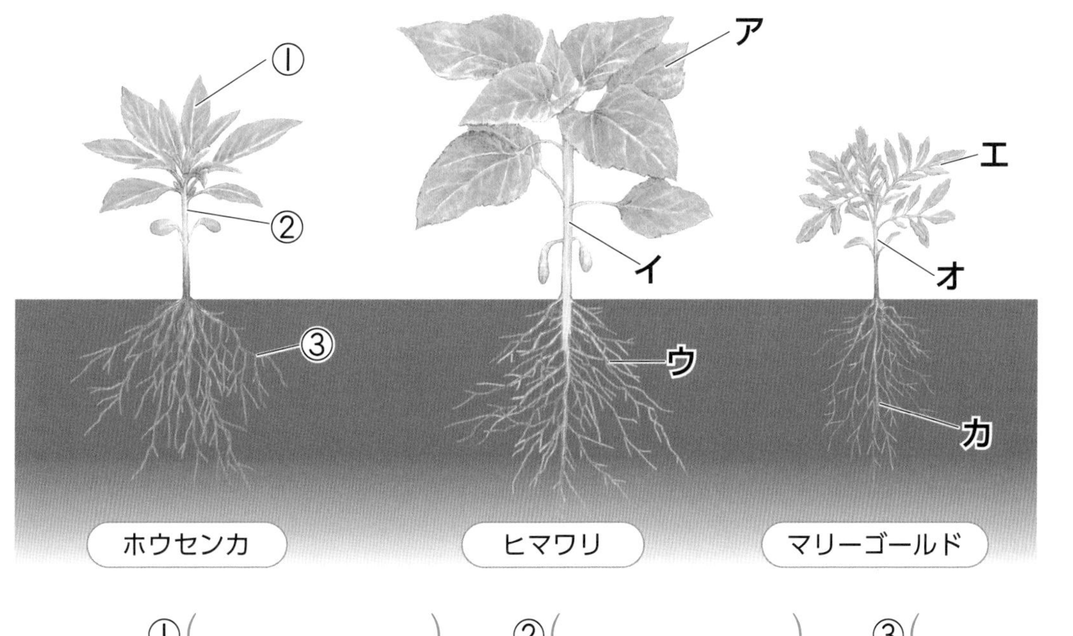

①(　　　　　　)　②(　　　　　　)　③(　　　　　　)

(2) 植物の体のつくりについて、正しいものを2つえらび、○をつけましょう。

①(　　)植物の体は、どれも、根(ね)・くき・葉からできている。

②(　　)葉の形は、どの植物も同じである。

③(　　)葉は、くきについている。

ふりかえり

❸がわからないときは、18ページの❷にもどってかくにんしてみましょう。
❹がわからないときは、18ページの❷にもどってかくにんしてみましょう。

ぴったり1 じゅんび

3分でまとめ

4. 風とゴムの力のはたらき

①風の力のはたらき

②ゴムの力のはたらき

学習日　月　日

めあて
風の力や、ゴムの力が、ものを動かすはたらきをかくにんしよう。

教科書 48〜55ページ　答え 12ページ

下の(　)にあてはまる言葉をかくか、あてはまるものを○でかこもう。

1 風の強さで、ものを動かすはたらきはどうかわるだろうか。 教科書 48〜51ページ

▶風で動く車をつくり、風の強さをかえて、車が動いたきょりを調べます。

・強い風を当てたとき、車が動いたきょりは(① 長い ・ 短い)。

・弱い風を当てたとき、車が動いたきょりは(② 長い ・ 短い)。

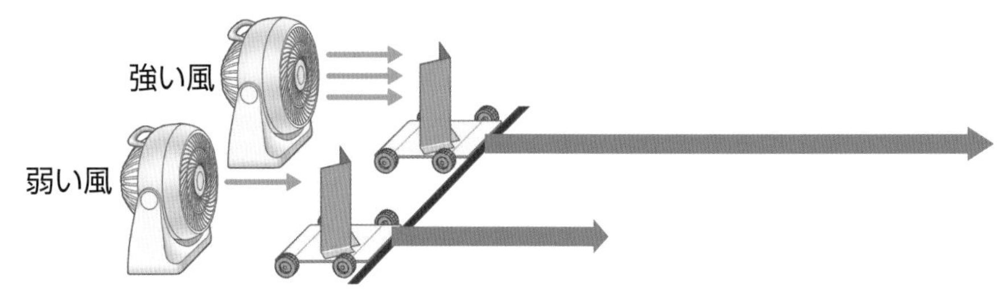

▶風の(③　　　)で、ものを動かすことができます。

・風を弱くすると、ものを動かすはたらきは(④ 大きく ・ 小さく)なります。

・風を強くすると、ものを動かすはたらきは(⑤ 大きく ・ 小さく)なります。

2 ゴムをのばす長さで、ものを動かすはたらきはどうかわるだろうか。 教科書 52〜55ページ

▶ゴムで動く車をつくり、ゴムをのばす長さをかえて、車が動いたきょりを調べます。

・わゴムをのばす長さが長いとき、車が動いたきょりは(① 長い ・ 短い)。

・わゴムをのばす長さが短いとき、車が動いたきょりは(② 長い ・ 短い)。

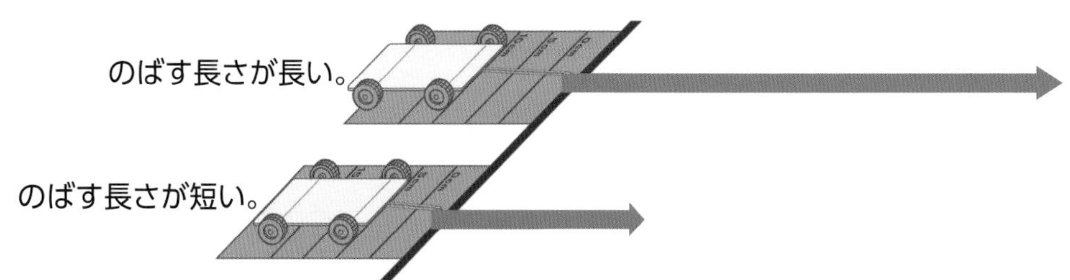

▶ゴムの(③　　　)で、ものを動かすことができます。

・ゴムを長くのばすほど、ものを動かすはたらきは(④ 大きく ・ 小さく)なります。

ここが、だいじ!

①風の力で、ものを動かすことができます。

②風を弱くすると、ものを動かすはたらきは小さくなります。風を強くすると、ものを動かすはたらきは大きくなります。

③ゴムの力で、ものを動かすことができます。

④ゴムを長くのばすほど、ものを動かすはたらきは大きくなります。

ばねをのばすと、ゴムと同じように、もとにもどろうとする力がはたらきます。

4. 風とゴムの力のはたらき

①風の力のはたらき
②ゴムの力のはたらき

教科書 48～55ページ 答え 12ページ

1 送風きを使って、風で動く車に強さのちがう風を当てて、車が動いたきょりを調べました。㋐と㋑では、送風きのいちと向きはかえていません。

㋐

㋑

(1) 強い風と弱い風をそれぞれ車に当てたところ、㋐のほうが遠くまで動きました。強い風を当てたのは、㋐と㋑のどちらですか。

（　　）

(2) （　　）にあてはまる言葉をかきましょう。

①車に当てる風を強くすると、動くきょりは（　　　　）なる。
②車に当てる風を弱くすると、動くきょりは（　　　　）なる。
③風が強くなるほど、ものを動かすはたらきは（　　　　）なる。

2 わゴムをのばす長さをかえて、ゴムで動く車が動いたきょりを調べました。

㋐ わゴムをのばす長さが短い

㋑ わゴムをのばす長さが長い

(1) わゴムをのばす長さをかえて車を動かすとき、より遠くまで動くのは、㋐と㋑のどちらですか。

（　　）

(2) （　　）にあてはまる言葉をかきましょう。

①ゴムをのばす長さを長くすると、動くきょりは（　　　　）なる。
②ゴムをのばす長さを短くすると、動くきょりは（　　　　）なる。
③ゴムを長くのばすほど、ものを動かすはたらきは（　　　　）なる。

4. 風とゴムの力のはたらき

教科書 46〜59ページ　答え 13ページ

よく出る

1 風で動く車に、強い風と弱い風を当てて、車が動いたきょりをくらべました。

1つ8点(32点)

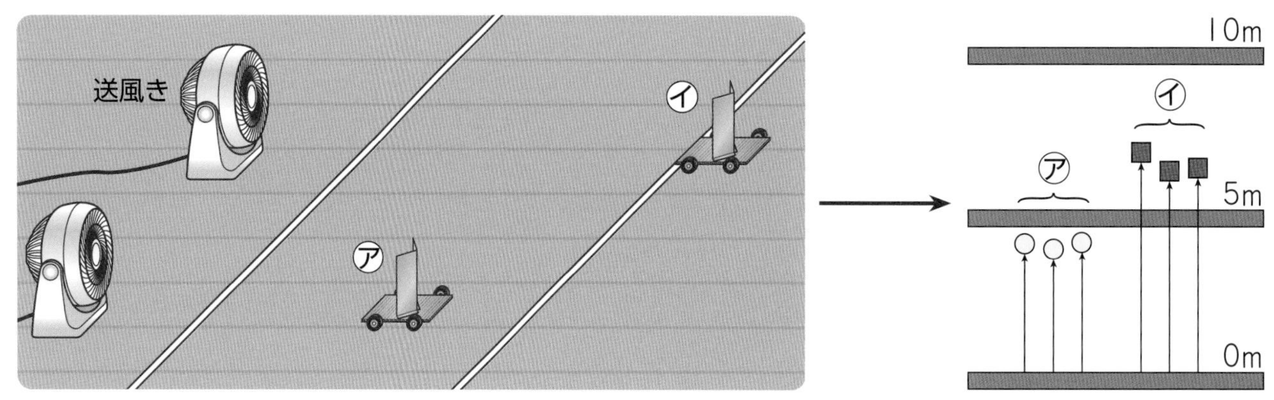

(1) 車に風を当てるときのじっけんについて、正しいほうに○をつけましょう。 技能

①(　　)送風きの、いちと向きは、ぜんぶかえる。

②(　　)送風きの、いちと向きは、ぜんぶ同じにする。

(2) 上の図で、㋐は、強い風・弱い風のどちらの風を当てたけっかですか。

(　　　　)

(3) (　　)にあてはまる言葉をかきましょう。

①車に当てる風が(　　　　)ほうが、車が動いたきょりは短い。

②車に当てる風が(　　　　)ほうが、ものを動かすはたらきは大きくなる。

2 うちわであおいで、「ほ」をつけた車を動かしました。

(1)はぜんぶできて8点、(2)は8点(16点)

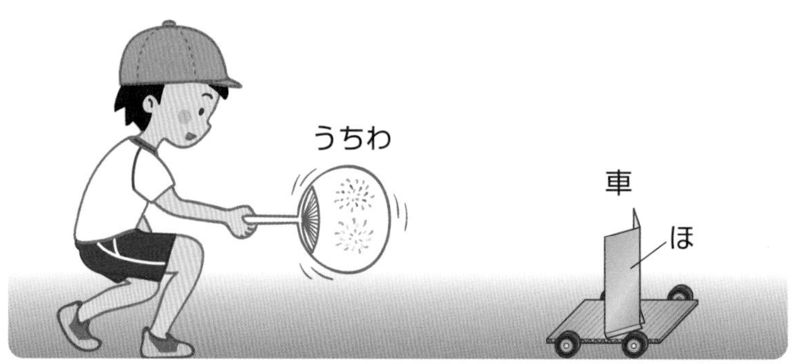

(1) 記述 うちわであおぐと車が動いたのはなぜですか。

(　　　　)に(　　　　)が当たったから。

(2) 車がより遠くまで動いたのはどちらですか。正しいほうに○をつけましょう。

①(　　)強い風を当てたとき。　②(　　)弱い風を当てたとき。

よく出る

3 ゴムで動く車を使って、ゴムの力のはたらきを調べました。

1つ8点(32点)

(1) 右の図で、手をはなすと、車はⓐとⓘのどちらのほうに動きましたか。　技能

(　　　)

(2) 車が遠くまで動いたのはどちらですか。正しいほうに○をつけましょう。

①(　　)わゴムをのばす長さが長いとき。

②(　　)わゴムをのばす長さが短いとき。

(3) (　　)にあてはまる言葉をかきましょう。

①わゴムをのばす長さが(　　　　　)ほうが、車が動いたきょりは短い。

②わゴムをのばす長さが(　　　　　)ほど、ものを動かすはたらきは大きくなる。

できたらスゴイ!

4 風で動く車やゴムで動く車を使って、風やゴムの力で車を走らせて、ねらったところに止めるゲームをしました。

思考・表現　1つ10点(20点)

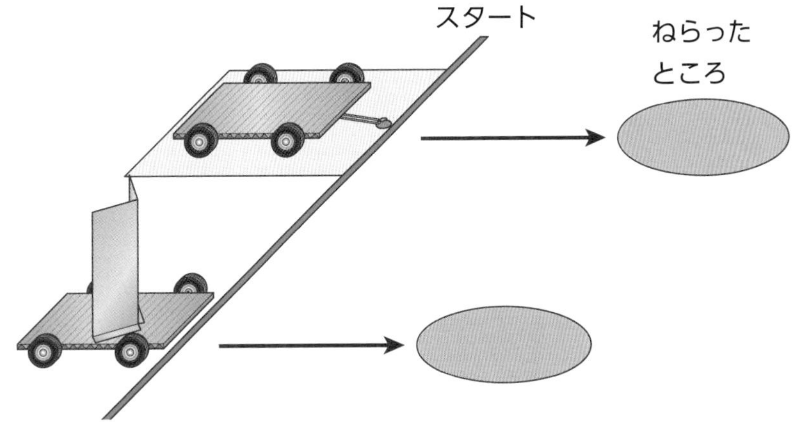

(1) はじめに風で動く車を走らせたところ、ねらったところより手前に止まりました。ねらったところに止めるには、どうすればよいですか。よいと思われるほうに○をつけましょう。

①(　　)はじめより、風を弱くする。

②(　　)はじめより、風を強くする。

(2) 記述 ゴムの力で動く車を走らせたところ、ねらったところを通りすぎて止まりました。ねらったところに止めるには、わゴムをどうすればよいですか。

(　　　　　　　　　　　　　　　　　　　　　　　　　　　　)

ふりかえり
❸がわからないときは、22ページの❶にもどってかくにんしてみましょう。
❹がわからないときは、22ページの❶や❷にもどってかくにんしてみましょう。

学習日　　月　　日

★花のかんさつ

①花がさいたようす

めあて
花がさくころの植物の育つようすをかくにんしよう。

教科書 61〜63ページ　答え 14ページ

下の(　　)にあてはまる言葉をかこう。

1 植物は、どのように育っているのだろうか。

教科書 61〜63ページ

▶植物の育ち

ホウセンカ

つぼみ

花

花がさいた後

ヒマワリ

つぼみ

花

花がさいた後

▶植物の草たけは(①　　　　　　)なり、(②　　　　　)の数はふえ、くきが(③　　　　　)なっています。

▶植物には、つぼみができて、(④　　　　　)がさきます。

これまで
どのように
育ってきたかな。
見直してみよう。

①植物の草たけは高くなり、葉の数はふえ、くきが太くなり、やがて花がさきます。

ヒマワリで、1この花に見えるものは、じつはたくさんの花が集まったものです。

学習日　月　日

★花のかんさつ

①花がさいたようす

教科書 61〜63ページ　答え 14ページ

1 育てているホウセンカに、花がさき始めました。①〜⑤を育つじゅんにならべましょう。

②

③

①

④

⑤

（　①　→　　→　　→　　→　　）

2 ホウセンカのようすを調べました。

(1) ①は何といいますか。

（　　　　）

(2) ②は何といいますか。

（　　　　）

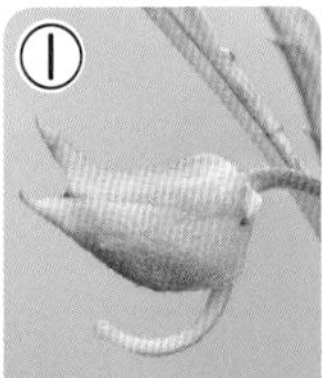

ヒント ❷ 植物が育つと、つぼみができます。つぼみはやがて、花になります。

★花のかんさつ

教科書 60〜63ページ　答え 15ページ

よく出る

1 育(そだ)てている植物(しょくぶつ)の花をかんさつしました。

⑴はぜんぶできて10点、⑵は1つ10点(30点)

①
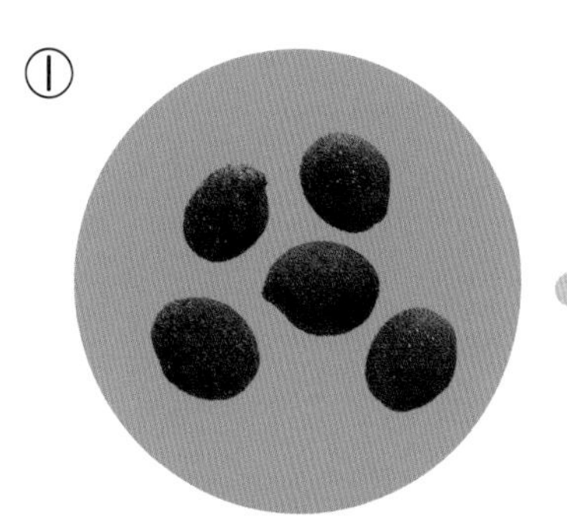

③

②

④

⑴ ①〜④の写真(しゃしん)のたねと花で、合うものをそれぞれ線でつなぎましょう。

⑵ ③〜④の植物の名前をかきましょう。

③(　　　　　　)　④(　　　　　　)

2 植物が育つようすをかんさつしました。

⑴はぜんぶできて20点、⑵、⑶は1つ10点(40点)

⑴ ①〜④を育つじゅんに、ならべましょう。

(　　→　　→　　→　　)

⑵ **ア**の部分(ぶぶん)を何といいますか。　(　　　)

⑶ **イ**の部分を何といいますか。　(　　　)

3 春のころとくらべた植物の育ちについて、正しいものに○をつけましょう。

思考・表現　10点(10点)

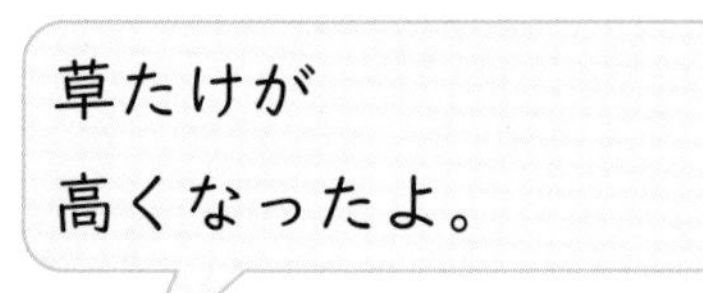

①(　　)

葉の数はふえたけど、くきの太さはかわっていないね。

②(　　)

花がさいて、その後につぼみができたよ。

③(　　)

子葉の数も葉の数もふえたよ。

④(　　)

この本の終わりにある「夏のチャレンジテスト」をやってみよう！

できたらスゴイ！

4 ホウセンカの草たけを、ぼうグラフを使ってまとめました。

1つ10点(20点)

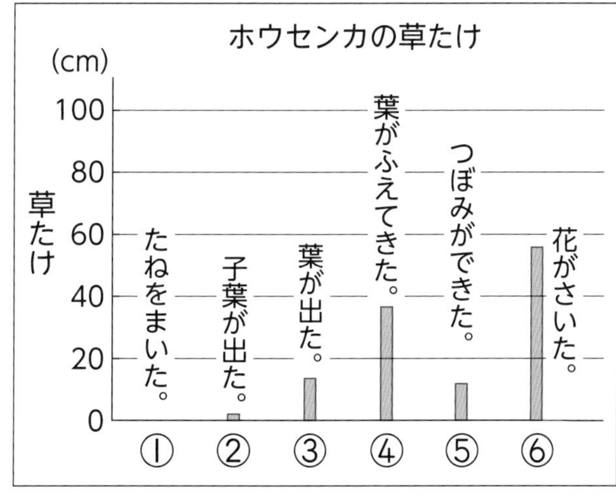

(1) ぼうグラフに、まちがいが１つあります。①～⑥からえらんで、記号をかきましょう。

技能

(　　　)

(2) 記述 (1)の答えをえらんだのはなぜですか。わけをかきましょう。　思考・表現

(　　　　　　　　　　　　　　　　　　)

3 がわからないときは、26ページの **1** にもどってかくにんしてみましょう。
4 がわからないときは、26ページの **1** にもどってかくにんしてみましょう。

3分でまとめ

学習日　月　日

5. こん虫のかんさつ

①こん虫などのすみか
②こん虫の体のつくり　③こん虫の育ち

めあて
こん虫のすみかや体のつくり、育ち方をかくにんしよう。

教科書 68〜77ページ　答え 16ページ

下の(　)にあてはまる言葉をかこう。

1 こん虫などの虫がいるのは、どんな場所だろうか。

教科書 68〜71ページ

▶こん虫などは、(①　　　　)がある場所や、かくれるところがある場所に多くいます。

▶こん虫などは、まわりの(②　　　　)とかかわり合って生きています。

こん虫の名前	すみか	食べ物
ショウリョウバッタ	草むら	草の葉
カブトムシ	森や林	木のしる
アキアカネ	野山	ほかのこん虫

2 こん虫のせい虫の体は、どんなつくりになっているのだろうか。

教科書 72〜74ページ

▶こん虫のせい虫の体は、どれも(①　　　　)・(②　　　　)・(③　　　　)の3つの部分からできていて、(　②　)には6本の(④　　　　)があります。

▶どのこん虫も、(　①　)に、目や口、しょっ角があって、(　②　)には4まいのはねがついています。

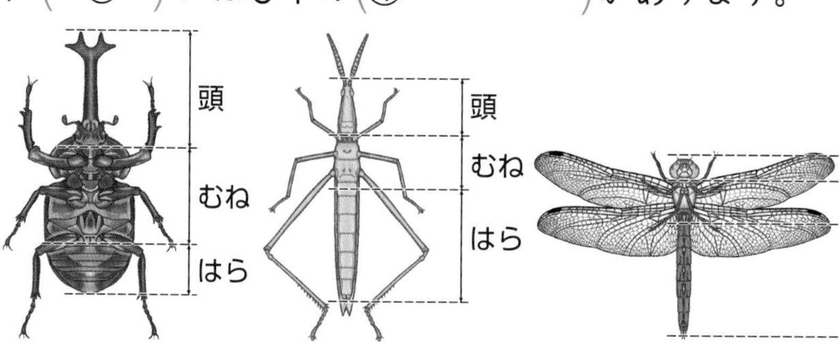

3 こん虫は、どんな育ち方をするのだろうか。

教科書 75〜77ページ

▶チョウやカブトムシは、(①　　　　)→(②　　　　)→(③　　　　)→(④　　　　)のじゅんに育ちます。バッタやトンボは、(⑤　　　　)→(⑥　　　　)→(⑦　　　　)のじゅんに育ちます。

▶こん虫には、(⑧　　　　)になるものとならないものがいます。

ここがだいじ!

①こん虫などは、食べ物がある場所や、かくれるところがある場所に多くいて、まわりのしぜんとかかわり合って生きています。
②こん虫のせい虫の体は頭・むね・はらの3つの部分からできていて、むねに6本のあしがあります。
③こん虫には、たまご→よう虫→さなぎ→せい虫のじゅんに育つものと、たまご→よう虫→せい虫のじゅんに育つものがいます。

動物は、ほかの動物や植物を食べて生きています。ほかの生き物なしでは生きられません。

5. こん虫のかんさつ

①こん虫などのすみか
②こん虫の体のつくり　③こん虫の育ち

学習日　　月　　日

教科書　68〜77ページ　答え　16ページ

1 こん虫のすみかや食べ物を調べました。

(1) ①〜③で、植物の葉を食べるこん虫はどれですか。（　　　）

(2) それぞれのこん虫は、どんな場所に多くいますか。かくれるところがある場所のほかに、１つかきましょう。（　　　　　　　　　　　　）

2 トンボの体のつくりを調べました。

(1) ①〜③の部分を何といいますか。（　　）に名前をかきましょう。

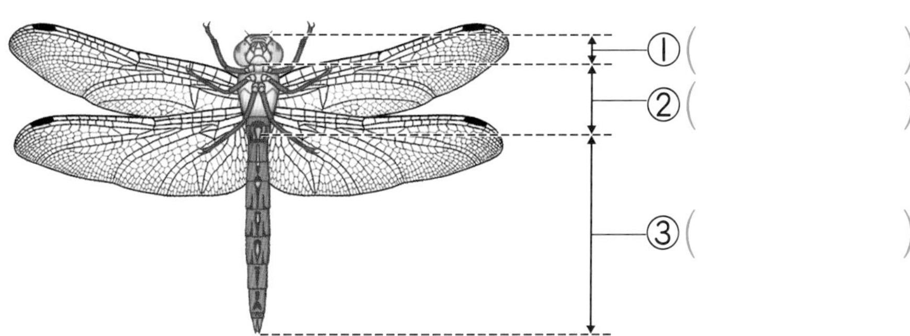

(2) 体はいくつの部分からできていますか。（　　　）

(3) あしはどの部分に何本ついていますか。（　　）にあてはまる言葉や数をかきましょう。
（　　　　　）に（　　　）本ついている。

3 こん虫の育ちを調べました。さなぎからせい虫になるものを、２つかきましょう。

（　　　　　　　　　　）と（　　　　　　　　　　）

ヒント 2 トンボもこん虫です。チョウの体のつくりとくらべてみましょう。

5. こん虫のかんさつ

教科書 66～81ページ　答え 17ページ

1 カブトムシのせい虫の体のつくりをかんさつしました。

1つ4点(24点)

(1) ①～③の部分(ぶぶん)を何といいますか。

①(　　　　)
②(　　　　)
③(　　　　)

(2) あしは、どの部分に何本ついていますか。(　　)にあてはまる言葉(ことば)や数をかきましょう。

・(　　　　)に(　　　)本ついている。

(3) 作図 右の図の中のカブトムシのむねの部分に、色をぬりましょう。 技能

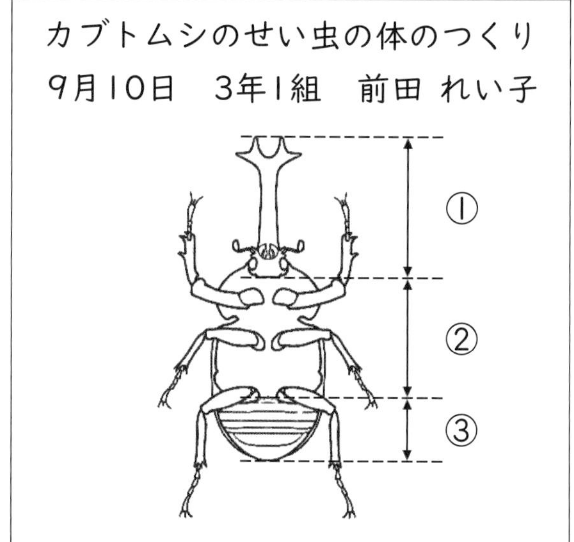

2 こん虫のすみかや食べ物(もの)、育(そだ)ちについて調(しら)べました。

(1)はぜんぶできて4点、(2)は1つ4点(16点)

(1) ①～④のうち、さなぎからせい虫になるものはどれですか。すべてかきましょう。

(　　　　)

(2) ア～ウにあてはまるのは、①～④のどのこん虫ですか。

ア　ほかのこん虫などを食べる。
イ　草むらにすんでいて、草の葉(は)を食べる。
ウ　花のみつをすう。

ア(　　　)　イ(　　　)　ウ(　　　)

3 こん虫の育ちについて、調べました。

(2)はぜんぶできて4点、(1)、(3)、(4)は1つ4点(32点)

(1) ①はモンシロチョウのせい虫です。②～④は何ですか。

① 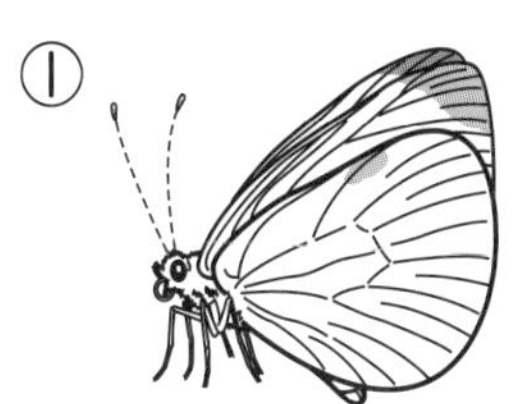
② 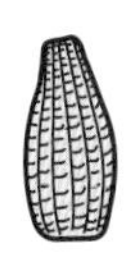
③ 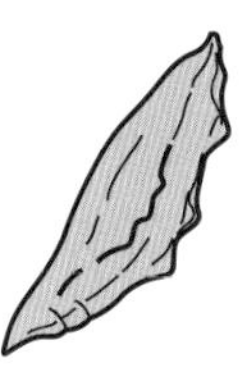
④ 

せい虫　(　　　)　(　　　)　(　　　)

(2) どんな育ち方でせい虫になるのか、①～④を育ちのじゅんにならべましょう。

(　　→　　→　　→　①　)

(3) ①～④で、皮(かわ)をぬいで大きくなるのはどれですか。　(　　)

(4) **ア～ウ**のこん虫の中で、モンシロチョウと同じ育ちのじゅんでせい虫になるものには○を、ちがうものには×をつけましょう。

ア(　　)カブトムシ

イ(　　)ショウリョウバッタ

ウ(　　)アゲハ

できたらスゴイ!

4 生き物の体のつくりを調べて、くらべました。

1つ4点(28点)

(1) ①～④で、こん虫には○を、こん虫でないものには×をつけましょう。

① 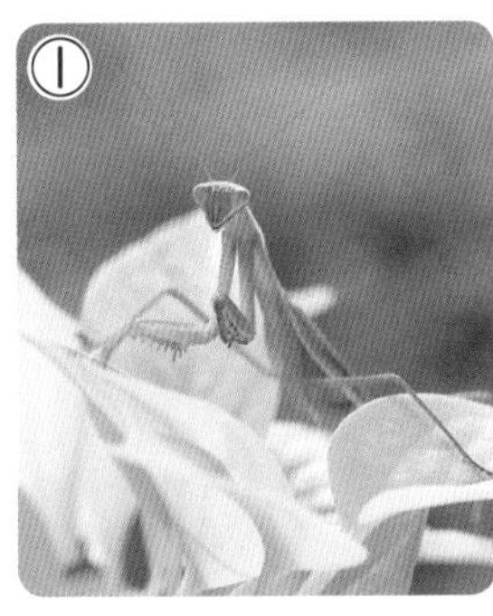
② 
③ 
④ 

(　)　(　)　(　)　(　)

(2) 次の(　　)にあてはまる数をかきましょう。　思考・表現

こん虫のせい虫の体は頭・むね・はらの(　　)つの部分からできているが、クモの体のつくりはちがう。

こん虫のせい虫のむねには(　　)本のあしがあるが、クモは(　　)本のあしがある。

ふりかえり
❶がわからないときは、30ページの❷にもどってかくにんしてみましょう。
❹がわからないときは、30ページの❷にもどってかくにんしてみましょう。

★植物の一生

①実ができたようす
②かんさつのまとめ

学習日　　月　　日

めあて
植物がたねから育ってかれるまでの育ち方をかくにんしよう。

教科書 83〜85ページ　答え 18ページ

下の(　)にあてはまる言葉をかくか、あてはまるものを○でかこもう。

1 花がさいた後の植物は、どうなっていくのだろうか。

教科書 83〜85ページ

▶植物は花がさいた後、(①　　　　)ができ、しばらくするとかれます。
(　①　)の中には、(②　　　　)ができています。

▶ホウセンカの一生

1たね。　→　2めが出て、(③　　　　)が出る。　→　3(④　　　　)が出る。
→　4草たけは高くなり、(⑤　　　　)の数はふえ、(⑥　　　　)が太くなる。
→　5つぼみができる。　→　6(⑦　　　　)がさく。
→　7(⑧　　　　)ができ、中に(⑨　　　　)ができる。　→　8かれる。

▶植物の育つじゅんは、どれも(⑩　同じです　・　ちがいます　)。

ここが だいじ!
①花がさいた後、実ができ、かれます。実の中には、たねができます。
②植物はどれも、同じじゅんで育ちます。

植物の実には、ミカンのようにヒトが食べられるものがあります。ミカンを食べるときに、ミカンのたねを見つけられることがあります。

学習日　月　日

★ 植物(しょくぶつ)の一生

①実(み)ができたようす

②かんさつのまとめ

教科書 83〜85ページ　答え 18ページ

1 花がさいた後のホウセンカとヒマワリを調(しら)べました。

(1) 花と、花がさいた後で、同じ植物をそれぞれ線でつなぎましょう。

(2) 花がさいた後にできたものは何ですか。（　　　）

(3) (2)の中にできたものは何ですか。（　　　）

2 植物の一生をまとめました。

(1) ①〜③にあてはまる言葉(ことば)を、[　]からえらんで、かきましょう。

花　つぼみ　実

(2) 植物の育(そだ)つじゅんで、正しいのはアとイのどちらですか。（　　　）

ア　育つじゅんは、植物によってちがいます。

イ　育つじゅんは、どの植物も同じです。

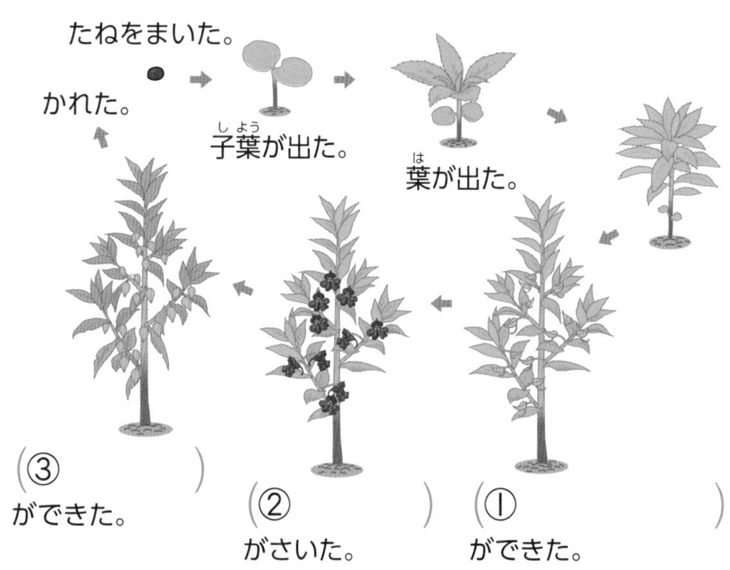

★ 植物の一生

教科書 82～89ページ　答え 19ページ

よく出る

1 植物の育ち方を調べました。

⑴はぜんぶできて10点、⑵、⑶は1つ5点（25点）

①
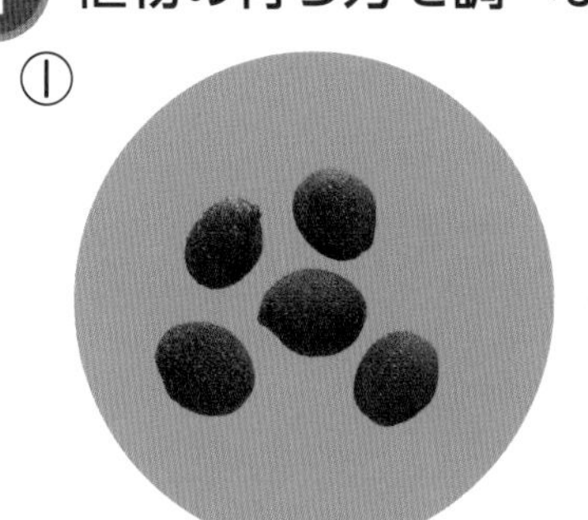

③

⑤

②

④
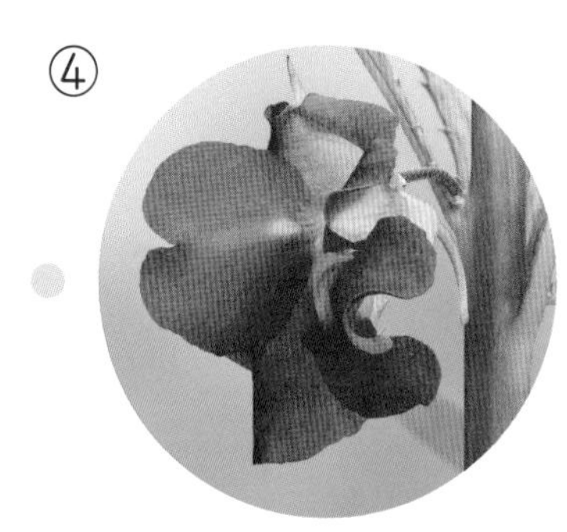

⑥
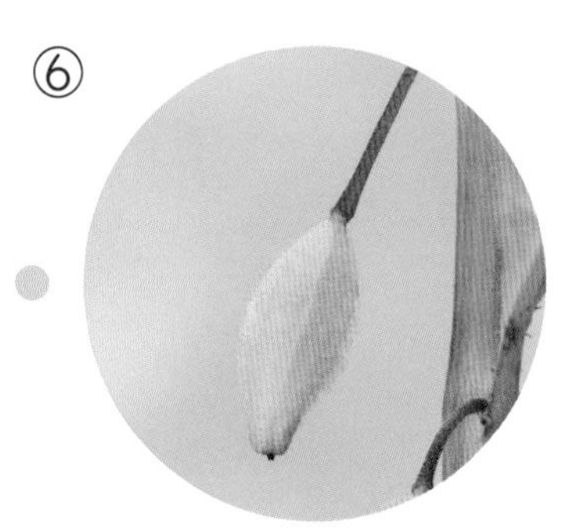

⑴ 上の写真で、たね、花、実で同じ植物を、それぞれ線でつなぎましょう。

⑵ 植物は、実ができた後、さいごにどうなりますか。

（　　　　　　　）

⑶ ⑤と⑥の植物の名前をかきましょう。

⑤（　　　　　　　）　⑥（　　　　　　　）

2 ヒマワリが育つようすをかんさつしました。

⑴はぜんぶできて10点、⑵は5点（15点）

①
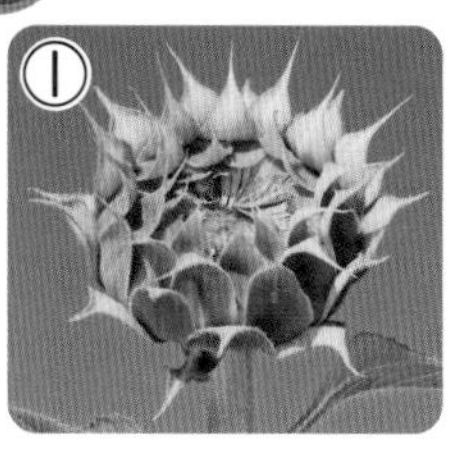

②
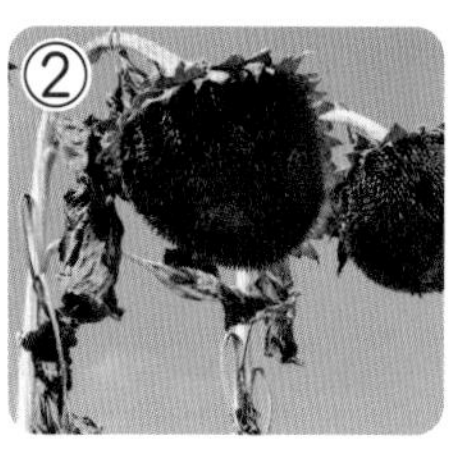

③

④

⑤

⑴ ①～⑤を、たねから育つじゅんに、ならべましょう。

たね→（　　）→（　　）→（　　）→（　　）→（　　）

⑵ アを何といいますか。

（　　　　　　　）

3 植物の育ちについて、正しいものに○をつけましょう。 思考・表現 12点(12点)

実ができたところに
花がさきます。

①(　　)

実は、花がさいた
ところにできます。

②(　　)

|つのたねから育って、
|つの実ができます。

③(　　)

実は、葉がついていた
ところにできます。

④(　　)

できたらスゴイ!

4 ホウセンカの一生を、ふり返りました。 1つ6点(48点)

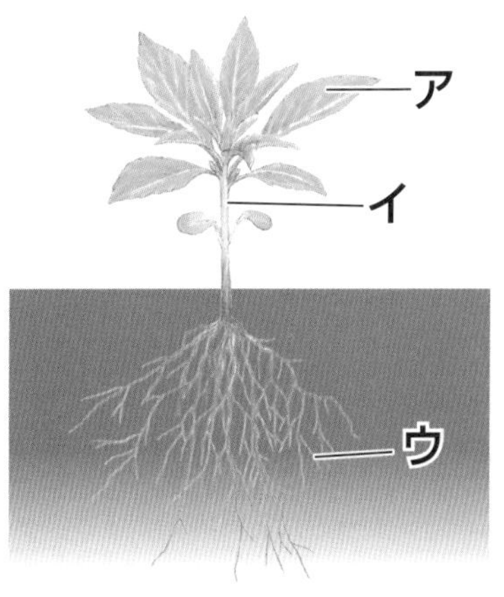
ア
イ
ウ

(1) ホウセンカの**ア**～**ウ**をそれぞれ何といいますか。

ア(　　　　)　**イ**(　　　　)　**ウ**(　　　　)

(2) 植物の育ちについて、①～⑤にあてはまる言葉をかきましょう。

- 植物は|つの(①　　　　)から育っていきます。
- たねからめが出て、(②　　　　)が出た後、やがて葉が出ます。
- 草たけは高くなり、葉の数はふえ、くきが太くなると、やがて(③　　　　)がさきます。
- 花がさいた後、(④　　　　)ができ、かれます。
- 実の中には、(⑤　　　　)ができています。

ふりかえり
1 がわからないときは、34ページの 1 にもどってかくにんしてみましょう。
4 がわからないときは、34ページの 1 にもどってかくにんしてみましょう。

3分でまとめ

6. かげと太陽

①かげのでき方と太陽
②かげの向きと太陽のいち(1)

学習日　月　日

めあて
かげのでき方と太陽のいちがどうなっているか、かくにんしよう。

教科書 92～97ページ　答え 20ページ

下の(　)にあてはまる言葉をかくか、あてはまるものを○でかこもう。

1 かげは、どんなところにできるのだろうか。

教科書 92～94ページ

- 太陽の光のことを(①　　　　)といいます。
- (　①　)をさえぎるものがあると、(②　　　　)ができます。
- かげは、太陽の(③　同じ　・　反対　)がわにできます。
- もののかげは、どれも(④　同じ　・　ちがう　)向きにできます。
- 太陽を見るときは、(⑤　　　　　　)を使います。

目をいためるので、
太陽をちょくせつ
見てはいけないよ。

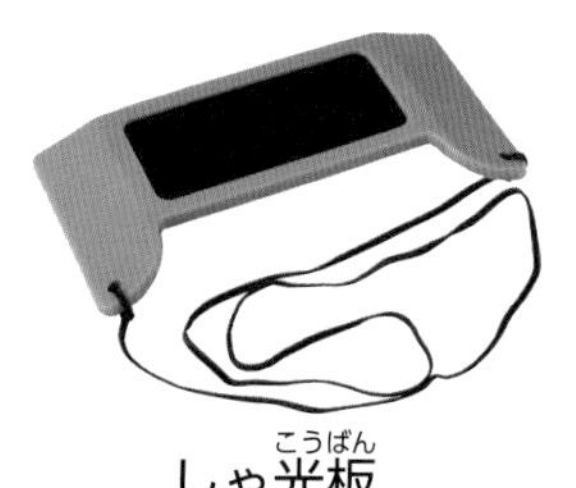
しゃ光板

2 ほういじしんはどう使えばよいのだろうか。

教科書 95～97ページ

- ほういを調べるときは、(①　　　　　　　　)を使います。
- ほういじしんのはりは、北と南を指して止まり、はりの色がついたほうが(②　　　　)を指します。
- ほういじしんは、(③　　　　　)に持ちます。
- はりの動きが止まったら、文字ばんを回して、(④　　　　)の文字をはりの色のついたほうに合わせ、ほういを読みます。

水平に持つ。

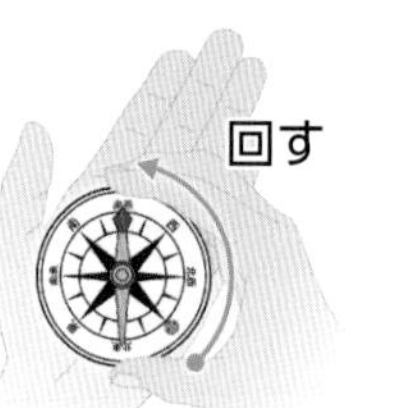

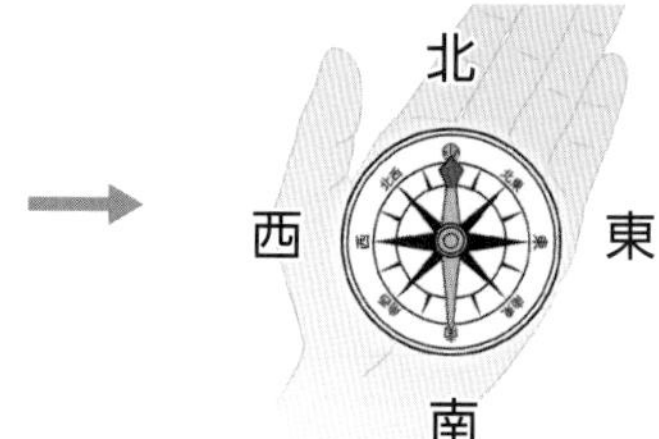

ほういじしんは、
じしゃくや鉄でできた
ものの近くで使わない
ようにしよう。

ここが だいじ!

①太陽の光(日光)をさえぎるものがあると、かげは太陽の反対がわに、どれも同じ向きにできます。
②ほういじしんを使うと、ほういを調べることができます。

かげの長さは、太陽が南の高いところにあるときは短くなり、西や東のひくいところにあるときは長くなります。

学習日　　月　　日

6. かげと太陽

①かげのでき方と太陽

②かげの向きと太陽のいち(1)

教科書 92～97ページ　答え 20ページ

1 晴れた日に、木のかげができるようすを調べました。

(1) 日光が木に当たると、木のかげは太陽のどちらがわにできますか。

(　　　　　)

(2) 太陽が雲にかくれると、できていた木のかげはどうなりますか。

(　　　　　　　　　　　)

2 日光が当たってできた木のかげの向きと人のかげの向きを調べました。

(1) 人のかげは、①～③のどの向きにできていると考えられますか。　(　　　)

(2) 太陽を見るときに使う道具を、何といいますか。

(　　　　　　　　　)

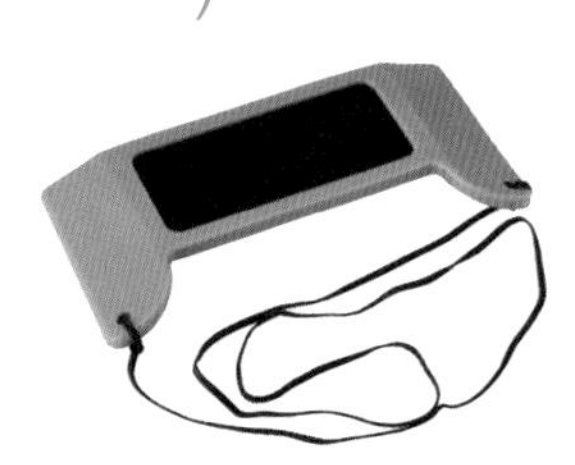

3 ほういじしんの使い方を調べました。

(1) ほういじしんのはりの色がついたほうは、東西南北のどのほういを指しますか。

(　　　)

(2) ほういじしんのはりの動きが止まった後、文字ばんの合わせ方で正しいのは、①と②のどちらですか。

①

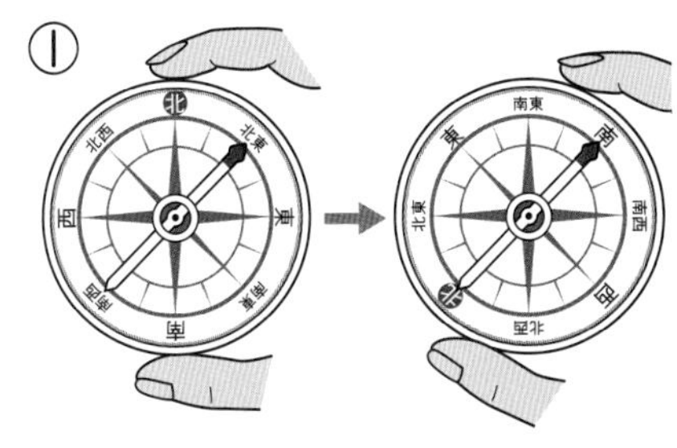

②

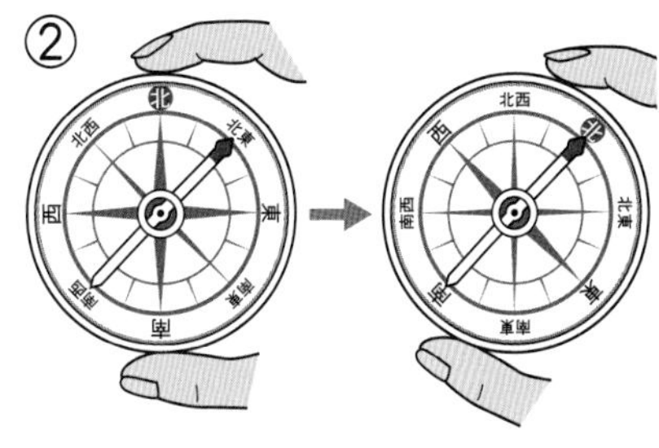

(　　　)

ヒント 3 (2)はりの色のついたほうに文字ばんの「北」の文字が合うように、文字ばんを回します。

6. かげと太陽（たいよう）

②かげの向（む）きと太陽のいち(2)

学習日　月　日

めあて
時間がたつとかげの向きがなぜかわるのかをかくにんしよう。

教科書　98〜99ページ　答え　21ページ

下の(　)にあてはまる言葉（ことば）をかくか、あてはまるものを○でかこもう。

1 どうして、かげの向きがかわったのだろうか。

教科書　98〜99ページ

- かげは、太陽の(①　　　　)がわにできます。
- 時間がたつと、かげの向きは(②　東　・　西　)から(③　東　・　西　)へとかわります。

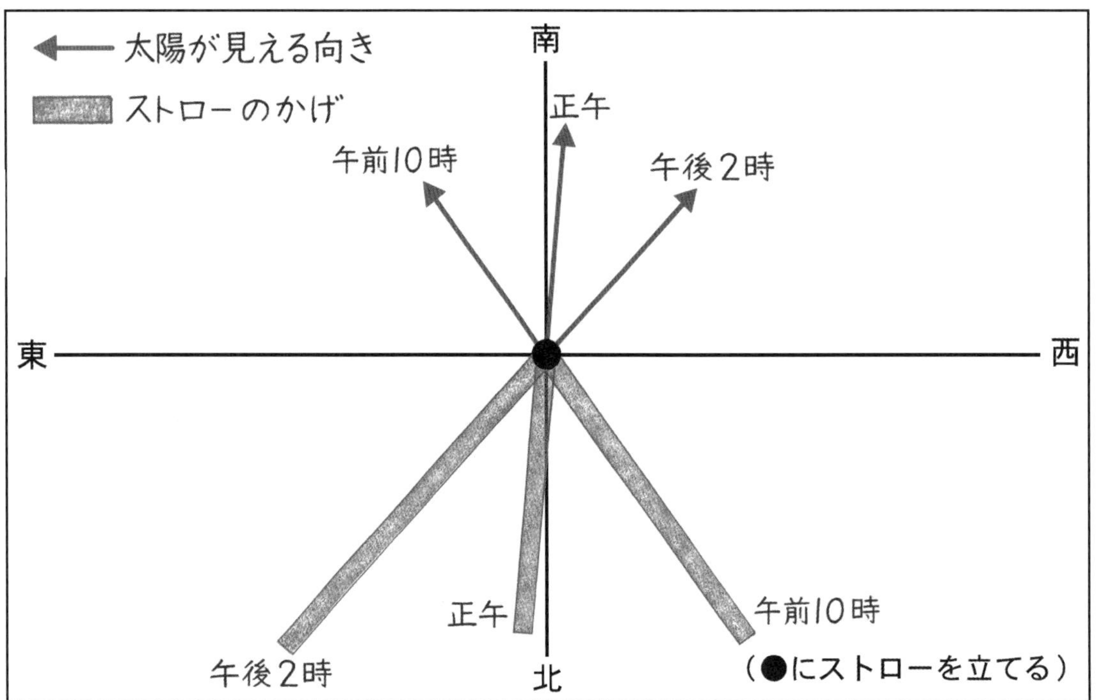

- かげの向きがかわるのは、(④　　　　)のいちがかわるからです。
- 時間がたつと、太陽のいちは、(⑤　　　)から(⑥　　　)の空の高いところを通り、(⑦　　　)へとかわります。

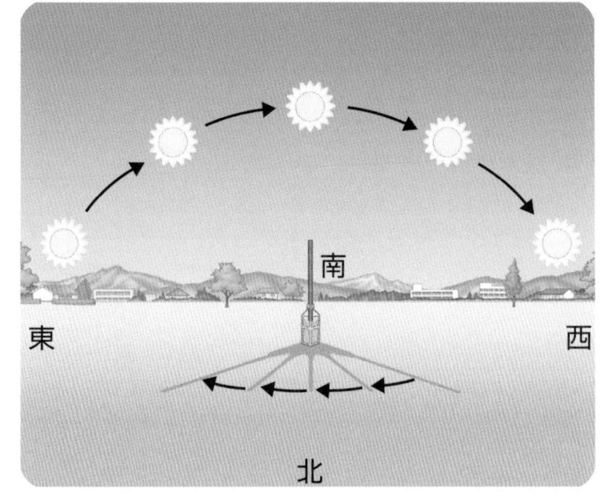

①かげの向きがかわるのは、太陽のいちがかわるからです。
②時間がたつと、太陽のいちは東から南の空の高いところを通り、西へとかわります。

時間がたつと、かげの向きがかわることをりようして、およその時こくを調（しら）べることができます。そのことをりようした時計を日時計といいます。

6. かげと太陽

②かげの向きと太陽のいち(2)

学習日　　月　　日

教科書 98〜99ページ　答え 21ページ

1 太陽のいちと木のかげができるようすを調べました。

(1) 太陽が㋐、㋑、㋒のいちにあるとき、木のかげはそれぞれ㋐～㋒のどこにできますか。

㋐(　　　)　㋑(　　　)　㋒(　　　)

(2) 太陽が㋐→㋑→㋒と動くとき、木のかげの向きはどのようにかわりますか。正しいものに○をつけましょう。

①(　　)あ→い→う
②(　　)い→う→あ
③(　　)う→い→あ
④(　　)い→あ→う

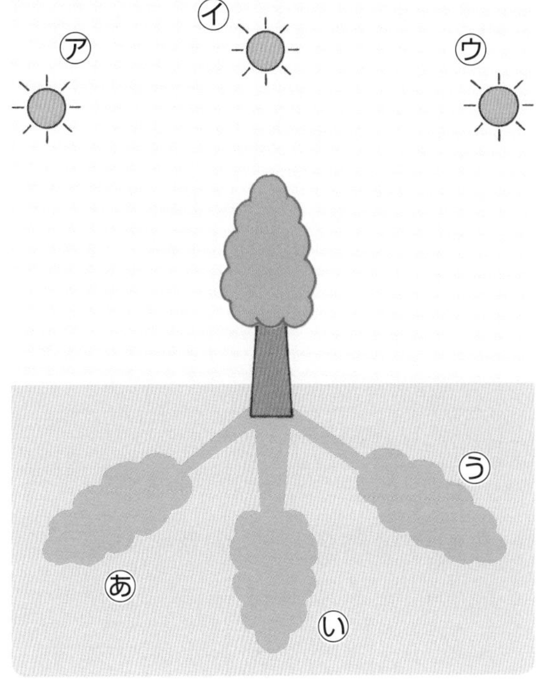

2 太陽のいちと男の子のかげのできるようすを調べました。

(1) 図のように男の子のかげができたとき、太陽は㋐～㋒のどのいちにありますか。

(　　　)

(2) 午後3時ごろの太陽は、㋐～㋒のどのいちにありますか。

(　　　)

(3) 太陽のいちは、時間がたつと、あといのどちらへとかわりますか。

(　　　)

(4) かげのいちは、時間がたつと、うとえのどちらへとかわりますか。

(　　　)

ヒント **1** かげは、太陽の反対がわにできます。

ぴったり1 じゅんび

3分でまとめ

6. かげと太陽

③日なたと日かげの地面

学習日　　月　　日

めあて
日なたと日かげの地面のようすはどうちがうのか、かくにんしよう。

教科書 100～104ページ　答え 22ページ

下の(　　)にあてはまる言葉をかくか、あてはまるものを○でかこもう。

1 日なたと日かげの地面のあたたかさは、どれぐらいちがうのだろうか。 教科書 100～104ページ

▶よく晴れた日には、日光が当たっている(① 日なた ・ 日かげ)と、日光がさえぎられている(② 日なた ・ 日かげ)ができます。

▶日なたと日かげの地面のちがい

	日なた	日かげ
明るさ	(③　　　　)	暗い
あたたかさ	(④　　　　)	つめたい
しめりぐあい	(⑤　　　　)	しめっている

日かげのほうがすずしいよね。

▶地面の温度のはかり方

- 地面の土を少しほって、温度計の(⑥　　　　)を入れて、うすく土をかぶせます。
- 日なたでは、温度計にちょくせつ(⑦　　　　)が当たらないように、おおいをしてはかります。

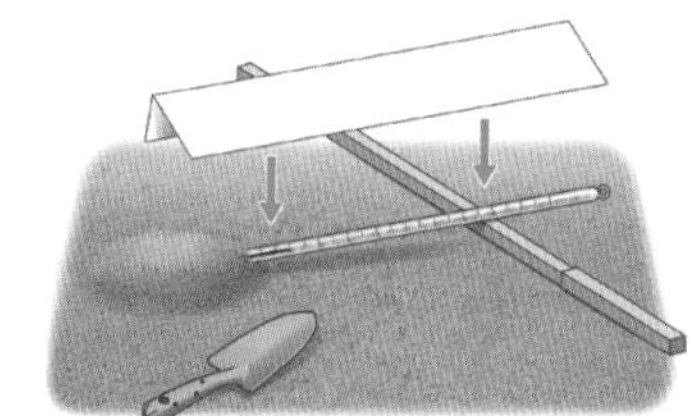

▶温度計の目もりの読み方

- えきの先が動かなくなってから、えきの先の(⑧　　　　)を真横から読みます。
- 温度計がななめになっているときは、温度計と(⑨　　　　)になるようにして読みます。

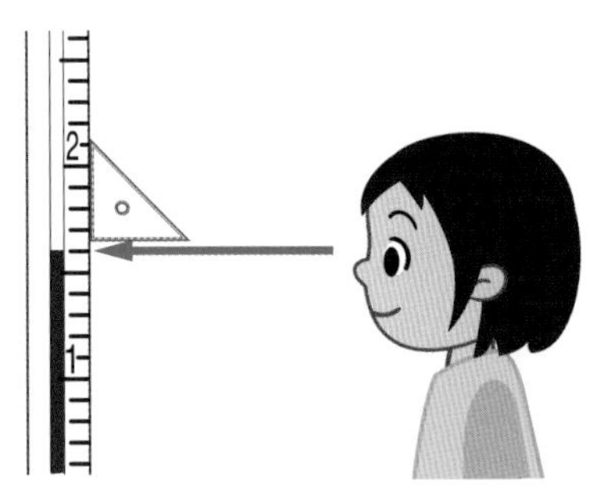

▶日なたの地面の温度は、日かげの地面の温度よりも(⑩ 高く ・ ひくく)なります。また、午前9時より正午のほうが高くなります。

▶このように、地面の温度がちがうのは、地面が(⑪　　　　)であたためられるからです。

ここがだいじ!

①日なたと日かげの地面では、明るさやあたたかさ、しめりぐあいにちがいがあります。
②日なたの地面の温度は、日かげの地面の温度より高くなります。
③地面の温度がちがうのは、地面が日光であたためられるからです。

昼は太陽の光によって地面があたためられます。昼に地面が太陽からうけとったねつは、夜にうちゅうへにげます。そのため、夜は温度が下がります。

6. かげと太陽

③日なたと日かげの地面

教科書 100～104ページ　答え 22ページ

1 よく晴れた日に、日なたと日かげの地面のようすを調べました。

(1) 明るいのは、日なたと日かげのどちらですか。

(　　　　　)

(2) しめっているのは、日なたと日かげのどちらですか。

(　　　　　)

(3) あたたかく感じるのは、日なたと日かげのどちらですか。

(　　　　　)

2 よく晴れた日に、日なたと日かげの地面の温度をはかりました。

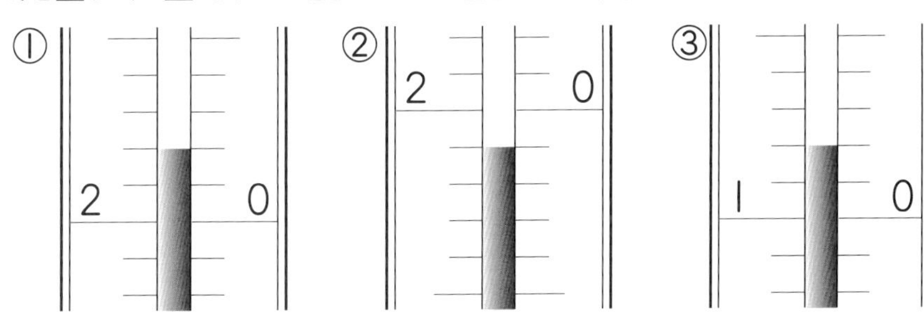

(1) ①～③は温度計の一部です。目もりを読んで、それぞれ温度をかきましょう。

①(　　　　℃)　②(　　　　℃)　③(　　　　℃)

(2) 温度をはかって右の図のようになったとき、㋐～㋓の温度は何℃ですか。

㋐(　　　　℃)

㋑(　　　　℃)

㋒(　　　　℃)

㋓(　　　　℃)

午前9時		正午	
㋐	㋑	㋒	㋓

(3) 午前9時では、㋐と㋑のどちらが、日なたの地面の温度ですか。また、正午では、㋒と㋓のどちらが、日なたの地面の温度ですか。

午前9時(　　　)　正午(　　　)

(4) 日なたの地面の温度は、午前9時と正午ではどちらが高いですか。(　　　　　)

ヒント 2 温度計の1目もりは1℃です。

6. かげと太陽

教科書 90〜107ページ　答え 23ページ

1 太陽のいちとかげの向きを調べました。

(1)〜(3)は1つ5点、(4)はぜんぶできて10点(25点)

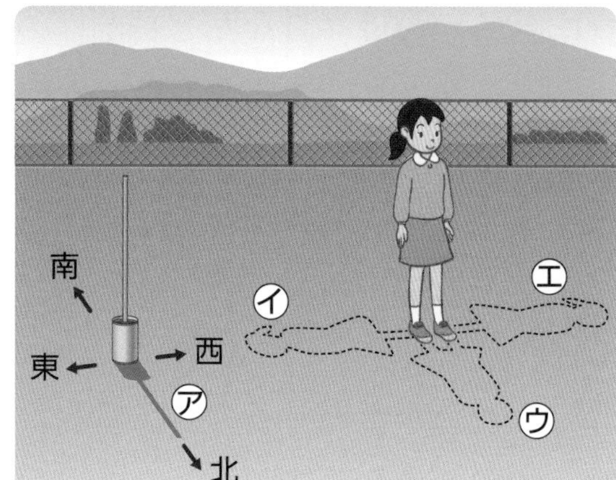

(1) ぼうのかげが㋐のようにできています。
太陽は、東西南北のどちらにありますか。
(　　)

(2) かげのでき方で、正しいほうに○をつけましょう。
ア(　　)かげは、太陽の反対がわにできる。
イ(　　)かげは、太陽と同じがわにできる。

(3) ぼうのかげが㋐のようにできるとき、女の子のかげは㋑、㋒、㋓のどこにできますか。
(　　)

(4) 時間がたつと、太陽のいちはどのようにかわりますか。①〜③に、東、西、南、北のうちあてはまるものをそれぞれかきましょう。

時間がたつと、太陽のいちは、(①　　　)から(②　　　)の空の高いところを通り、(③　　　)へとかわる。

2 ほうしじしんを使うと、ほうしを調べることができます。

技能　1つ5点(10点)

(1) はりの色がついたほうは、どのほうしを指しますか。
(　　)

(2) はりの動きが止まった後、文字ばんの合わせ方で正しいものは、①と②のどちらですか。
(　　)

①
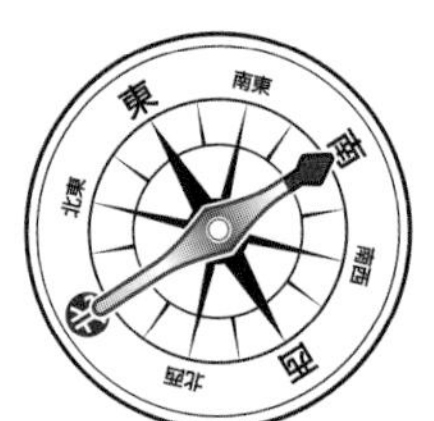

②
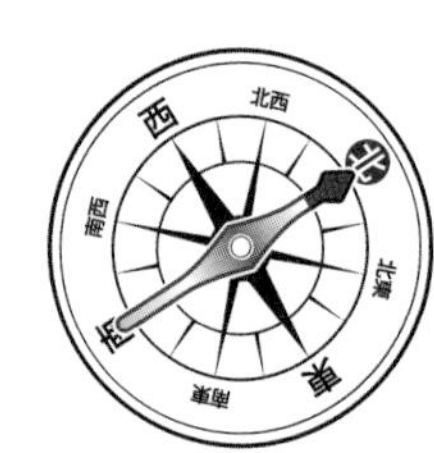

よく出る

3 よく晴れた日に、日なたと日かげの地面のようすを調べました。

1つ5点(15点)

(1) 明るいのは、日なたと日かげの地面のどちらですか。(　　)

(2) しめっているのは、日なたと日かげの地面のどちらですか。(　　)

(3) あたたかいのは、日なたと日かげの地面のどちらですか。(　　)

4 温度計を使うと、温度を調べることができます。

1つ5点(15点)

(1) 温度計がななめになっているときの目もりの読み方で、正しいほうに○をつけましょう。

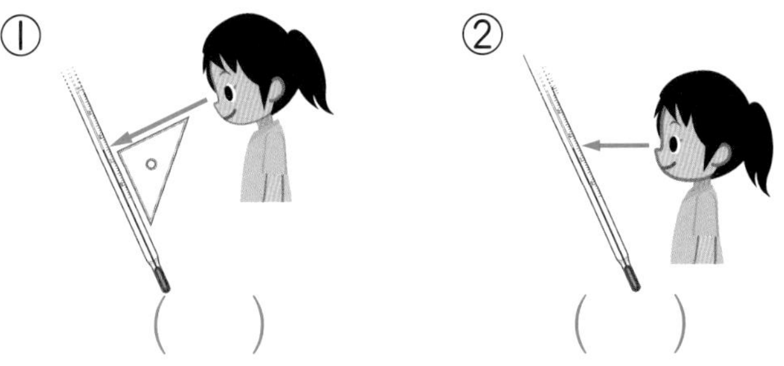

①(　　)　②(　　)

(2) ①、②の温度計の目もりを読んで、温度をかきましょう。

①(　　　　℃)　②(　　　　℃)

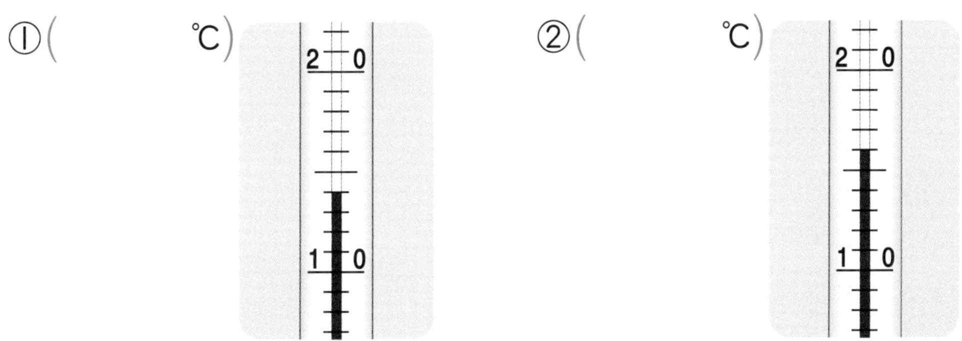

できたらスゴイ!

5 かげの向きと太陽の動きや、日なたと日かげの地面の温度を調べました。

思考・表現　(1)と(3)は1つ5点、(2)と(4)は1つ10点(35点)

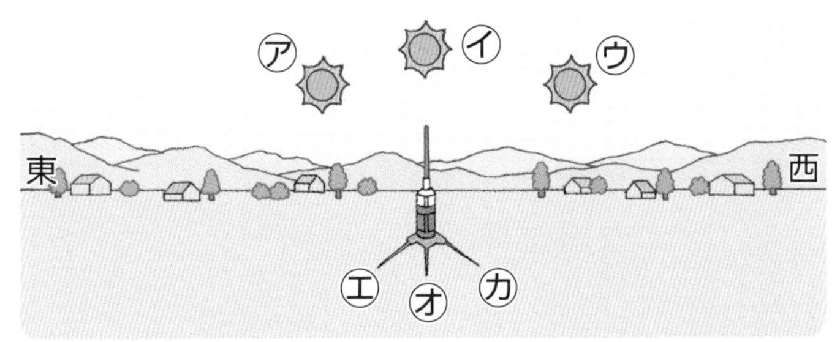

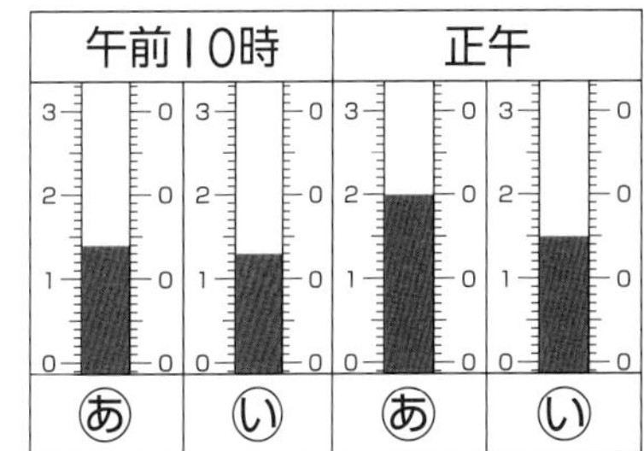

(1) 上の図は、太陽のいちとかげの向きをそれぞれ午前10時、正午、午後2時に調べたものです。

①午前10時の太陽のいちは、㋐～㋒のどれですか。　(　　)

②午前10時のぼうのかげは、㋓～㋕のどれですか。　(　　)

(2) 記述 時間がたつと、かげの向きがかわるのはなぜですか。

(　　　　　　　　　　　　　　　　)

(3) 日なたの温度は、上のきろくのあとⓘのどちらですか。　(　　)

(4) 記述 日なたと日かげで、地面の温度がちがうのはなぜですか。

(　　　　　　　　　　　　　　　　)

ふりかえり
3がわからないときは、42ページの1にもどってかくにんしてみましょう。
5がわからないときは、40ページの1と42ページの1にもどってかくにんしてみましょう。

3分でまとめ

7. 光のせいしつ

①はね返した日光の進み方
②はね返した日光を重ねたとき　③日光を集めたとき

学習日　　月　　日

めあて
日光をはね返したり、集めたりしたときのようすをかくにんしよう。

教科書 110〜116ページ　答え 24ページ

下の(　　)にあてはまる言葉をかくか、あてはまるものを○でかこもう。

1 はね返した日光は、どのように進むのだろうか。

教科書 110〜112ページ

▶日光は(①　　　　　)ではね返すことができます。
▶はね返した日光は、(②　　　　　)に進みます。

2 はね返した日光を重ねると、明るさやあたたかさはどうなるだろうか。

教科書 113〜114ページ

▶かがみではね返した日光が当たったところは、(①　明るく　・　暗く　)、(②　あたたかく　・　つめたく　)なります。

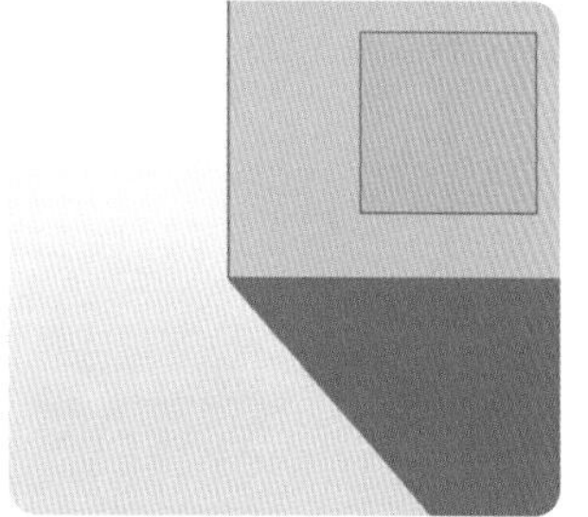
かがみがないとき

かがみが１まいのとき

かがみが３まいのとき

かがみのまい数	０まい	１まい	３まい
明るさ	暗い	明るい	１まいのときより明るい
温度	21℃	27℃	35℃

▶かがみではね返した日光を重ねるほど、日光が当たったところは、(③　　　　　)、(④　　　　　)なります。

3 虫めがねで日光を集めると、どうなるだろうか。

教科書 115〜116ページ

▶虫めがねを使うと、(①　　　　　)を集めることができます。
▶虫めがねで日光を集めたところを小さくするほど、(②　　　　　)、(③　　　　　)なります。

ここが だいじ！

①かがみではね返した日光は、まっすぐに進みます。
②かがみではね返した日光を重ねるほど、日光が当たったところは、明るく、あたたかくなります。
③虫めがねは日光を集めることができます。日光を集めたところを小さくするほど、明るく、あつくなります。

白いものより、黒いもののほうが光をよくきゅうしゅうします。

7. 光のせいしつ

①はね返した日光の進み方
②はね返した日光を重ねたとき　③日光を集めたとき

教科書 110〜116ページ　答え 24ページ

1 かがみで日光をはね返して、かべにはっただんボールに当てました。

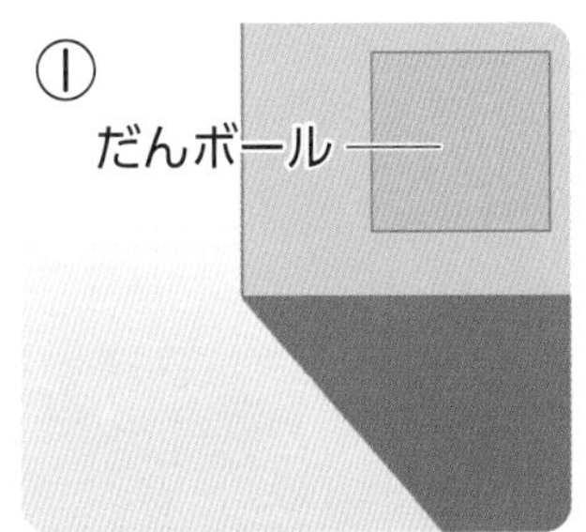

かがみがないとき

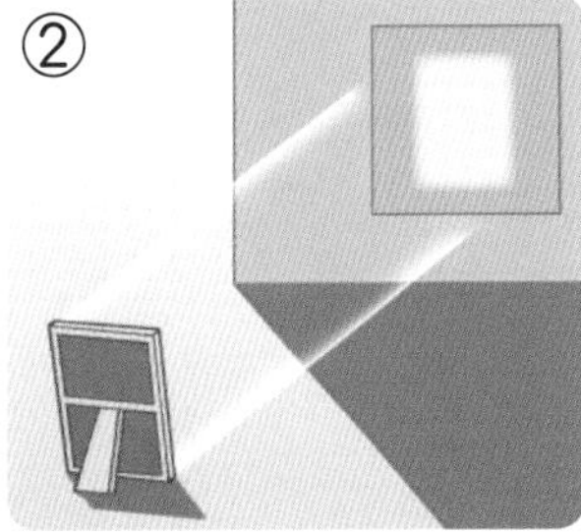

かがみが１まいのとき

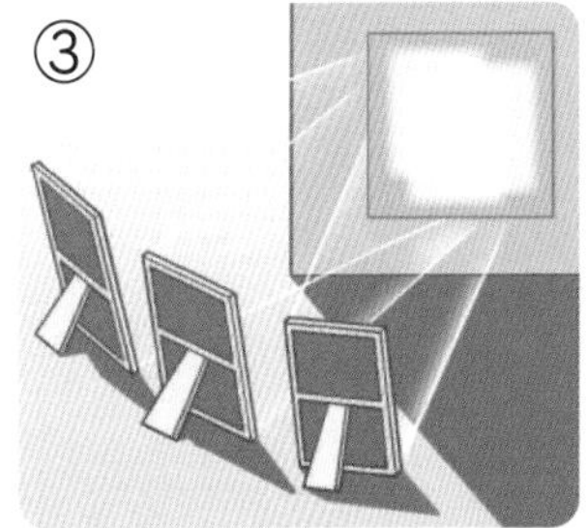

かがみが３まいのとき

(1) はね返した日光は、どのように進みますか。正しいほうに○をつけましょう。
ア(　　)はね返した日光は、曲がって進む。
イ(　　)はね返した日光は、まっすぐに進む。

(2) ②で、日光を当てたところの明るさは、①で、はね返した日光を当てていないときとくらべてどうなりますか。正しいものに○をつけましょう。
ア(　　)明るくなる。
イ(　　)暗くなる。
ウ(　　)明るさはかわらない。

(3) ②と③で、日光を３分間当ててから、日光を当てたところの温度をはかるとどうなりますか。正しいものに○をつけましょう。
ア(　　)②の温度のほうが高い。
イ(　　)③の温度のほうが高い。
ウ(　　)温度は同じ。

2 虫めがねを使って、黒い紙に日光を集めました。①のほうが、②より、黒い紙の上の明るいところが小さいです。

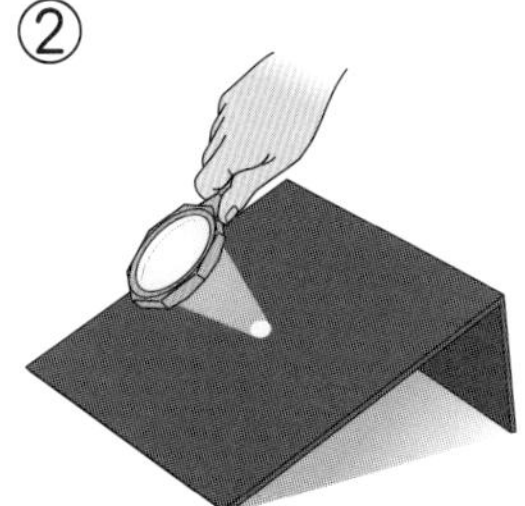

(1) ①と②で、日光を集めたところがより明るいのはどちらですか。
(　　)

(2) ①と②で、日光を集めたところがこげて、けむりが出るのはどちらですか。
(　　)

ヒント ２ (2)黒い紙がこげてけむりが出るのは、あつくなるためです。

7. 光のせいしつ

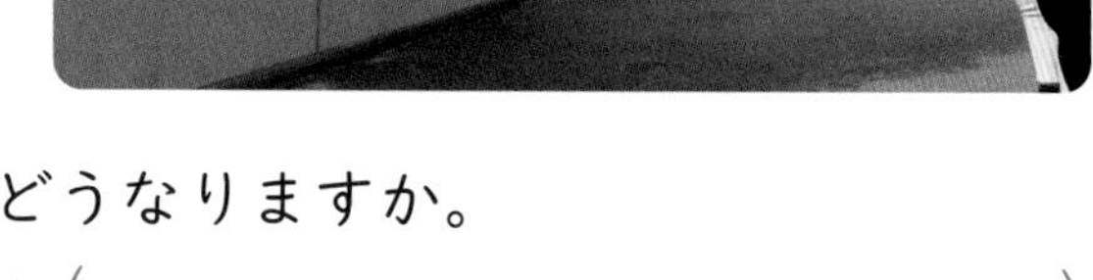

1 **かがみで日光をはね返し、まとに当てました。** 1つ6点(18点)

(1) かがみではね返した日光は、どのように進みますか。(　)にあてはまる言葉をかきましょう。

・かがみではね返した日光は、

(　　　　　　　　)に進む。

(2) かがみではね返した日光を当てたところの明るさやあたたかさは、まわりとくらべてどうなりますか。

明るさ(　　　　　　　　)

あたたかさ(　　　　　　　　)

2 **だんボールのまとをつくって、かがみではね返した日光を当てて、明るさや温度を調べました。** 1つ6点(30点)

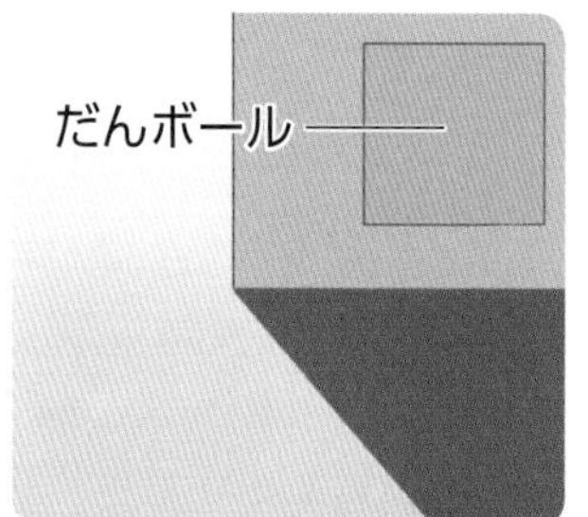

かがみがないとき

かがみが1まいのとき

かがみが3まいのとき

	ア	イ	ウ
明るさ	いちばん明るい	明るい	暗い
温度	①	②	21℃

(1) かがみがないとき、かがみが1まいのとき、かがみが3まいのときのけっかは、それぞれ表の**ア**〜**ウ**のどれですか。

かがみがないとき(　　)

かがみが1まいのとき(　　)

かがみが3まいのとき(　　)

(2) 表の温度は、3分間日光を当てた後のまとの温度です。①、②にあてはまる温度を、［　］からえらんでかきましょう。

［ 35℃　27℃　19℃ ］

①(　　　　)　②(　　　　)

❸ 虫めがねを使って、黒い紙に日光を集めました。日光を集めたところの大きさをかえて、黒い紙のようすをくらべました。

(1)、(2)は1つ6点、(3)は12点(24点)

(1) 日光を集めたところがいちばん明るくなるのは、①～③のどれですか。

(　　　)

(2) 日光を集めたところがいちばんあつくなるのは、①～③のどれですか。

(　　　)

(3) 記述 (2)で答えたものについて、日光を当てたままにしておくと、やがて紙はどうなりますか。

(　　　　　　　　　　　　　　　　　　　　)

できたらスゴイ！

❹ かがみではね返した日光の進み方やかべに当てたときのようすを調べました。

(1)、(2)は1つ7点、(3)は14点(28点)

(1) はね返した日光の通り道に、指をかざしてみました。かべにはどのようにうつりますか。正しいものに○をつけましょう。

① 指のかげができる。

(　　)

② 指のまわりにかげができる。

(　　)

③ 全体が暗くなる。

(　　)

(2) 3まいのかがみではね返した日光を重ねたとき、明るいところが少しずつずれていました。いちばん明るくなっているのは、㋐～㋒のどこですか。(　　)

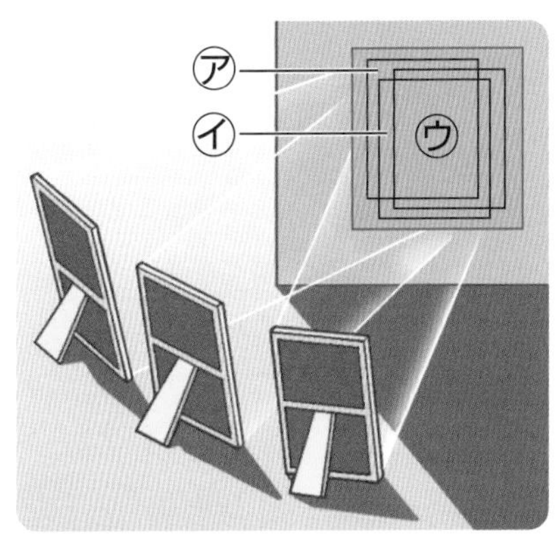

(3) 記述 (2)で答えたものについて、いちばん明るくなるのはなぜですか。

(　　　　　　　　　　　　　　　　　　　　)

ふりかえり
❶がわからないときは、46ページの1と2にもどってかくにんしてみましょう。
❹がわからないときは、46ページの1と2にもどってかくにんしてみましょう。

学習日　　月　　日

8. 電気で明かりをつけよう

①明かりがつくとき

めあて
電気で明かりがつくときのつなぎ方をかくにんしよう。

教科書 122～125ページ　答え 26ページ

下の(　)にあてはまる言葉をかこう。

1 豆電球とかん電池をどのようにつなぐと、明かりがつくのだろうか。

教科書 122～125ページ

▶①～⑤にあてはまる言葉を、　からえらんで、　にかきましょう。

豆電球　かん電池　どう線つきソケット　＋　－

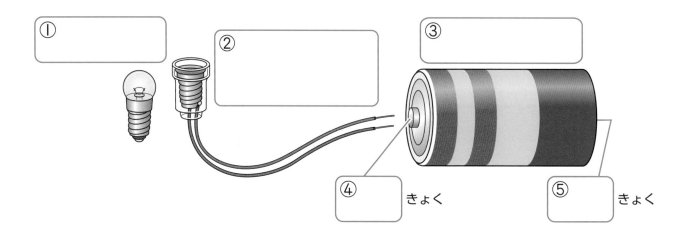

①
②
③
④ きょく
⑤ きょく

▶かん電池の＋きょく、豆電球、かん電池の－きょくを１つの「わ」のようにどう線でつなぐと、(⑥　　　)が通って、豆電球に明かりがつきます。

▶「わ」になっている電気の通り道を(⑦　　　)といいます。

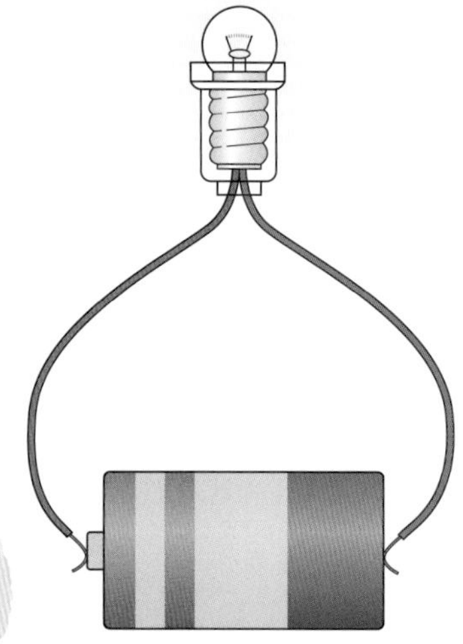

「わ」ができないと、明かりがつかないんだね。

豆電球がソケットにしっかり入っていないと、明かりがつかないよ。

ここが だいじ!
① 「わ」になっている電気の通り道を回路といいます。回路になっていると、電気が通って、明かりがつきます。

豆電球とかん電池をつないだ回路は、どう線が長くなっても電気の通り道ができているので明かりがつきます。

1 豆電球(まめでんきゅう)に明かりをつけました。

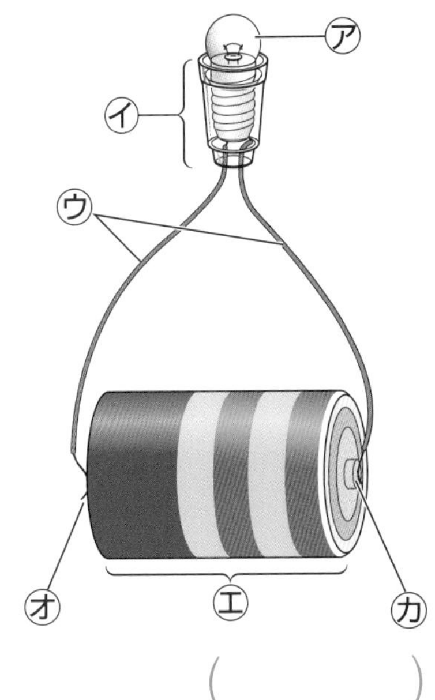

(1) 図のア～エの名前をかきましょう。

ア(　　　　　)　イ(　　　　　)
ウ(　　　　　)　エ(　　　　　)

(2) オ、カは何きょくですか。

オ(　　　　　)　カ(　　　　　)

(3) 次(つぎ)の文の(　　)にあてはまる言葉(ことば)をかきましょう。

- 明かりがつくときは、(①　　　　　)の＋(プラス)きょく、豆電球、(①)の－(マイナス)きょくが1つの「わ」のように(②　　　　　)でつながっており、(③　　　　)の通り道ができている。

(4) 「わ」になっている電気の通り道を何といいますか。(　　　　)

2 いろいろなつなぎ方で豆電球とかん電池をつないで、明かりがつくか調(しら)べました。

(1) 明かりがつくつなぎ方には○を、明かりがつかないつなぎ方には×を(　　)につけましょう。

①(　　)

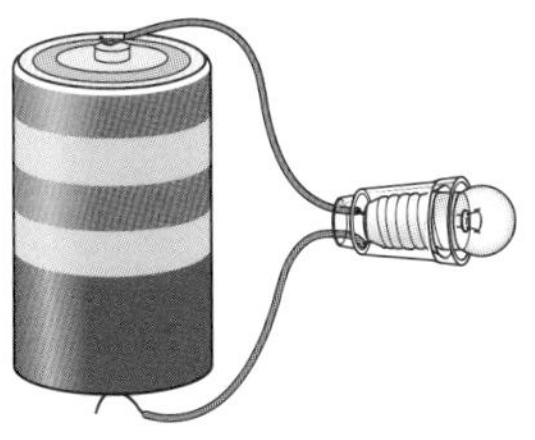

②(　　)

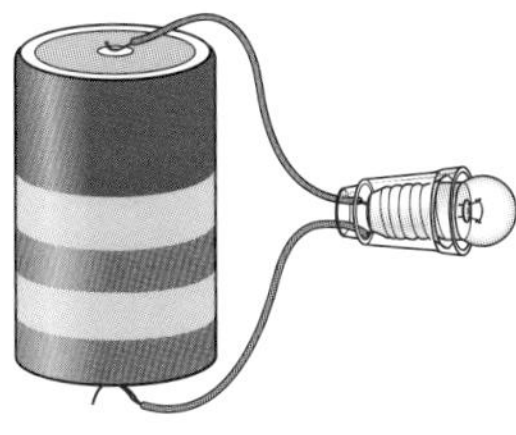

③(　　)

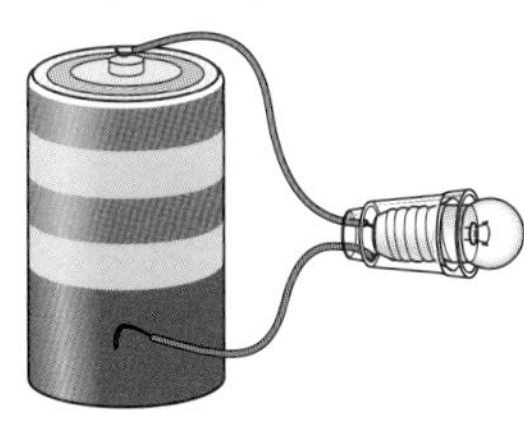

④(　　)

⑤(　　)

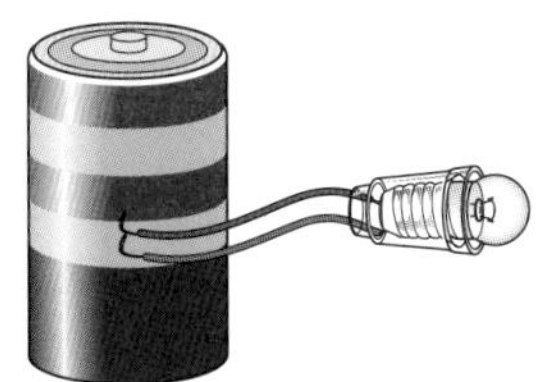

⑥(　　)

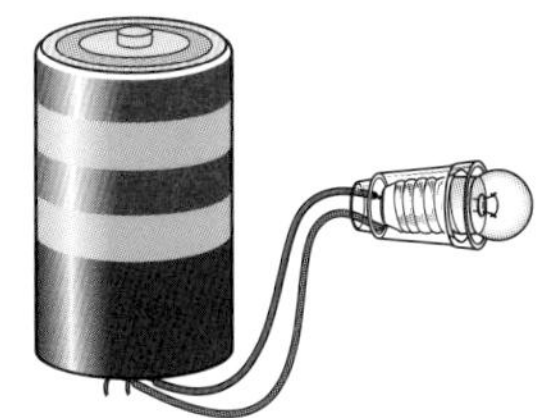

(2) (1)で明かりがつかなかったものは、つなぎ方がどうなっていますか。(　　)にあてはまる言葉をかきましょう。

- 明かりがつかないつなぎ方では、(①　　　　　)がどちらも同じきょくにつながっていたり、かん電池の＋きょくや(②　　　　　)ではないところにつながったりしている。

ヒント 2 (1)赤のどう線も黒のどう線も、同じように電気を通します。

学習日　月　日

8. 電気で明かりをつけよう

②電気を通すもの

めあて
電気を通すものと、電気を通さないものをかくにんしよう。

教科書 126～128ページ　答え 27ページ

下の(　)にあてはまる言葉をかくか、あてはまるものを○でかこもう。

1 どんなものが、電気を通すのだろうか。

教科書 126～128ページ

▶はなれたどう線の間にものをはさんで、豆電球に明かりがつくかを調べます。

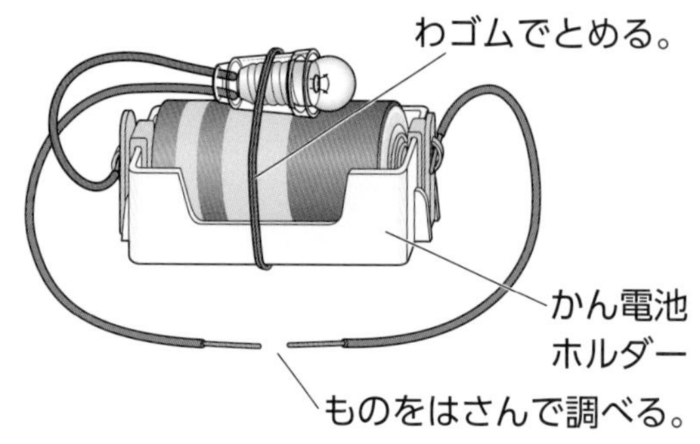

明かりがついたら電気を通すということだね。

○明かりがついたもの

×明かりがつかなかったもの

▶鉄や銅、アルミニウムなどを(①　　　　)といいます。

▶(①)は、電気を通す性質が(②　あります・ありません)。

▶紙や木、ゴム、ガラス、プラスチックなどは、電気を(③　通します・通しません)。

ここが だいじ!
①鉄、銅、アルミニウムなどの金ぞくは、電気を通すせいしつがあります。
②紙や木、ゴム、ガラス、プラスチックなどは、電気を通しません。

ぴたトリビア　電気を通しやすい金ぞくのベスト3は銀、銅、金です。

8. 電気で明かりをつけよう

②電気を通すもの

教科書 126〜128ページ　答え 27ページ

1 身(み)の回りのものが電気を通すかどうかを調(しら)べました。電気を通すものには〇を、電気を通さないものには×をつけましょう。

①(　　) 鉄(てつ)のスプーン
②(　　) プラスチックのスプーン
③(　　) ノート(紙)
④(　　) アルミニウムはく
⑤(　　) ガラスのコップ
⑥(　　) 1円玉(アルミニウム)
⑦(　　) 10円玉(銅(どう))
⑧(　　) 消(け)しゴム

2 空きかんは電気を通すかどうかを調べました。

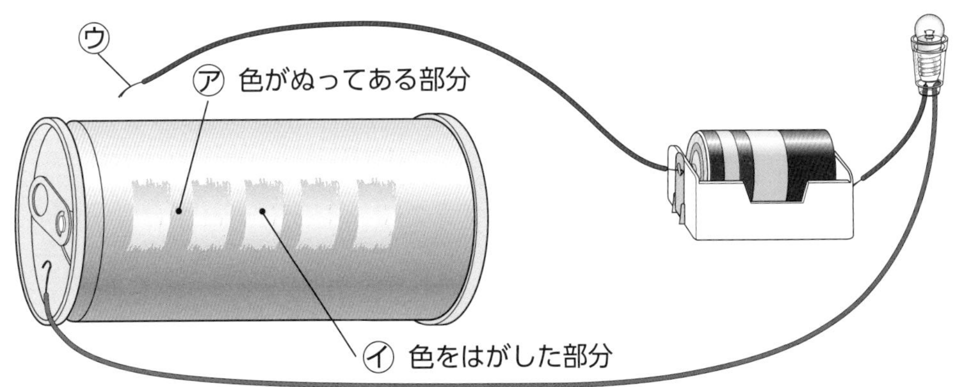

(1) アの部分(ぶぶん)にどう線のウをつけたとき、明かりはつきますか、つきませんか。
(　　　　　　)

(2) イの部分にどう線のウをつけたとき、明かりはつきますか、つきませんか。
(　　　　　　)

(3) (1)、(2)のようになるわけとして正しいのは、①と②のどちらですか。
①金ぞくは電気を通し、色がぬってある部分は電気を通さないから。
②金ぞくは電気を通さず、色がぬってある部分は電気を通すから。
(　　　)

ヒント **1** 鉄、銅、アルミニウムなどは金ぞくです。

8. 電気で明かりをつけよう

教科書 120～131ページ　答え 28ページ

よく出る

1 豆電球(まめでんきゅう)に明かりをつけました。

1つ5点(25点)

(1) ①の名前をかきましょう。

(　　　　　)

(2) ②、③はかん電池の何といいますか。

②(　　　　　)

③(　　　　　)

(3) 記述 豆電球に明かりがつくとき、電気の通り道は、どのようにつながっていますか。

(　　　　　)

(4) (3)のようになっているとき、この電気の通り道を何といいますか。(　　　　　)

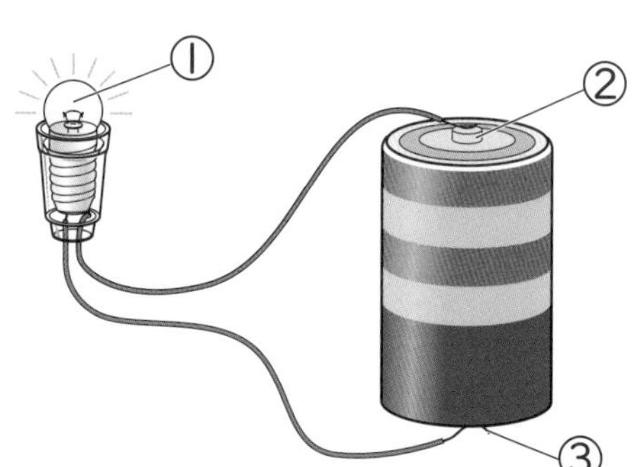

2 豆電球とかん電池を、いろいろなつなぎ方でつなぎました。明かりがつくつなぎ方には○を、明かりがつかないつなぎ方には×をつけましょう。

1つ5点(25点)

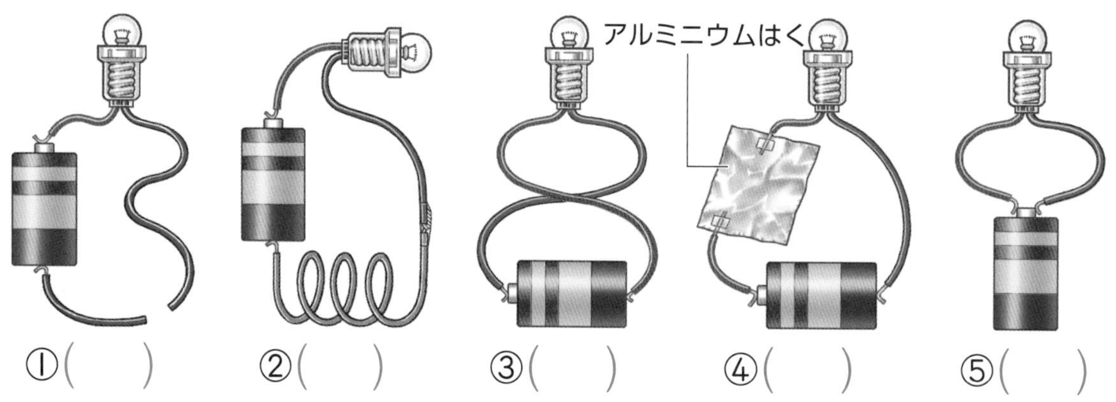

①(　　)　②(　　)　③(　　)　④(　　)　⑤(　　)

3 どう線とどう線をつないだとき、電気が通るのは①～③のどれですか。

5点(5点)

(　　　)

①
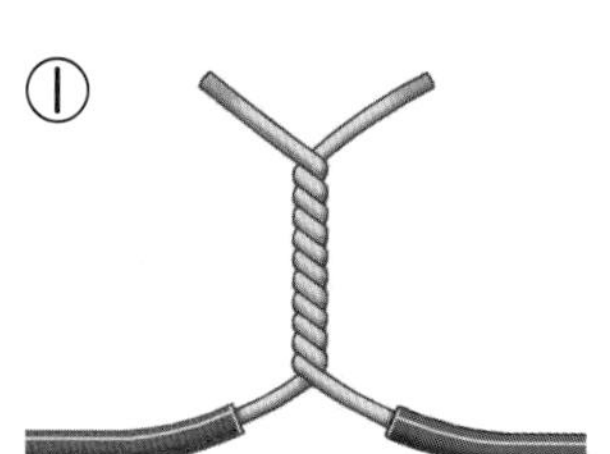

②

③

学習日　月　日

④ 電気を通すものと通さないものを調(しら)べました。

1つ5点(35点)

(1) 電気を通すものを？につなぐと、豆電球に明かりはつきますか、つきませんか。（　　　）

(2) 図の？に①～⑤をはさんだとき、豆電球に明かりがつくものには○を、つかないものには×をつけましょう。

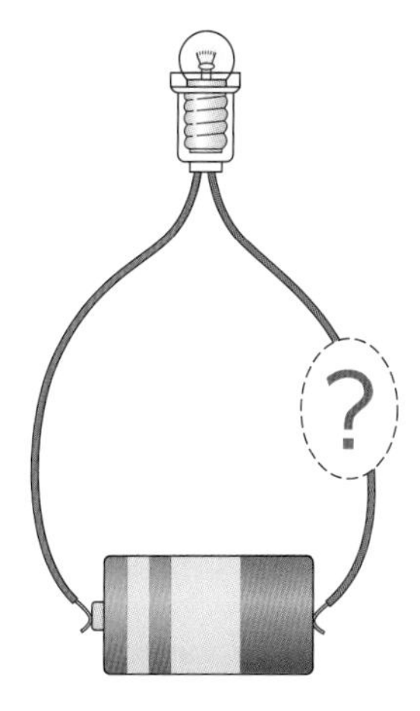

アルミニウムはく　消(け)しゴム　鉄(てつ)くぎ　ガラスのコップ　ノート

①（　　）②（　　）③（　　）④（　　）⑤（　　）

(3) 明かりがついたとき、つないだものは何でできていますか。

（　　　）

できたらスゴイ！

⑤ 電気が通るかどうかを調べました。

思考・表現　1つ5点(10点)

(1) 作図 下の図で、かん電池の＋(プラス)きょくから－(マイナス)きょくまで、電気の通っているところをなぞりましょう。

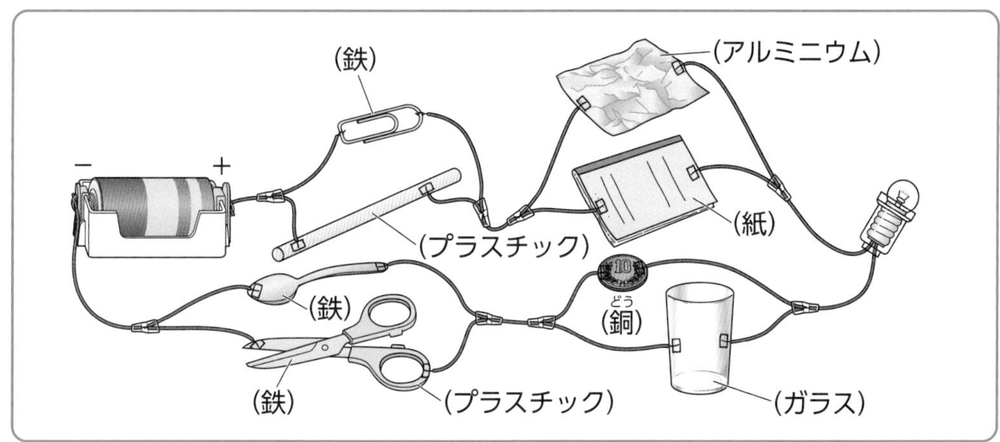

(2) 下の図のようにどう線を長くすると、豆電球に明かりはつきますか。

（　　　）

この本の終わりにある「冬のチャレンジテスト」をやってみよう！

ふりかえり
④がわからないときは、50ページの①にもどってかくにんしてみましょう。
⑤がわからないときは、52ページの①にもどってかくにんしてみましょう。

学習日　月　日

9. じしゃくのふしぎ

①じしゃくにつくもの

めあて
じしゃくにつくものと、じしゃくにつかないものをかくにんしよう。

教科書 134～138ページ　答え 29ページ

下の(　)にあてはまる言葉をかくか、あてはまるものを○でかこもう。

1 どんなものが、じしゃくにつくのだろうか。

教科書 134～138ページ

▶ものにじしゃくを近づけて、じしゃくにつくかどうかを調べます。

じしゃくにつくもの	じしゃくにつかないもの	
ゼムクリップ(鉄) 空きかん(鉄)	空きかん(アルミニウム) アルミニウムはく(アルミニウム) 1円玉(アルミニウム) 10円玉(銅)	おはじき(ガラス) ペットボトル(プラスチック) わりばし(木) わゴム(ゴム) おり紙(紙)

▶(①　　)でできたものは、じしゃくにつきます。
▶アルミニウムや(②　　)など、(　①　)以外の(③　　)は、じしゃくにつきません。
▶紙や木、ゴム、ガラス、プラスチックなどは、じしゃくに(④　つきます　・　つきません　)。

電気を通すものと、じしゃくにつくものを、まちがえないようにしよう。

▶じしゃくが鉄を引きつける力は、じしゃくと鉄の間に、じしゃくにつかないものをはさんだり、間を(⑤　　)たりしても、はたらきます。

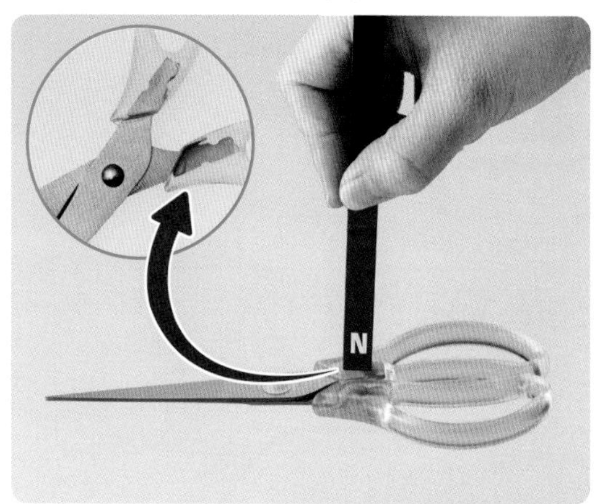

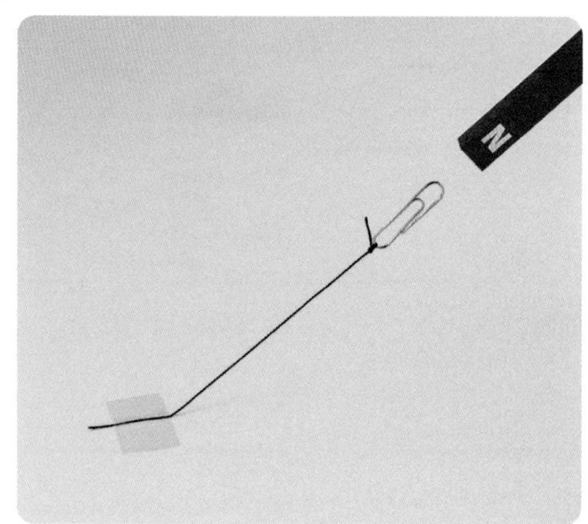

▶じしゃくが鉄を引きつける力は、じしゃくと鉄のきょりが(⑥　近い　・　遠い　)ほど、強くはたらきます。

ここが、だいじ!
①鉄でできているものは、じしゃくにつきます。
②じしゃくと鉄がちょくせつふれていなくても、じしゃくが鉄を引きつける力ははたらきます。

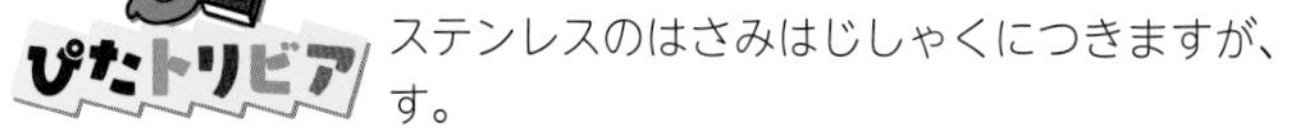

ステンレスのはさみはじしゃくにつきますが、これはステンレスに鉄がふくまれているからです。

9. じしゃくのふしぎ

①じしゃくにつくもの

教科書 134～138ページ　答え 29ページ

1 身(み)の回りのものがじしゃくにつくかどうか調(しら)べました。

① くぎ（鉄(てつ)）　② コップ（ガラス）　③ じょうぎ（プラスチック）　④ アルミニウムはく（アルミニウム）

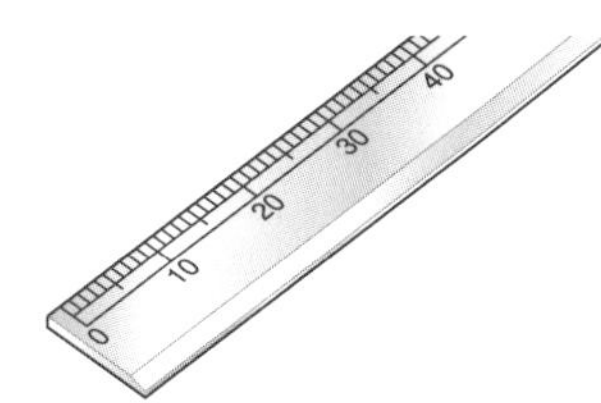

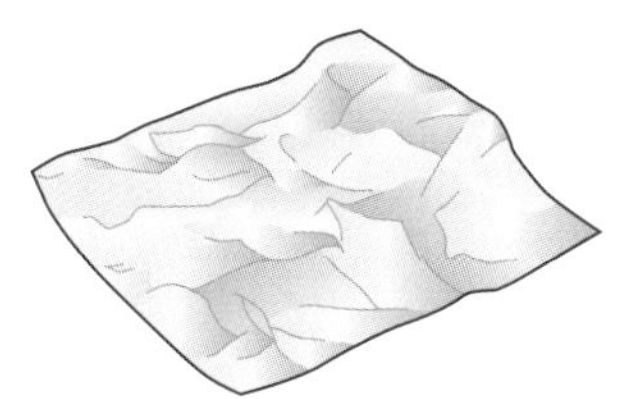

(1) ①～④のうち、じしゃくにつくものをすべてえらび、記号(きごう)をかきましょう。
（　　　　）

(2) ①～④のうち、電気を通すものをすべてえらび、記号をかきましょう。
（　　　　）

(3) ①～④のうち、電気を通すが、じしゃくにつかないものをすべてえらび、記号をかきましょう。
（　　　　）

(4) じしゃくにつくものは、何でできていますか。
（　　　　）

2 ゼムクリップにじしゃくを近づけて、どうなるかを調べました。

(1) ゼムクリップはじしゃくに引きつけられました。ゼムクリップは、何でできていますか。
（　　　　）

(2) ゼムクリップとじしゃくの間を空けたまま、ゼムクリップを持(も)ち上げることはできますか、できませんか。
（　　　　）

(3) プラスチックの下じきの上にゼムクリップをおいて、下じきの下からじしゃくを近づけたとき、ゼムクリップにじしゃくの力ははたらきますか、はたらきませんか。
（　　　　）

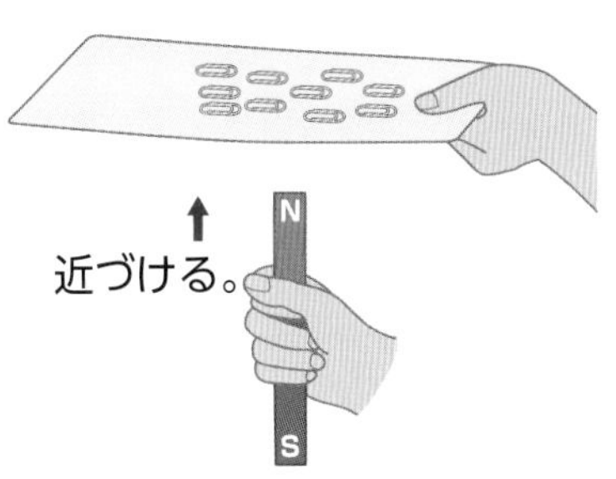

学習日　　月　　日

9. じしゃくのふしぎ

②じしゃくのきょく

めあて
じしゃくのきょくのせいしつをかくにんしよう。

教科書 139〜141ページ　答え 30ページ

下の(　　)にあてはまる言葉をかこう。

1 2つのじしゃくのきょくを近づけると、どうなるのだろうか。 教科書 139〜141ページ

▶じしゃくが、もっとも強く鉄を引きつける部分を(①　　　　　)といいます。

▶じしゃくの(　①　)には、(②　　　　　)と(③　　　　　)があります。

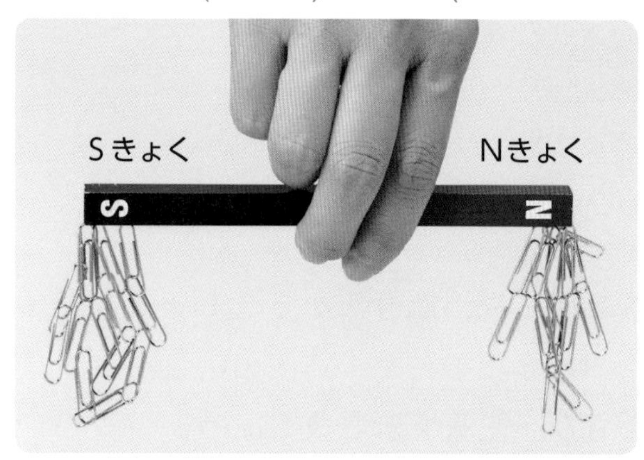

鉄をよく引きつける部分をさがして、じしゃくのきょくを見つけよう。

▶④〜⑥に「引き合う」または「しりぞけ合う」のどちらかをかきましょう。

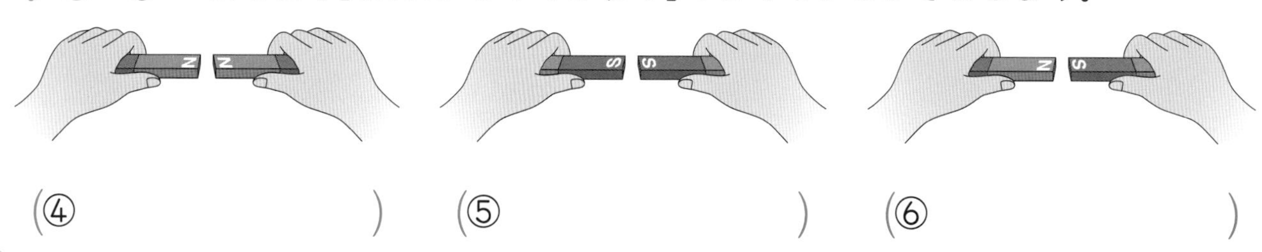

(④　　　　　)　(⑤　　　　　)　(⑥　　　　　)

▶じしゃくは、ちがうきょくどうしは(⑦　　　　　)合い、同じきょくどうしは(⑧　　　　　)合います。

▶ほういじしんは、自由に動くようにしたじしゃくのNきょくが(⑨　　　)を指し、Sきょくが(⑩　　　)を指すというせいしつをりようしています。

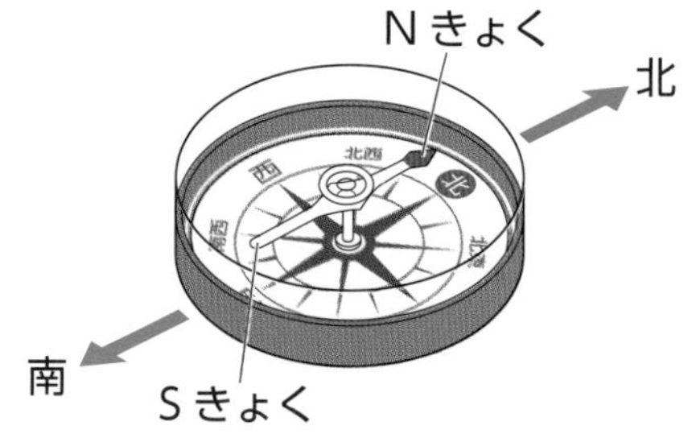

ここが、だいじ!

①じしゃくがもっとも強く鉄を引きつける部分をきょくといいます。きょくには、Nきょくと S きょくがあります。

②じしゃくは、ちがうきょくどうしは引き合い、同じきょくどうしはしりぞけ合います。

じしゃくを切ると、どちらのじしゃくも一方のはしがNきょくに、もう一方のはしがSきょくになります。

9. じしゃくのふしぎ

②じしゃくのきょく

教科書 139～141ページ　答え 30ページ

1 ぼうじしゃくに鉄のゼムクリップを近づけて、よく引きつける部分を調べました。

(1) ゼムクリップはぼうじしゃくにどのようにつきますか。①～③の中から正しいものをえらび、記号をかきましょう。

①
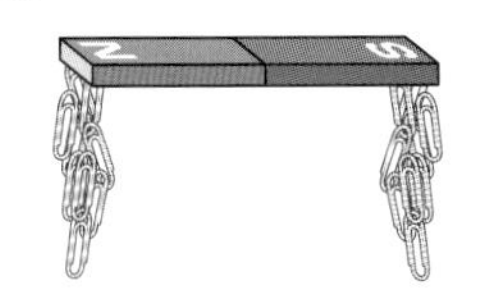

②
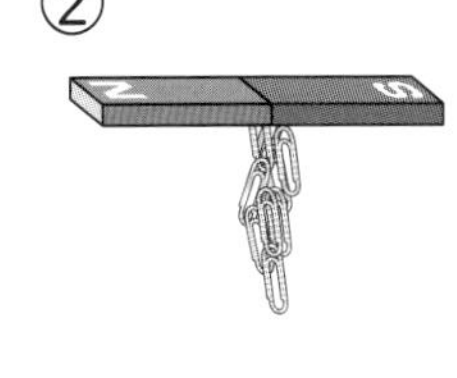

③
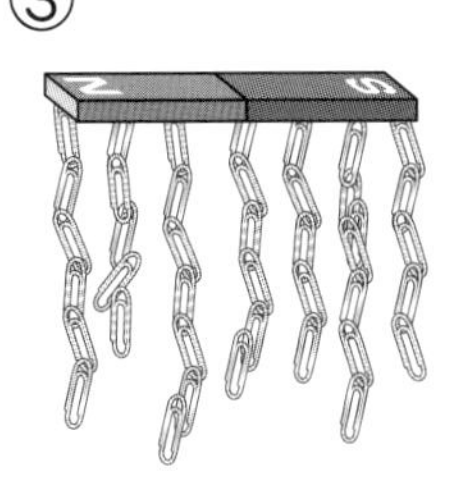

(　　)

(2) ゼムクリップを強く引きつけているのは、ぼうじしゃくのどの部分ですか。正しいほうに○をつけましょう。

ア(　　)両はし　　イ(　　)真ん中

(3) じしゃくがもっとも強く鉄を引きつけるところを、何といいますか。

(　　　　　)

2 2つのじしゃくのきょくどうしを近づけて、どうなるかを調べました。

(1) じしゃくが引き合うものには○を、しりぞけ合うものには×をつけましょう。

①(　　)　②(　　)　③(　　)　④(　　)

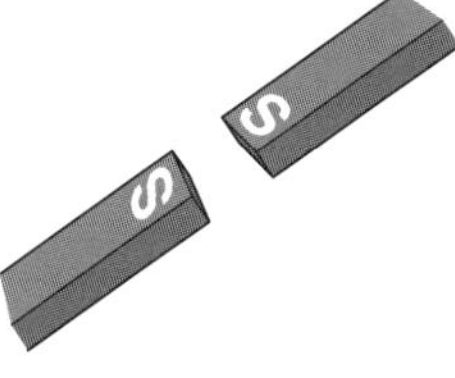

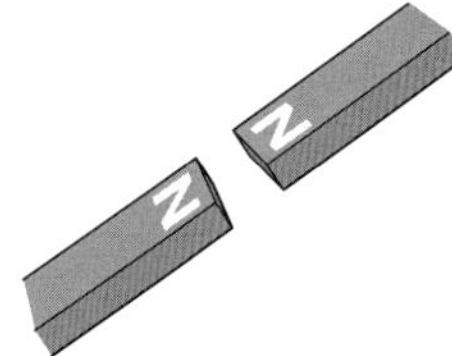

(2) 2つのじしゃくのきょくどうしを近づけると、どうなりますか。(　　)にあてはまる言葉をかきましょう。

- じしゃくの(　　　　　)きょくどうしを近づけると引き合う。
- じしゃくの(　　　　　)きょくどうしを近づけるとしりぞけ合う。

3 ほういじしんは、じしゃくのせいしつをりようしています。①、②はそれぞれ何きょくか、かきましょう。

①(　　　　　)
②(　　　　　)

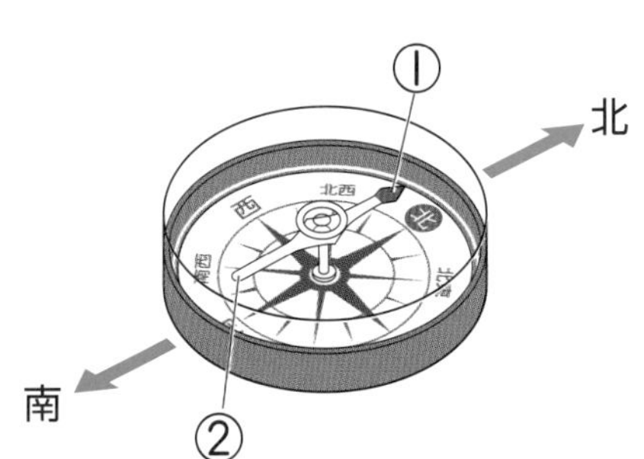

学習日　　月　　日

9. じしゃくのふしぎ

③じしゃくについた鉄

めあて
じしゃくについた鉄がどうなるのか、かくにんしよう。

教科書 142～144ページ　答え 31ページ

下の(　　)にあてはまる言葉をかくか、あてはまるものを〇でかこもう。

1 じしゃくについた鉄は、じしゃくになったのだろうか。

教科書 142～144ページ

▶じしゃくに鉄くぎや鉄のゼムクリップをつけると、つながってつくことがあります。このとき、じしゃくから鉄くぎなどをはなしても、つながったままであることが(① あります ・ ありません)。

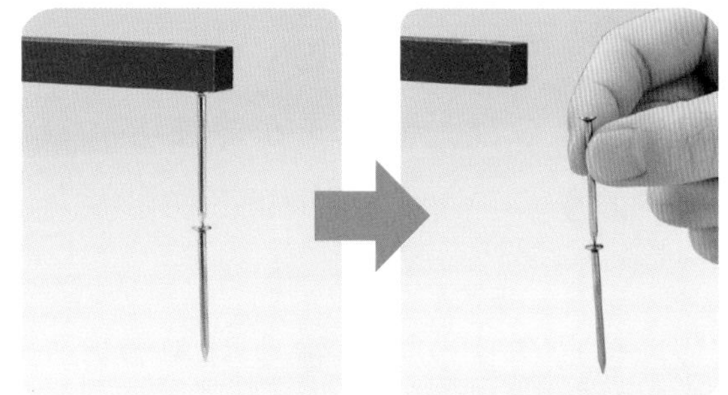

▶鉄くぎの頭をじしゃくのきょくにつけ、しばらくしてからはなします。はなした鉄くぎがじしゃくになったのか調べます。

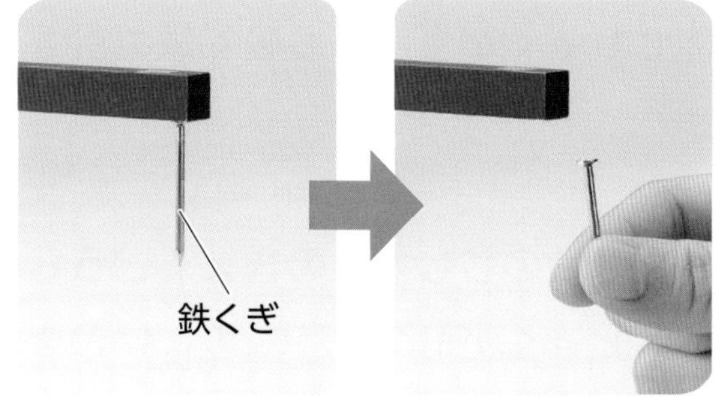

・鉄くぎをゼムクリップに近づけると、ゼムクリップは(②　　　　)られます。

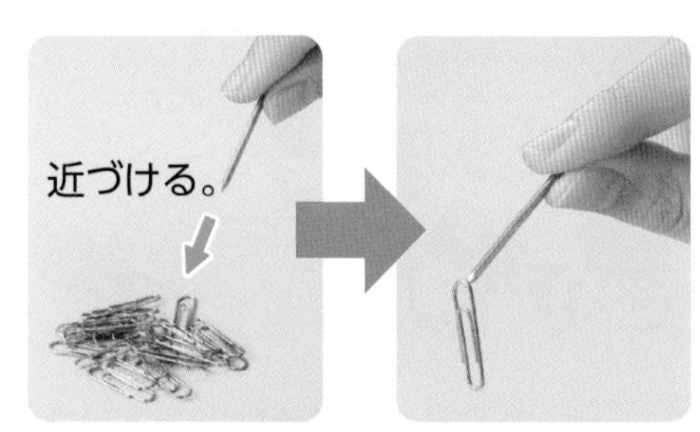

・鉄くぎをほういじしんに近づけると、ほういじしんの(③　　　　)がふれます。

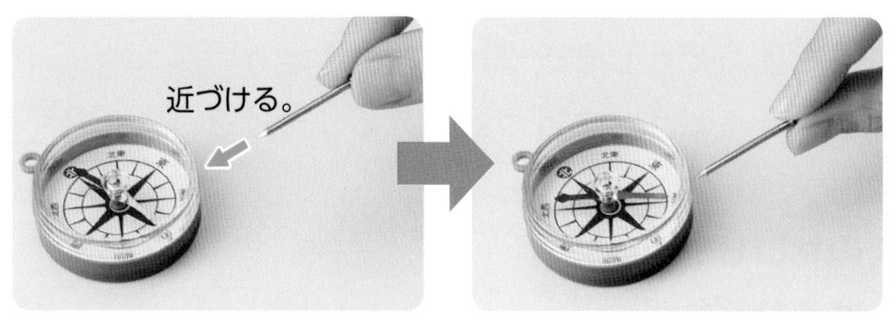

ほういじしんのNきょくやSきょくを引きつけるよ。きょくがあるみたいだね。

▶鉄はじしゃくにつくと、(④　　　　)になります。

①鉄はじしゃくにつくと，じしゃくになります。

Nきょくだけや S きょくだけしかないじしゃくは、今のところ見つかっていません。

9. じしゃくのふしぎ

③じしゃくについた鉄

教科書 142〜144ページ 答え 31ページ

1 じしゃくに鉄くぎをつけたところ、2本の鉄くぎがつながってつきました。2本の鉄くぎのうち、上のくぎを持ってじしゃくからはなしても、鉄くぎはつながったままで落ちませんでした。

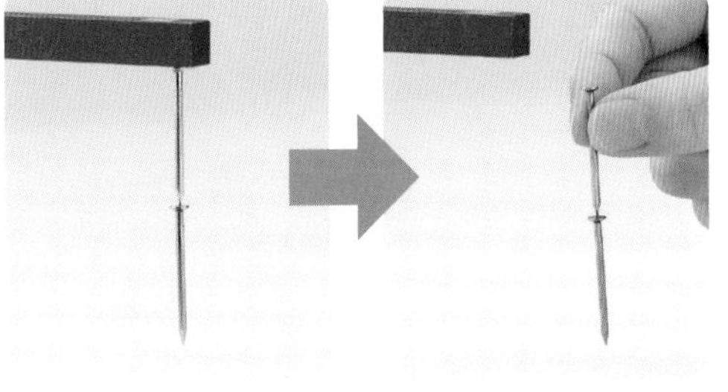

(1) 2本の鉄くぎがつながっていることから、鉄くぎはどうなったといえますか。正しいほうに○をつけましょう。

①(　　)鉄くぎには電気が通った。

②(　　)鉄くぎはじしゃくになった。

(2) この鉄くぎをゼムクリップに近づけると、ゼムクリップはどうなりますか。(　　)にあてはまる言葉をかきましょう。

ゼムクリップは鉄くぎに
(　　　　　　　　　　)。

2 ほういじしんを使って、じしゃくについた鉄くぎがじしゃくになったのかどうかを調べました。

(1) ほういじしんのはりの色がついたほうは、どのほういを指しますか。

(　　　　　)

(2) ほういじしんのはりの色がついたほうは、何きょくですか。

(　　　　　)

(3) 鉄くぎをほういじしんに近づけると、はりの色がついていないほうが鉄くぎに引きつけられました。鉄くぎの先は、何きょくになっていると考えられますか。(　　　　　)

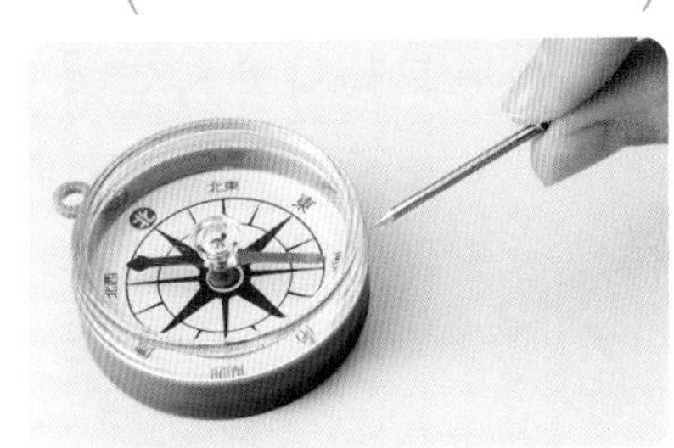

ヒント **2** (3)じしゃくのちがうきょくどうしが引き合うことから、くぎの先は、はりの色のついていないほうとはちがうきょくになっていると考えられます。

9. じしゃくのふしぎ

教科書 132〜147ページ 答え 32ページ

よく出る

1 じしゃくにつくものと電気を通すものを調べました。
1つ6点(24点)

(1) じしゃくについて電気を通すものには○を、じしゃくにつかず電気を通すものには△を、じしゃくにつかず電気を通さないものには×をつけましょう。

①(　　) ②(　　) ③(　　)

ノート

10円玉

鉄くぎ

(2) じしゃくにつくものは、何でできていますか。 (　　　　　)

2 プラスチックの下じきにのせたゼムクリップに、下じきの下からじしゃくを近づけると、ゼムクリップはどうなりますか。①〜④の意見で、正しいものを2つえらび、○をつけましょう。
1つ6点(12点)

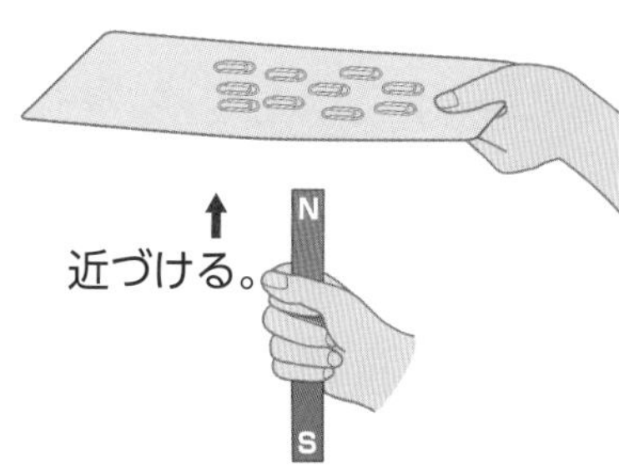

下じきを間にはさんでいるから、じしゃくには引きつけられないよ。 ①(　　)

下じきを間にはさんでいても、じしゃくに引きつけられるよ。 ②(　　)

じしゃくとはなれていても、じしゃくに引きつけられるよ。 ③(　　)

じしゃくとはなれていると、じしゃくには引きつけられないよ。 ④(　　)

3 ぼうじしゃくを使って、鉄を引きつける力を調べました。
1つ6点(12点)

(1) じしゃくがもっとも強く鉄を引きつける部分を何といいますか。 (　　　　　)

(2) ①〜③のうち、もっとも強く鉄を引きつける部分はどこですか。 (　　　　　)

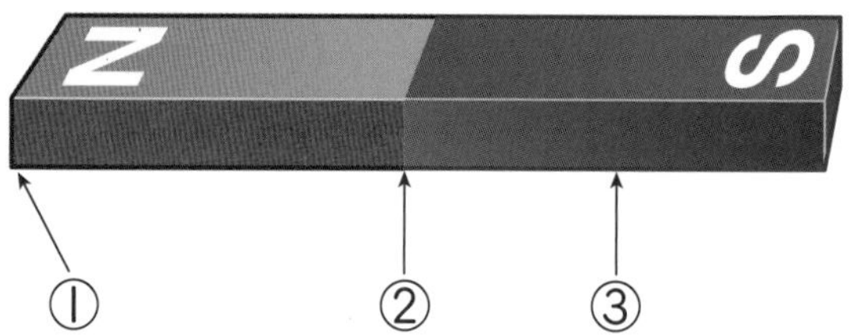

4 きょくのわからないじしゃくを切ったストローにのせて動くようにして、ぼうじしゃくを近づけたところ、図のようになりました。①〜④は何きょくですか。

思考・表現　1つ6点(24点)

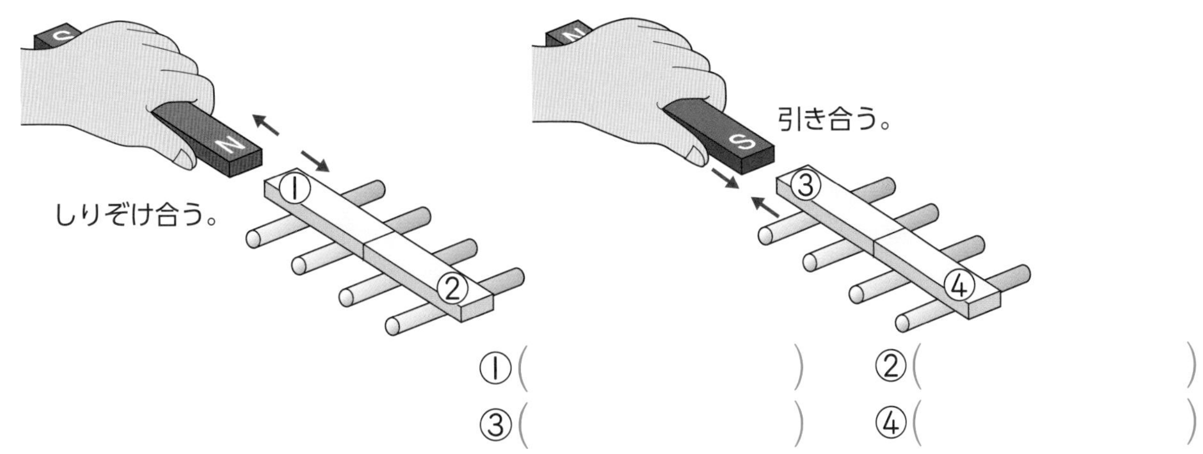

①(　　　　　　)　②(　　　　　　)
③(　　　　　　)　④(　　　　　　)

5 ぼうじしゃくを水にうかべて自由に動くようにしておくと、図のように、ほういじしんと同じ方向を指して止まりました。

(1)、(2)はそれぞれぜんぶできて10点(20点)

(1) ①、②は何きょくですか。

①(　　　　　　)
②(　　　　　　)

(2) ①、②は東西南北のどのほういを指していますか。

①(　　　)
②(　　　)

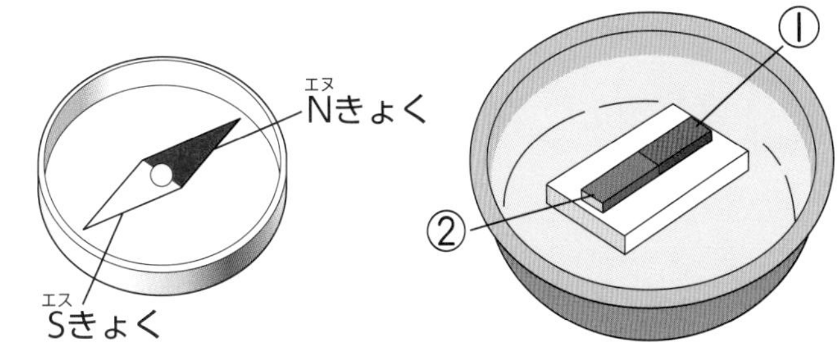

できたらスゴイ!

6 記述 じしゃくにつながっていたゼムクリップをはなしても、つながったままでした。これは、ゼムクリップがじしゃくになったためと考えられます。このことを調べるほうほうを、1つかきましょう。

8点(8点)

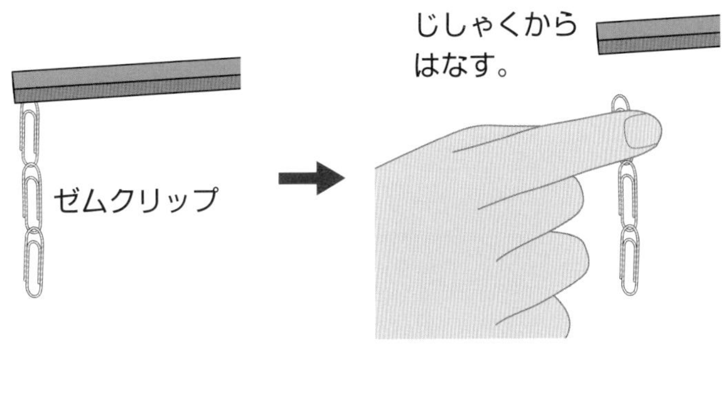

(　　　　　　　　　　　　　　　　　　　　　　)

ふりかえり
1 がわからないときは、56 ページの 1 にもどってかくにんしてみましょう。
6 がわからないときは、60 ページの 1 にもどってかくにんしてみましょう。

10. 音のせいしつ

①音が出ているとき
②音がつたわるとき

学習日　月　日

めあて
音が出ているもののようすや、音のつたわり方をかくにんしよう。

教科書 152〜156ページ　答え 33ページ

下の(　)にあてはまる言葉(ことば)をかくか、あてはまるものを○でかこもう。

1 音が出ているときのもののようすは、どうなっているのだろうか。

教科書 152〜154ページ

▶ものをたたいたり、はじいたり、ふいたりすると、(①　　　)が出ます。
▶ものから(　①　)が出ているとき、ものは(②　　　　　　)います。
▶ふるえを止めると、音は(③　　　　　　)ます。
▶大きい音はふるえが(④　大きく　・　小さく　)、小さい音はふるえが(⑤　大きい　・　小さい　)です。

2 音がつたわるとき、もののようすはどうなっているのだろうか。

教科書 155〜156ページ

▶糸電話をつくって、話しているときの糸のようすを調(しら)べます。

・糸電話で話しているときに、糸にそっとふれると、糸が(①　　　　　)ことがわかります。

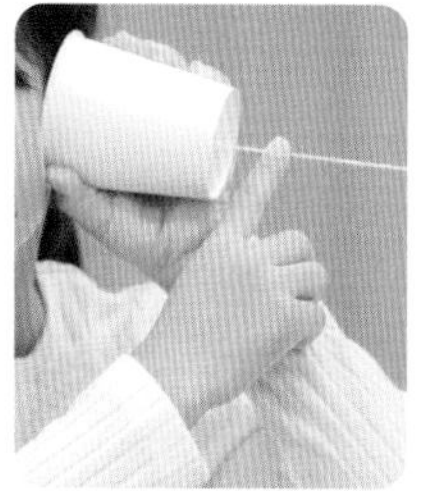

・糸電話で話しているときに、糸をつまむと、音が(②　　　　　)なります。

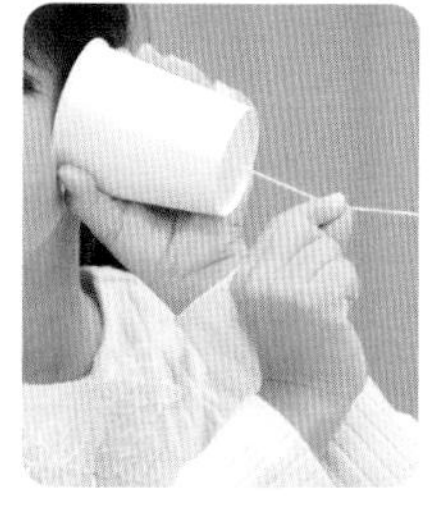

▶音がつたわるとき、音をつたえているものは(③　　　　　　)います。
▶ふるえを止めると、音は(④　　　　　　　　)。

①ものから音が出ているとき、ものはふるえています。
②大きい音はふるえが大きく、小さい音はふるえが小さいです。
③音がつたわるとき、音をつたえているものはふるえています。
④ふるえを止めると、音はつたわりません。

ふだんは空気が音(声)をつたえますが、うちゅうでは空気がないから音がつたわりません。

10. 音のせいしつ

①音が出ているとき
②音がつたわるとき

教科書 152〜156ページ　答え 33ページ

1 トライアングルを使って、音が出ているもののようすを調べました。

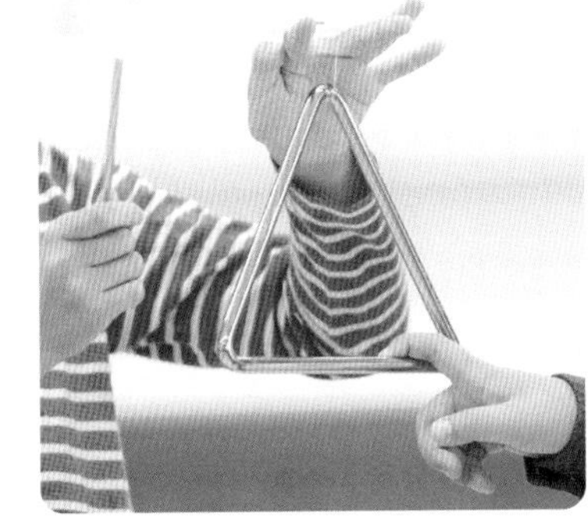

(1) 音が出ているトライアングルを、指先でそっとふれると、トライアングルはどんなようすですか。正しいほうに○をつけましょう。

ア（　　）ふるえている。
イ（　　）止まっている。

(2) 音が出ているトライアングルを、指でしっかりとつまみました。音はどうなりますか。

（　　　　　　　　　）

(3) トライアングルのたたき方をかえて、音の大きさをかえてみたところ、表のようになりました。①、②に入るものを**ア**〜**ウ**の中からえらび、記号で答えなさい。

ア　止まっている。
イ　ふるえが小さい。
ウ　ふるえが大きい

音の大きさ	トライアングルのふるえ
大きい音	①
小さい音	②

①（　　　）　②（　　　）

2 糸電話を使って、音をつたえるもののようすを調べました。

(1) 糸電話で話しているときに、糸にそっとふれると、糸はどんなようすですか。

（　　　　　　　　　）

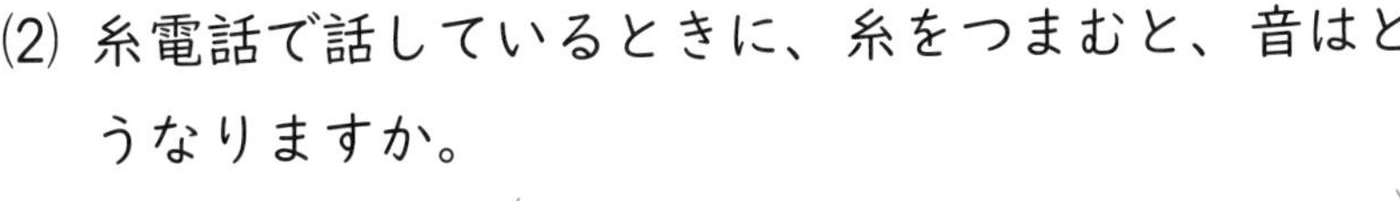

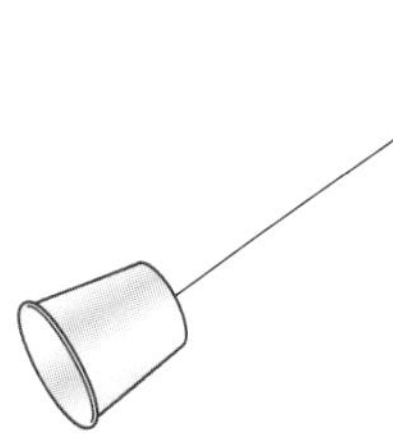

(2) 糸電話で話しているときに、糸をつまむと、音はどうなりますか。

（　　　　　　　　　）

(3) 糸電話の糸をつまんだまま話をすると、音はつたわりますか、つたわりませんか。

（　　　　　　　　　）

ヒント ❶❷ トライアングルや糸をつまむと、ふるえは止まります。

10. 音のせいしつ

教科書 150〜159ページ　答え 34ページ

よく出る

1 いろいろながっきを使(つか)って、音が出ているもののようすを調(しら)べました。

1つ6点(24点)

トライアングル

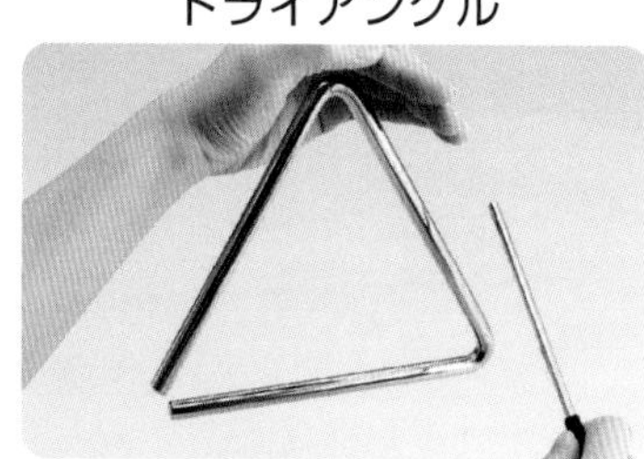

シンバル

大だいこ

(1) シンバルをたたいて音を出し、指先(ゆびさき)でそっとふれてみました。シンバルはどのようなようすでしたか。
（　　　　　　　　）

(2) トライアングル、シンバル、大だいこのうち、トライアングルと大だいこの音だけが聞こえたとき、それぞれのがっきはふるえていますか、ふるえていませんか。

トライアングル（　　　　　　　　）
シンバル（　　　　　　　　）
大だいこ（　　　　　　　　）

2 トライアングル、シンバル、大だいこを使って、音の大きさをかえたときの音が出ているもののようすを調べました。

(1)、(2)は1つ6点、(3)はぜんぶできて10点(34点)

(1) 大だいこをたたいて音を出して指先でそっとふれました。音が聞こえなくなった後、もう1回たたいて音を出して指先でそっとふれたところ、ふるえが小さいと感(かん)じました。2回目にたたいたときに聞こえた音は、1回目の音より大きいですか、小さいですか。
（　　　　）

(2) それぞれのがっきについて、2回音を出して、音の大きさをくらべました。2回目にたたいたときに聞こえた音は、トライアングルは1回目より音が大きく、シンバルと大だいこは1回目より音が小さくなりました。それぞれのがっきのふるえは、1回目とくらべて大きいですか、小さいですか。

トライアングル（　　　　）　シンバル（　　　　）
大だいこ（　　　　）

(3) 音の大きさと音が出ているもののようすについて、（　）にあてはまる言葉(ことば)をかきましょう。

- 小さい音はふるえが（　　　　）。一方、大きい音はふるえが（　　　　）。

3 身の回りのものを使って、音がつたわるときのようすを調べました。 1つ6点(18点)

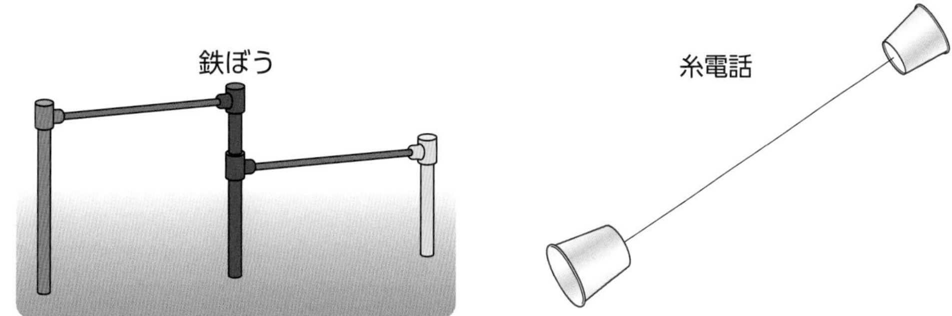

(1) 鉄ぼうをたたき、たたいたところからはなれたところに耳をつけると、音が聞こえました。このとき、鉄ぼうはふるえていますか、ふるえていませんか。

(　　　　　　　　　)

(2) 糸電話で話しているときに糸にそっとふれると、糸はどのようなようすですか。

(　　　　　　　　　)

(3) 糸電話で話しているときに、糸をつまみました。音はどうなりますか。

(　　　　　　　　　)

できたらスゴイ!

4 がっきを使ってえんそうをしました。正しいものには○を、正しくないものには×をつけましょう。 1つ6点(24点)

たいこの音をだんだん大きくしたいから、たたく強さをだんだん弱くしたよ。

①(　　)

はじめの音より2回目の音のほうが大きかったよ。はじめの音のほうが、ふるえが小さいということだね。

②(　　)

シンバルはかたいから、音が出ている間もふるえていないね。

③(　　)

トライアングルの音をすぐに止めたいから、指先でつまんだよ。

④(　　)

ふりかえり
1がわからないときは、64ページの1にもどってかくにんしてみましょう。
4がわからないときは、64ページの1にもどってかくにんしてみましょう。

11. ものと重さ

①ものの形と重さ
②ものの体積と重さ

3分でまとめ

学習日　月　日

めあて
ものの形やしゅるいがちがうと重さはどうなるのか、かくにんしよう。

教科書 162～166ページ　答え 35ページ

 下の(　)にあてはまる言葉をかくか、あてはまるものを○でかこもう。

1 ものの形をかえたとき、重さはかわるのだろうか。

教科書 162～164ページ

▶電子てんびんの使い方
- 電子てんびんを使うと、ものの(①　　　)をはかることができます。
- 平らなところにおき、スイッチを入れます。入れ物を使うときは、入れ物をのせてから「0g」にするボタンをおします。
- はかるものをしずかにのせ、数字を読みます。
- 決められた重さより(②　　　)ものをのせてはいけません。

▶ものの形をかえたとき、重さは(③　かわります　・　かわりません　)。

丸い形

平らな形

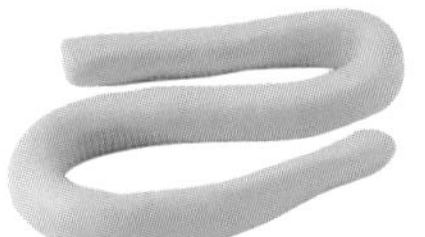
細長い形

細かく分ける

2 同じ体積でも、もののしゅるいで重さはちがうのだろうか。

教科書 165～166ページ

▶ものの大きさ(かさ)のことを(①　　　)といいます。

▶同じ体積のおもりの重さをはかってくらべます。

鉄

アルミニウム

ゴム

木

プラスチック

おもりのしゅるい	重さ(g)
鉄	312
アルミニウム	107
ゴム	65
木	18
プラスチック	38

- 同じ体積の鉄、アルミニウム、ゴム、木、プラスチックでは、(②　　　)がちがいます。

▶同じ体積でも、もののしゅるいによって、重さは(③　同じです　・　ちがいます　)。

ここが だいじ!
①ものの形をかえても、ものの重さはかわりません。
②同じ体積でも、もののしゅるいによって、重さはちがいます。

ぴたトリビア
体重計にのるとき、立ったりすわったり、のり方をかえても、体重計がしめすあたいはかわりません。

11. もの と 重さ

①ものの形と重さ
②ものの体積と重さ

学習日　月　日

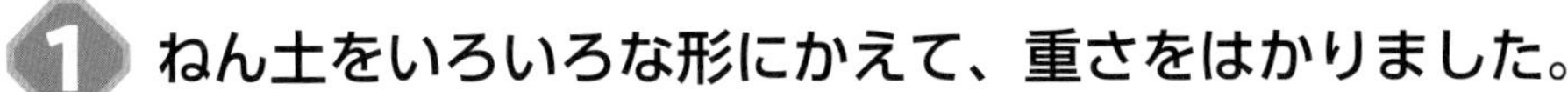

1 ねん土をいろいろな形にかえて、重さをはかりました。

(1) 右の図のような重さをはかるきぐを何といいますか。

（　　　　　）

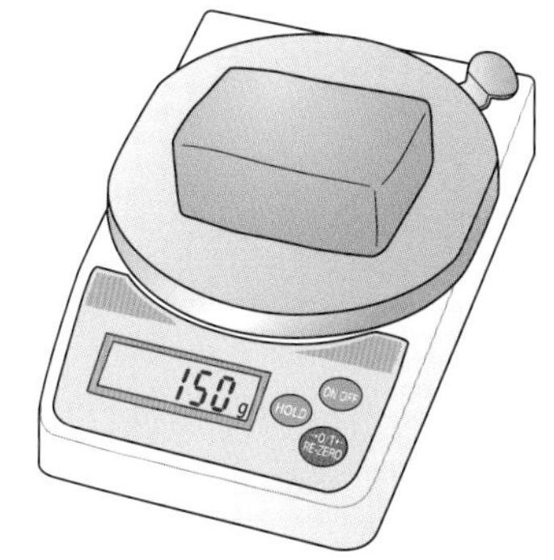

(2) ねん土の形を次のようにかえました。このとき、ねん土の重さは何gになりますか。

①細長い形にしたとき　②細かく分けたとき

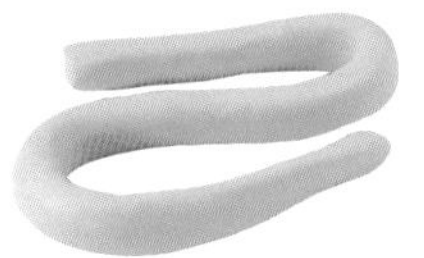

（　　　　　）　（　　　　　）

(3) ものの形と重さについて、**ア～ウ**のうちで、正しいものに○をつけましょう。

ア（　　）ものの形がかわると、重さもかわる。
イ（　　）ものをいくつかに分けると、重くなる。
ウ（　　）ものの形をかえても、重さはかわらない。

2 同じ体積の鉄、アルミニウム、ゴム、木、プラスチックのおもりの重さを調べました。

(1) 1つのおもりの重さをはかったところ、右の図のようになりました。右の図で、重さをはかっているおもりのしゅるいは何ですか。

（　　　　　）

おもりのしゅるい	重さ（g）
鉄	312
アルミニウム	107
ゴム	65
木	18
プラスチック	38

(2) 同じ体積の鉄と木では、重さは同じですか、ちがいますか。

（　　　　　）

(3) もののしゅるいと重さについて、**ア～エ**で正しいものを2つえらび、○をつけましょう。

ア（　　）体積が同じなら、ものの重さはすべて同じになる。
イ（　　）体積が同じでも、もののしゅるいがちがうと、重さはちがう。
ウ（　　）体積が同じなら、重いじゅんに、鉄→木→ゴムになる。
エ（　　）体積が同じなら、重いじゅんに、鉄→ゴム→木になる。

ヒント 1 (2)分けたねんど1つ分ではなく、分けたねんど全体の重さを考えましょう。

11. ものと重さ

教科書 160～169ページ　答え 36ページ

1 ねん土を使って、ものの重さについて調べました。

1つ6点(42点)

(1) ものの重さをはかるのには、何を使えばよいですか。きぐの名前をかきましょう。

(　　　　　　　)

(2) 丸いねん土の重さをはかった後、①～⑤のようにかえて、重さをはかりました。重さがかわらなかったものには○を、重さがかわったものには×をつけましょう。

①細長くした　②うすくのばした　③半分にした　④分けて集めた　⑤のばしてまいた

(　)　(　)　(　)　(　)　(　)

(3) ものの形と重さについて、正しいほうに○をつけましょう。

ア(　　)ものの形がかわると、重さもかわる。

イ(　　)ものの形がかわっても、重さはかわらない。

2 同じ体積の鉄と木のおもりの重さをはかって、くらべました。

1つ6点(12点)

(1) 同じ体積の鉄と木の重さは、同じですか、ちがいますか。

(　　　　　　)

(2) もののしゅるいと重さについて、正しいほうに○をつけましょう。

ア(　　)同じ体積なら、もののしゅるいがかわっても、重さはかわらない。

イ(　　)同じ体積でも、もののしゅるいがかわると、重さはちがう。

3 同じ体積の5しゅるいのおもりの重さを調べました。

(1)はぜんぶできて10点、(2)は1つ6点(22点)

鉄

アルミニウム

ゴム

木

プラスチック

おもりのしゅるい	重さ(g)
鉄	312
アルミニウム	107
ゴム	65
木	18
プラスチック	38

(1) 5しゅるいのおもりについて、重さが軽(かる)いものからじゅんにならべましょう。

(　　　) → (　　　) → (　　　) → (　　　) → (　　　)

(2) (1)と同じ体積の金ぞくが2つありました。**ア**は355g、**イ**は312gでした。**ア**、**イ**にあてはまるのは、①～③のどれですか。

①鉄　②アルミニウム　③鉄でもアルミニウムでもない

ア(　　)　**イ**(　　)

できたらスゴイ!

4 ものの形や体積と重さについて、正しいものには○を、正しくないものには×をつけましょう。

1つ6点(24点)

1つ10gのブロックが3つ集(あつ)まったら、30gになるよね。

①(　)

アルミニウムはくを丸めると、丸める前より軽くなるね。

②(　)

2つの金ぞくのブロックがあるよ。体積は同じなので、重さが同じなら、同じしゅるいの金ぞくだとわかるね。

③(　)

わたより鉄のほうが重く見えるから、5gの鉄のおもりと、5gのわたでは、鉄のほうが重いよね。

④(　)

❶がわからないときは、68ページの❶にもどってかくにんしてみましょう。
❹がわからないときは、68ページの❶や❷にもどってかくにんしてみましょう。

★おもちゃランド

学習日　月　日

めあて
学習したことがおもちゃづくりにりようできることをかくにんしよう。

教科書 170～173ページ　答え 37ページ

下の(　　)にあてはまる言葉をかくか、あてはまるものを○でかこもう。

1 どんなことがおもちゃづくりに活用できるだろうか。

教科書 170～173ページ

▶風やゴムの力
- 風の力で、ものを動かすことができます。
- 風を強くすると、ものを動かすはたらきは(①　　　　)なります。
- ゴムの力で、ものを動かすことができます。
- ゴムを長くのばすほど、ものを動かすはたらきは(②　　　　)なります。

▶電気のせいしつ
- かん電池、どう線、豆電球が(③　　　　)になっていると、明かりがつきます。
- (　③　)のとちゅうに(④　　　　)をはさんでも、明かりはつきます。
- 木やゴム、プラスチックなどは、電気を(⑤　通します　・　通しません　)。

▶じしゃくのせいしつ
- (⑥　　　)でできたものは、じしゃくにつきます。
- じしゃくの(⑦　　　　)きょくどうしは引き合い、(⑧　　　　)きょくどうしはしりぞけ合います。

▶おもちゃのれい
- どきどきわくぐり
回路ができると明かりがつくこと、電気を通すものと通さないものをりようしている。

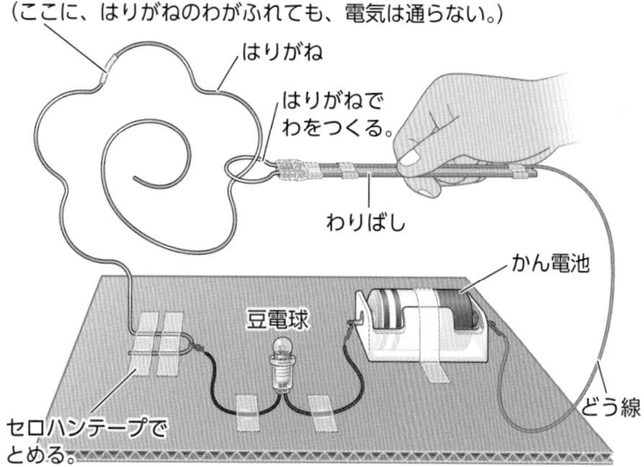

- 魚つりゲーム
じしゃくが鉄を引きつけることをりようしている。

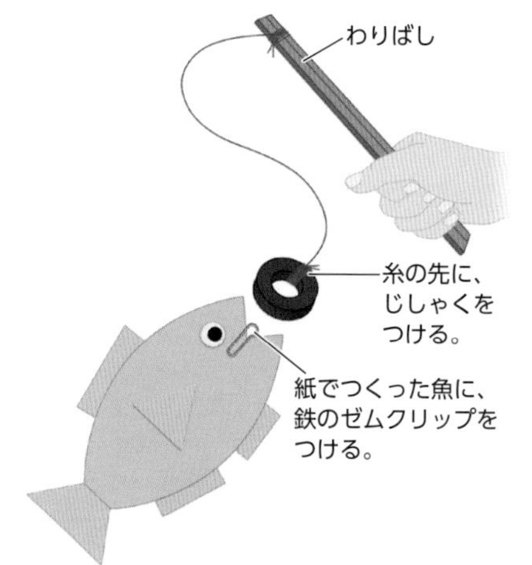

ビニルテープをまく。
(ここに、はりがねのわがふれても、電気は通らない。)
はりがねでわをつくる。
わりばし
セロハンテープでとめる。
糸の先に、じしゃくをつける。
紙でつくった魚に、鉄のゼムクリップをつける。

ここがだいじ！
①風やゴム、光や音、電気やじしゃくのせいしつをりようして、おもちゃをつくることができます。

（切り取り線）

夏のチャレンジテスト

教科書 8〜63ページ

名前　　　　　　　　月　　日

時間 40分

知識・技能	思考・判断・表現	ごうかく80点
／60	／40	／100

答え 38〜39ページ

知識・技能

1 生き物（もの）をかんさつしました。

1つ3点(15点)

(1)生き物のようすをきろくカードにまとめました。
①〜④にあてはまる言葉（ことば）をかきましょう。

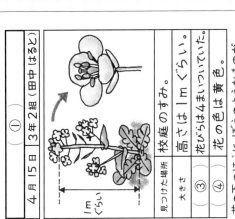

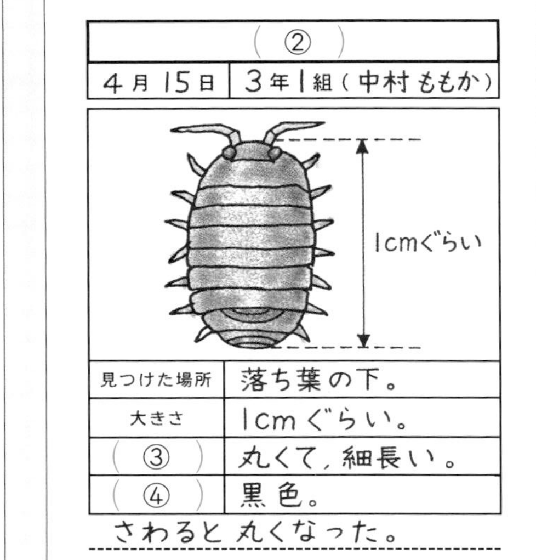

(①)
4月15日 3年2組（田中 はると）
1m ぐらい
見つけた場所 校庭のすみ。
大きさ 高さは1mぐらい。
(③) 花びらは4まいついていた。
(④) 花の色は黄色。
花の下のほうに、ぼうのようなものがついていた。
(②)
4月15日 3年1組（中村 ももか）
1cmぐらい
見つけた場所 落ち葉の下。
大きさ 1cmぐらい。
(③) 丸くて，細長い。
(④) 黒色。
さわると 丸くなった。

①(　　　　)　②(　　　　)
③(　　　　)　④(　　　　)

3 植物のたねをまきました。

1つ4点(28点)

(1)ホウセンカとヒマワリのたねは、それぞれ㋐〜㋒のどれですか。

㋐ 
㋑ 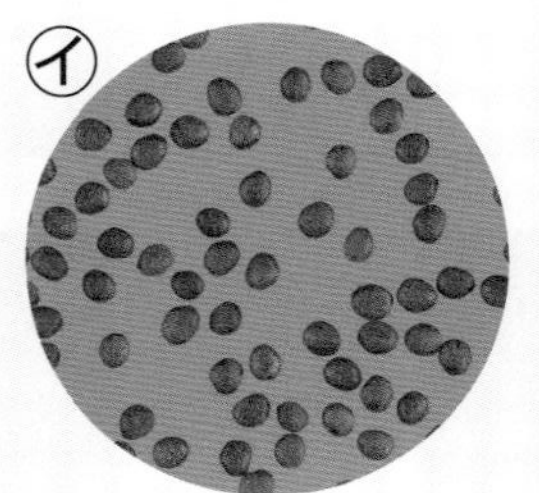
㋒ 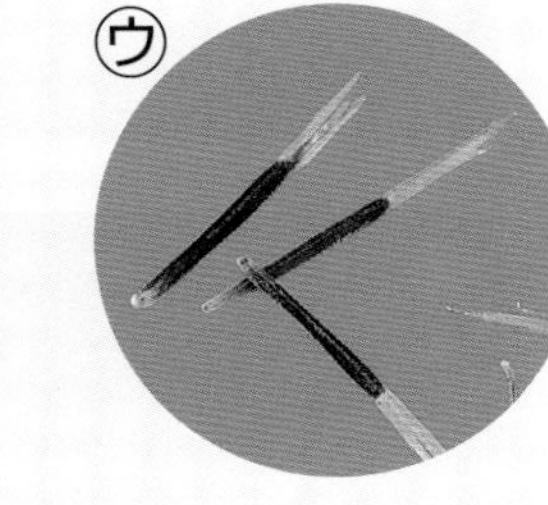

ホウセンカ(　　　)
ヒマワリ(　　　)

(2)たねまきをした後、土がかわかないようにするために、どうすればよいですか。

(　　　　　　　　)

(3)①、②は、ホウセンカとマリーゴールドのめが出た後のようすです。どちらがホウセンカですか。

① 　イ　②

(2)生き物の大きさや形、色などはどれも同じですか、ちがいますか。

(　　　　　　)

2 虫めがねを使いました。

1つ3点(6点)

(1)動かせないものを見るときの使い方は、㋐、㋑のどちらがよいですか。

(　　　)

㋐

㋑

(2)虫めがねで、ぜったいに見てはいけないものはどれですか。あてはまるものに○をつけましょう。

①(　　　)動物
②(　　　)植物
③(　　　)太陽

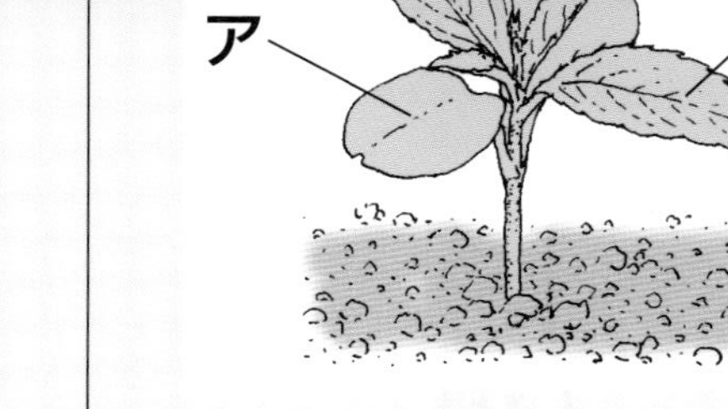

(　　　)

(4)はじめに出てきたアを何といいますか。

(　　　　　)

(5)アの後に出てきたイを何といいますか。

(　　　　　)

(6)これから育つにつれて数がふえるのは、ア、イのどちらですか。

(　　　)

うらにも問題があります。

(切り取り線)

（切り取り線）

冬のチャレンジテスト

教科書 66〜131ページ

月　日

名前

時間 40分

知識・技能	思考・判断・表現	ごうかく80点
／60	／40	／100

答え 40〜41ページ

知識・技能

1 トンボのせい虫の体を調(しら)べました。

(1)、(2)は1つ2点、(3)、(4)は1つ4点(18点)

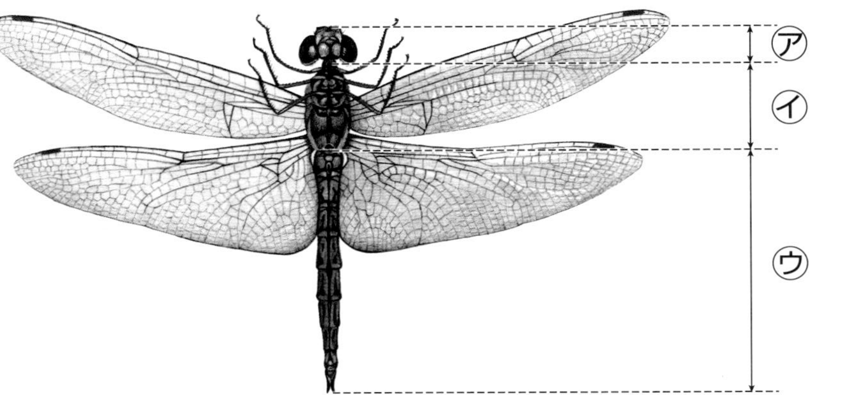

(1)㋐〜㋒の部分(ぶぶん)を、それぞれ何といいますか。

㋐(　　　)　㋑(　　　)　㋒(　　　)

(2)あしは、どこに何本ついていますか。

(　　　)に(　　　)本ついている。

(3)トンボのせい虫のような体のつくりをした動物(どうぶつ)を何といいますか。

3 ほういじしんの使(つか)い方を調べました。

1つ4点(8点)

(1)ほういじしんのはりの色がついたほうは、東西南北のどのほういを指(さ)して止まりますか。

(　　　)

(2)はりの動(うご)きが止まった後の文字ばんの合わせ方で、正しいものは㋐〜㋒のどれですか。

㋐

㋑

㋒

(　　　)

4 日なたと日かげの地面(じめん)の温度(おんど)を調べました。

1つ3点(12点)

(1)温度計(おんどけい)の目もりの読み方で、正しいほうに○をつけ

(　　　　　　　　)

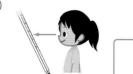

(4)カブトムシは、チョウと同じじゅんに、たまごからせい虫に育（そだ）ちました。トンボやバッタは、どのようなじゅんに育つのかかきましょう。

(　たまご　→　　　　　→　　　　)

2 ホウセンカの育ち方をまとめました。

1つ4点(12点)

(1)(　)にあてはまる言葉（ことば）をかきましょう。

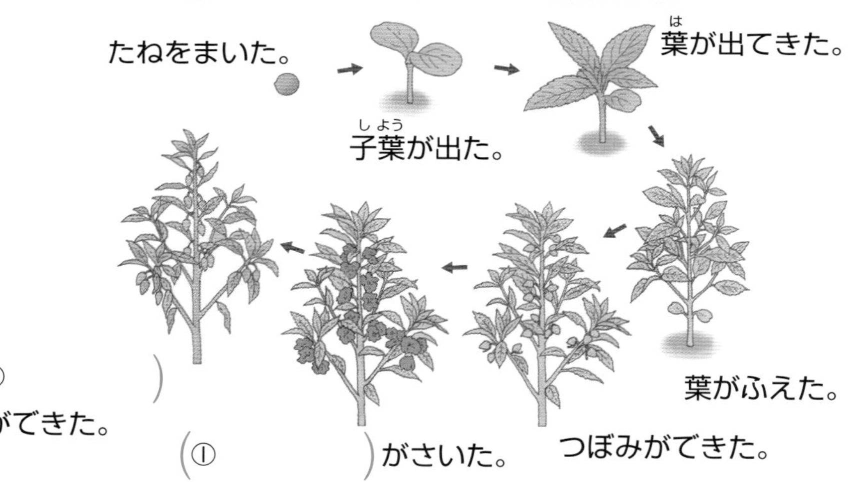

たねをまいた。
子葉（しよう）が出た。
葉（は）が出てきた。
葉がふえた。
つぼみができた。
(①　　　)がさいた。
(②　　　)ができた。

(2)(1)の②ができた後、ホウセンカはどうなりますか。

(　　　　　　　　)

ましょう。

㋐

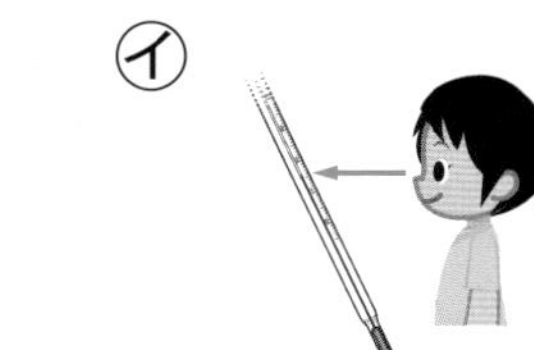

㋑

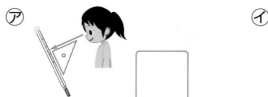

(2)①、②の温度計の目もりを読んで、温度をかきましょう。

①(　　　　　)　②(　　　　　)

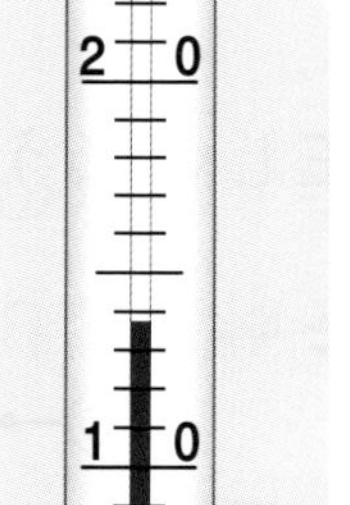

(3)日なたと日かげの地面の温度をくらべると、温度が高いのはどちらですか。

(　　　　　　　　)

うらにも問題があります。

(切り取り線)

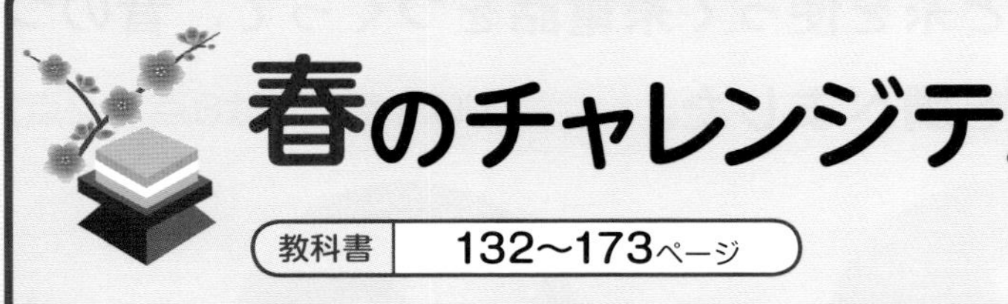

春のチャレンジテスト

教科書 132～173ページ

月　日

名前

時間 40分

知識・技能	思考・判断・表現	ごうかく80点
／60	／40	／100

答え 42～43ページ

知識・技能

1 じしゃくのせいしつを調べました。

1つ4点(20点)

(1)鉄のゼムクリップのつき方で、正しいものはどれですか。□に○をつけましょう。

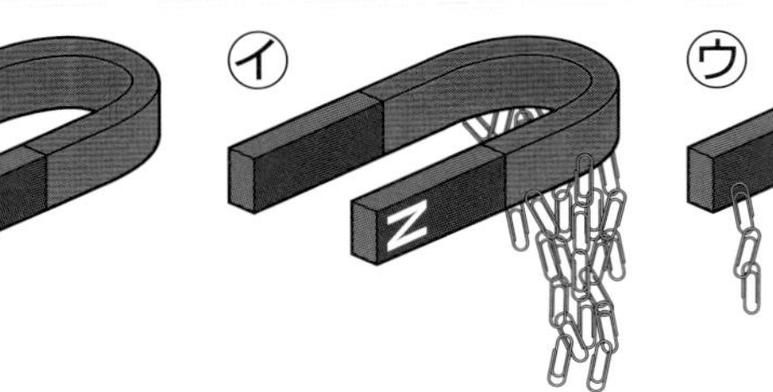

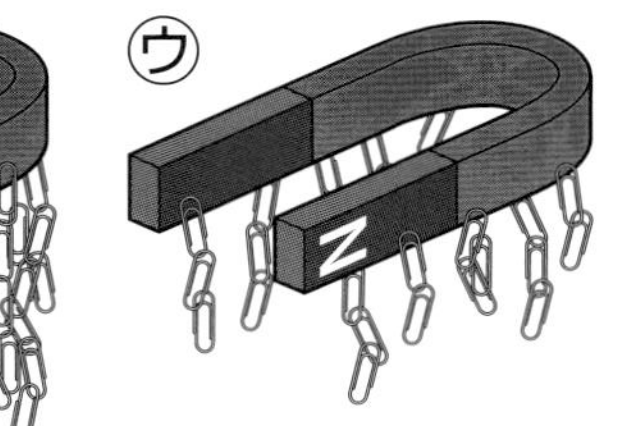

㋐□　㋑□　㋒□

(2)じしゃくが、もっとも強く鉄を引きつけるところを何といいますか。

（　　　　）

(3)下の㋐～㋕で、じしゃくにつくものはどれですか。

2 トライアングルをたたいて音を出して、音が出ているもののようすを調べました。

1つ4点(12点)

(1)音の大きさと、トライアングルのふるえについて調べました。①、②にあてはまる言葉をかきましょう。

音の大きさ	トライアングルのふるえ
大きい音	ふるえが（ ① ）。
小さい音	ふるえが（ ② ）。

①（　　　　）

②（　　　　）

(2)音が出ているトライアングルのふるえを止めると、音はどうなりますか。

（　　　　）

3 ねん土の形をかえて、重さをくらべました。

2つえらんで、記号をかきましょう。

㋐ガラスのコップ　㋑鉄のスプーン

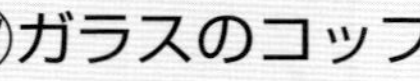

㋒10円玉(銅)　㋓わゴム

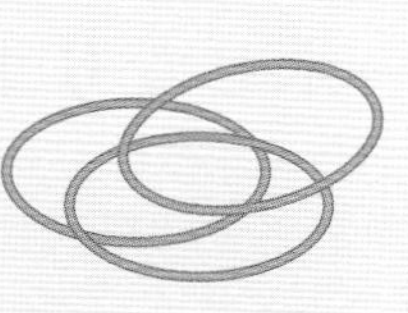
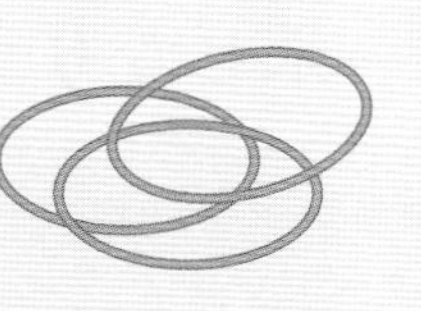

㋔鉄のくぎ　㋕ノート

(　　)と(　　)

(4)じしゃくにつくものは、何でできていますか。

(　　　　)

1つ4点(16点)

(1)はじめは丸かったねん土を、㋐～㋒のように形をかえました。このとき重さがかわるものには○を、重さがかわらないものには×をつけましょう。

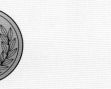

㋐細長くした。　㋑小さく分けた。　㋒平らにした。

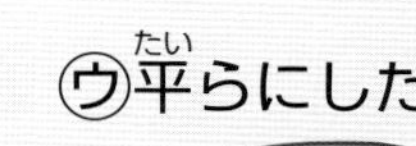

□　□　□

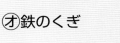

(2)(1)のじっけんからわかることで、正しいほうに○をつけましょう。

ア(　　)ものの形をかえると、重さもかわる。

イ(　　)ものの形をかえても、重さはかわらない。

うらにも問題があります。

(切り取り線)

3年 理科のまとめ 学力しんだんテスト

名前　　　　月　　日

時間 40分

ごうかく 80点　／100

答え 44〜45ページ

1 アゲハの育(そだ)つようすを調(しら)べました。

(1)、(4)は1つ4点、(2)、(3)はそれぞれぜんぶできて4点(16点)

㋐　㋑

㋒
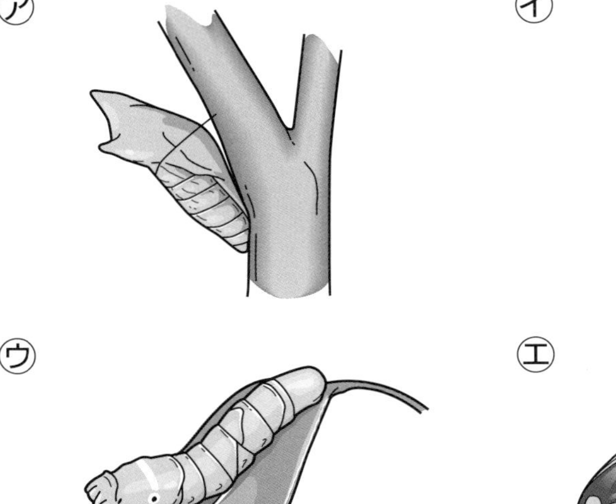

㋓

(1)㋐のころのすがたを、何といいますか。

(　　　　　　　　)

(2)㋐〜㋓を、育つじゅんにならべましょう。

(　　　)→(　　　)→(　　　)→(　　　)

3 ホウセンカの育ち方をまとめました。

1つ4点(12点)

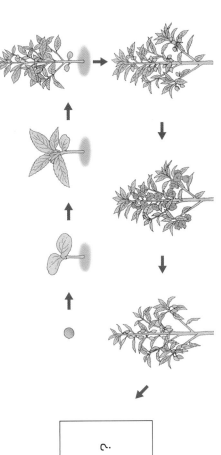

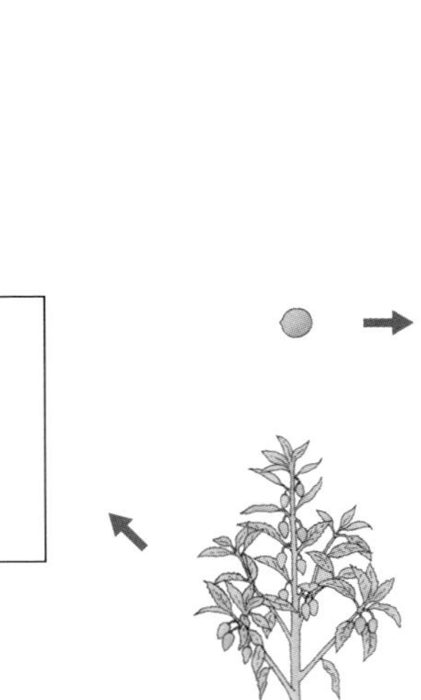

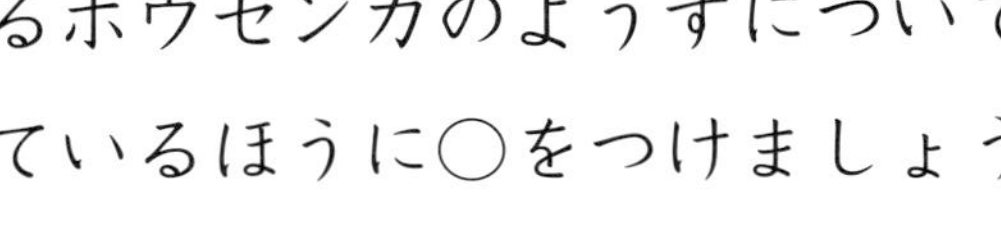

(1)図の？に入るホウセンカのようすについて、正しいことを言っているほうに○をつけましょう。

草たけが大きくなって、
花がさきます。
実をのこして、
かれてしまいます。

①(　　　)　②(　　　)

(2)ホウセンカの実(み)の中には、何が入っていますか。

5 虫めがねを使って、日光を集めました。

1つ4点(8点)

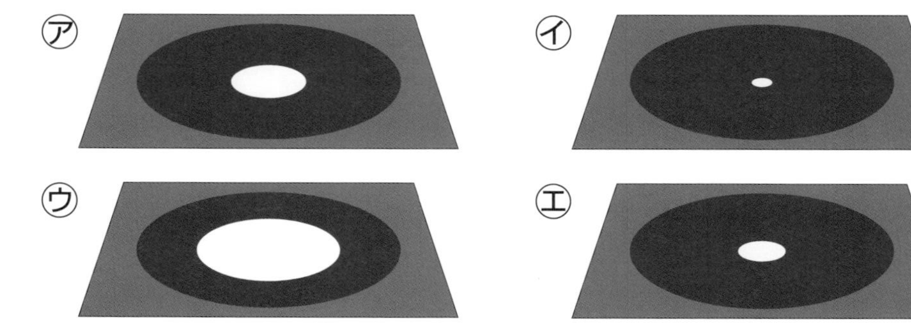

(1)ア～エのうち、日光を集めたところが、いちばん明るいのはどれですか。

（　　　）

(2)ア～エのうち、日光が集まっている部分が、いちばんあついのはどれですか。

（　　　）

6 電気を通すもの・通さないものを調べました。

1つ4点(12点)

(1)電気を通すものはどれですか。2つえらんで、○をつけましょう。

アルミニウムはく

消しゴム

鉄のくぎ

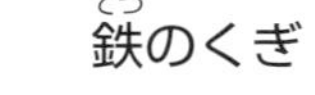

ガラスのコップ

活用力をみる

8 おもちゃをつくって遊びました。

1つ4点(20点)

(1)じしゃくのつりざおを使って、魚をつります。

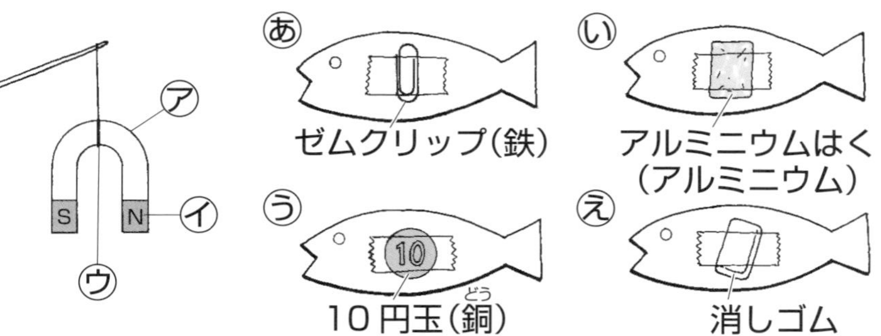

①つれるのは、あ～えのどれですか。

（　　　）

②じしゃくのア～ウのうち、魚をいちばん強く引きつける部分はどれですか。

（　　　）

(2)シーソーのおもちゃで遊びました。シーソーは、重いものをのせたほうが下がります。

①同じりょうのねん土から、リンゴ、バナナ、ブドウをつくり、シーソーにのせました。**ア～ウ**のうち、正しいものに○をつけましょう。

(3)アゲハのせい虫のあしは、どこに何本ついていますか。

(　　　)に(　　)本ついている。

(4)アゲハのせい虫のような体のつくりをした動物を、何といいますか。

(　　　　　)

2 ゴムのはたらきで、車を動かしました。

1つ4点(8点)

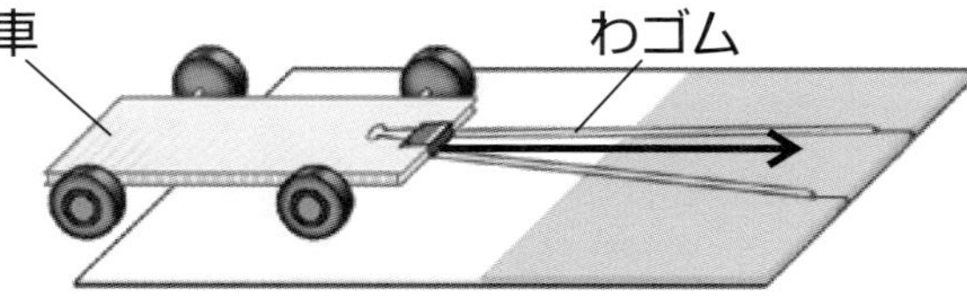

(1)わゴムをのばす長さを長くしました。車の進むきょりはどうなりますか。正しいほうに○をつけましょう。

①(　　)長くなる。　②(　　)短くなる。

(2)わゴムを2本にすると、わゴムが1本のときとくらべて、車が進むきょりはどうなりますか。

(　　　　　　　　)

(　　　)

(3)ホウセンカの実は、何があったところにできますか。正しいものに○をつけましょう。

①(　　)子葉　②(　　)葉　③(　　)花

4 午前9時と午後3時に、太陽によってできるぼうのかげの向きを調べました。

1つ4点(12点)

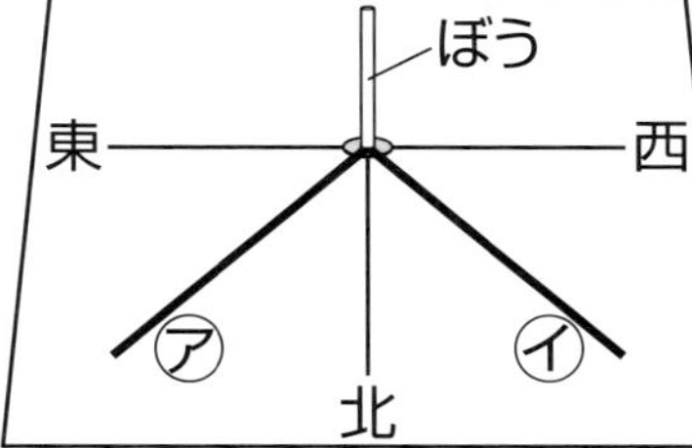

(1)午後3時のかげの向きは、アとイのどちらですか。

(　　)

(2)時間がたつと、かげの向きはどのようにかわりますか。正しいほうに○をつけましょう。

①(　　)ア→イ　②(　　)イ→ア

(3)時間がたつと、かげの向きがかわるのはなぜですか。

(　　　　　　　　)

うらにも問題があります。

①(　　)　②(　　)　③(　　)　④(　　)

(2)(1)のことから、電気を通すものは何でできていることがわかりますか。

(　　　　)

7 トライアングルをたたいて音を出して、音が出ているもののようすを調べました。

1つ4点(12点)

(1)音の大きさと、トライアングルのふるえについて調べました。①、②にあてはまる言葉(ことば)をかきましょう。

音の大きさ	トライアングルのふるえ
大きい音	ふるえが(①)。
小さい音	ふるえが(②)。

①(　　　　)　②(　　　　)

(2)音が出ているトライアングルのふるえを止めると、音はどうなりますか。

(　　　　)

ア(　　)　イ(　　)　ウ(　　)

②同じ体積(たいせき)のリンゴ、バナナ、ブドウを、もののしゅるいをかえてつくり、シーソーにのせました。リンゴ、バナナ、ブドウの中で、いちばん重いものはどれですか。

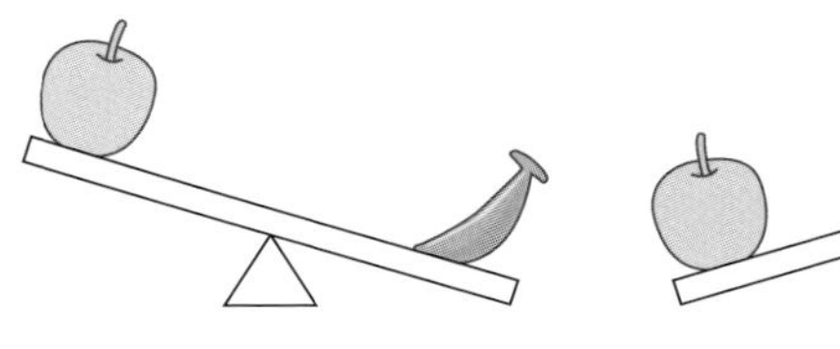

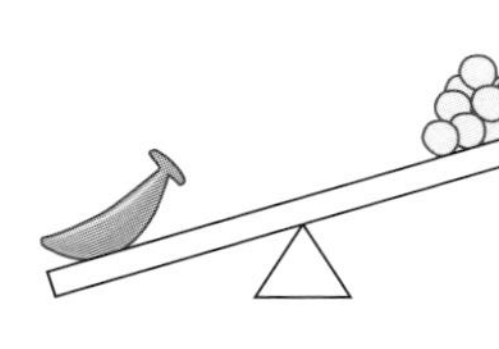

(　　　　)

③同じ体積でも、ものによって重さはかわりますか、かわりませんか。

(　　　　)

(切り取り線)

教科書ぴったりトレーニング

丸つけラクラクかいとう

この「丸つけラクラクかいとう」はとりはずしてお使いください。

啓林館版
理科３年

「丸つけラクラクかいとう」では問題と同じ紙面に、赤字で答えを書いています。

①問題がとけたら、まずは答え合わせをしましょう。

②まちがえた問題やわからなかった問題は、てびきを読んだり、教科書を読み返したりしてもう一度見直しましょう。

おうちのかたへ では、次のようなものを示しています。

- 学習のねらいやポイント
- 他の学年や他の単元の学習内容とのつながり
- まちがいやすいことやつまずきやすいところ

お子様への説明や、学習内容の把握などにご活用ください。

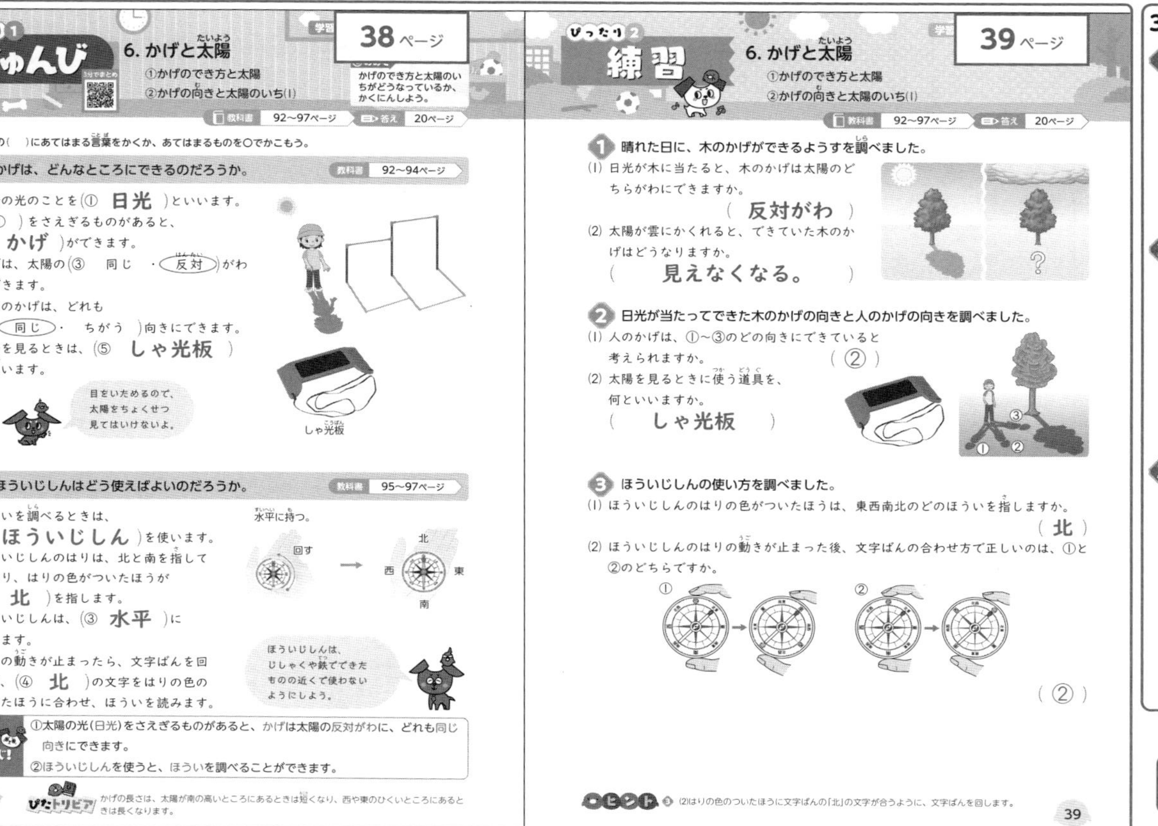

ぴったり1 じゅんび　6. かげと太陽　①かげのでき方と太陽　②かげの向きと太陽のいち(1)　38ページ

下の(　)にあてはまる言葉をかくか、あてはまるものを○でかこもう。

1 かげは、どんなところにできるのだろうか。　教科書 92〜94ページ

▶太陽の光のことを(① 日光)といいます。
▶(①)をさえぎるものがあると、(② かげ)ができます。
▶かげは、太陽の(③ 同じ ・ (反対))がわにできます。
▶もののかげは、どれも(④ (同じ) ・ ちがう)向きにできます。
▶太陽を見るときは、(⑤ しゃ光板)を使います。

2 ほういじしんはどう使えばよいのだろうか。　教科書 95〜97ページ

▶ほういを調べるときは、(① ほういじしん)を使います。
▶ほういじしんのはりは、北と南を指して止まり、はりの色がついたほうが(② 北)を指します。
▶ほういじしんは、(③ 水平)に持ちます。
▶はりの動きが止まったら、文字ばんを回して、(④ 北)の文字をはりの色のついたほうに合わせ、ほういを読みます。

ここがだいじ！ ①太陽の光(日光)をさえぎるものがあると、かげは太陽の反対がわに、どれも同じ向きにできます。 ②ほういじしんを使うと、ほういを調べることができます。

ぴたトリビア かげの長さは、太陽が南の高いところにあるときは短くなり、西や東のひくいところにあるときは長くなります。

38

ぴったり2 練習　6. かげと太陽　①かげのでき方と太陽　②かげの向きと太陽のいち(1)　39ページ

1 晴れた日に、木のかげができるようすを調べました。
(1) 日光が木に当たると、木のかげは太陽のどちらがわにできますか。(反対がわ)
(2) 太陽が雲にかくれると、できていた木のかげはどうなりますか。(見えなくなる。)

2 日光が当たってできた木のかげの向きと人のかげの向きを調べました。
(1) 人のかげは、①〜③のどの向きにできていると考えられますか。(②)
(2) 太陽を見るときに使う道具を、何といいますか。(しゃ光板)

3 ほういじしんの使い方を調べました。
(1) ほういじしんのはりの色がついたほうは、東西南北のどのほういを指しますか。(北)
(2) ほういじしんのはりの動きが止まった後、文字ばんの合わせ方で正しいのは、①と②のどちらですか。(②)

ヒント 3 (2)はりの色のついたほうに文字ばんの「北」の文字が合うように、文字ばんを回します。

39

見やすい答え

おうちのかたへ　6. かげと太陽
日光により影ができること、太陽が動くと影も動くこと、日なたと日かげではようすが違うことを学習します。太陽と影(日かげ)との関係が考えられるか、日なたと日かげの違いについて考えることができるか、などがポイントです。

39ページ　てびき

1 (1)かげは太陽の反対がわにできます。
(2)日光をさえぎるものがあると、かげができます。日光が当たらなければ、かげはできません。

2 (1)かげはどれも同じ向きにできるため、人のかげは木のかげと同じ向きにできます。
(2)目をいためるので、ぜったいに太陽をちょくせつ見てはいけません。

3 (1)ほういじしんのはりの色がついたほうは、北を向いて止まります。
(2)ほういじしんのはりの動きが止まってから、文字ばんを回して、「北」の文字をはりの色のついたほうに合わせます。

くわしいてびき

※紙面はイメージです。

ぴったり1 じゅんび

1. 生き物をさがそう

2ページ

身の回りの生き物のようすがどうだったか、かくにんしよう。

教科書 8~17ページ　答え 2ページ

下の(　)にあてはまる言葉をかくか、あてはまるものを○でかこもう。

1 見つけた生き物は、どんなようすだったのだろうか。　教科書 8~17ページ

▶動物も植物も、どちらも
(① 生き物)です。
(② 動物)　(③ 植物)

どんな生き物が見られるのかな。

▶生き物を見つけた場所、大きさ、形、色などを調べて、
(④ きろくカード)にかきます。

アブラナ	
4月15日	3年2組(田中はると)
見つけた場所	校庭のすみ。
大きさ	高さは1mぐらい。
形	花びらは4まいついていた。
色	花の色は黄色。
花の下のほうに、ぼうのようなものがついていた。	

▶(⑤ 虫めがね)を使うと、小さなものを大きく見ることができます。
目をいためるので、ぜったいに(⑤)で(⑥ 太陽)を見てはいけません。

▶虫めがねの使い方

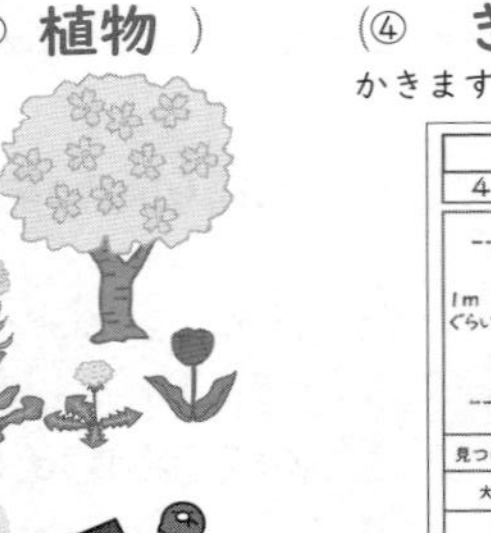

○動かせるものを見るとき
虫めがねを目の近くに持つ。
(⑦ 見るもの)を動かし、はっきりと大きく見えるところで止める。

○動かせないものを見るとき
虫めがねを目の近くに持つ。
(⑦)に自分が近づいたりはなれたりして、はっきりと大きく見えるところで止まる。

▶生き物は、それぞれ、すんでいる場所、大きさ、形、色などにちがいが
(⑧ (ありますに○)・ ありません)。

ここがだいじ! ①生き物は、それぞれ、すんでいる場所、大きさ、形、色などにちがいがあります。

ぴたトリビア 世界には、およそ175万しゅるいの生き物がいます。

ぴったり2 練習

1. 生き物をさがそう

3ページ

教科書 8~17ページ　答え 2ページ

1 校庭や野原で見つけた生き物のようすをかんさつしました。

(1) ①~③の生き物は、どんなとくちょうがありますか。ア~ウで合うものをさがして、線でつなぎましょう。

ア 落ち葉の下で見つけた。1cmぐらいの大きさ。細長い黒色。さわると丸くなった。

イ 花だんで見つけた。1cmぐらいの大きさ。赤色に黒いもようがあった。

ウ 花だんの近くで見つけた。高さは15cmぐらい。葉はぎざぎざ。黄色い花がさいていた。

(2) 生き物のすんでいる場所、大きさ、形、色は、どれも同じですか、ちがいますか。
(ちがう。)

2 虫めがねを使って、生き物をかんさつしました。

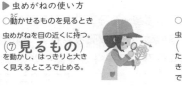

① 虫めがねを目の近くに持ち、見るものを動かす。

② 虫めがねを目の近くに持ち、見るものに近づいたりはなれたりする。

(1) 動かせるものを見るときの虫めがねの使い方は、①と②のどちらですか。 (①)

(2) 動かせないものを見るときの虫めがねの使い方は、①と②のどちらですか。 (②)

(3) 虫めがねで、ぜったいに見てはいけないものは、ア~ウのどれですか。1つえらび、○をつけましょう。
ア(　)動物　イ(　)植物　ウ(○)太陽

3ページ てびき

❶ 生き物は、それぞれすんでいる場所、大きさ、形、色などにちがいがあります。生き物のようすをくらべましょう。

❷ (1)(2)動かせるものを見るときは、見るものを動かします。動かせないものを見るときは、自分が動きます。どちらのときでも、虫めがねは目の近くに持ちます。
(3)目をいためるので、ぜったいに虫めがねで太陽など強い光を出すものを見てはいけません。

おうちのかたへ
太陽など強い光を出すものを虫眼鏡で見ると、目をいためるおそれがありますので注意させてください。なお、虫眼鏡で日光を集めることができることは、「7.光のせいしつ」で学習します。

おうちのかたへ　1. 生き物をさがそう
身の回りの生き物を観察して、大きさ、形、色など、姿に違いがあることを学習します。虫眼鏡の使い方や記録のしかたを覚えているか、生き物どうしを比べて、特徴を捉えたり、違うところや共通しているところを見つけたりすることができるか、などがポイントです。

ぴったり3 たしかめのテスト

1. 生き物をさがそう

4ページ

/100 合格70点

教科書 8〜17ページ　答え 3ページ

1 身の回りの生き物のようすをくらべました。

1つ5点(15点)

①
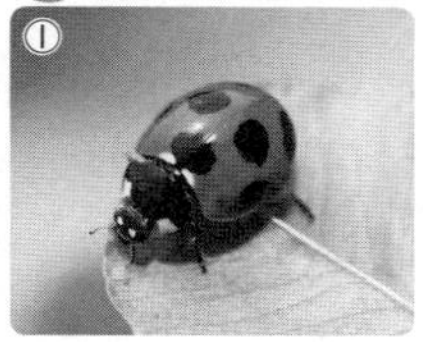
②

③

(1) ①〜③の生き物の体の色は、どれも同じですか、ちがいますか。

（　**ちがう。**　）

(2) ①〜③の生き物の形は、どれも同じですか、ちがいますか。

（　**ちがう。**　）

(3) ①〜③の生き物の大きさは、どれも同じですか、ちがいますか。

（　**ちがう。**　）

よく出る

2 虫めがねを使って，生き物をかんさつしました。

技能 1つ10点(20点)

(1) 動かせないものを見るときの虫めがねの使い方は、①と②のどちらですか。

（　**②**　）

① 見るものを動かして、はっきりと大きく見えるところで止める。

② 見るものに近づいたりはなれたりして、はっきりと大きく見えるところで止まる。

(2) 記述 虫めがねで、ぜったいに太陽を見てはいけないのはなぜですか。

（**(虫めがねで太陽を見ると、)目をいためるから。**）

学習

5ページ

3 身の回りの生き物をかんさつして、きろくカードにまとめました。

(1)は1つ5点、(2)は1つ10点、(30点)

タンポポ	
ア	3年1組（あべ ゆうり）

見つけた場所	花だんの近く。
大きさ	高さは15cmぐらい。
形	葉は細長くて、ぎざぎざしていた。
色	花の色は黄色。

日当たりがよいところに、たくさん生えていた。
葉をさわると、ざらざらしていた。

(1) 生き物をかんさつするときに、注目することをかきましょう。

① 「花だんの近く」「落ち葉の下」など、
（　**見つけた場所**　）に注目する。

② 「15cmぐらい」「1mぐらい」など、
（　**大きさ**　）に注目する。

③ 「丸い」「ぎざぎざしている」など、
（　**形**　）に注目する。

④ 「赤色」「黄色」など、（　**色**　）に注目する。

(2) 図のアには、何をかけばよいですか。

（　**調べた日づけ**
(調べた日にち)　）

できたらスゴイ！

4 身の回りの生き物をかんさつしました。

(1)は1つ5点、(2)、(3)は1つ10点(35点)

(1) ①〜③のきろくは、写真のどの生き物のことですか。名前をかきましょう。

タンポポ

アブラナ

ナナホシテントウ

モンシロチョウ

ダンゴムシ

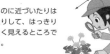

(①　**アブラナ**　)
野原にさいていた。
高さは1mぐらい。
花びらは4まい。花は黄色。

(②　**ダンゴムシ**　)
落ち葉の下にいた。
1cmぐらい。細長い。
黒い色。

(③　**ナナホシテントウ**　)
葉の上で小さな虫を食べていた。
1cmぐらい。丸い。
赤と黒の目立つ色。

(2) 植物はどれですか。名前をすべてかきましょう。

（　**タンポポ、アブラナ**　）

(3) 動物はどれですか。名前をすべてかきましょう。

（　**ナナホシテントウ、モンシロチョウ、ダンゴムシ**　）

ふりかえり　❷がわからないときは、2ページの❶にもどってかくにんしてみましょう。
❹がわからないときは、2ページの❶にもどってかくにんしてみましょう。

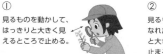

4〜5ページ　てびき

❶ ①はナナホシテントウ、②はモンシロチョウ、③はダンゴムシです。生き物は、それぞれ、大きさ、形、色などにちがいがあります。

❷ (1)見るものを動かせないので、自分が動きます。

❸ きろくカードには、調べたものの名前(題名)や調べた日づけをかきます。また、調べたもののスケッチをかいたり、写真をはったりします。

❹ (1)きろくの文にかいてある場所や形、色などを読んで、写真をよく見て、生き物のようすとくらべます。

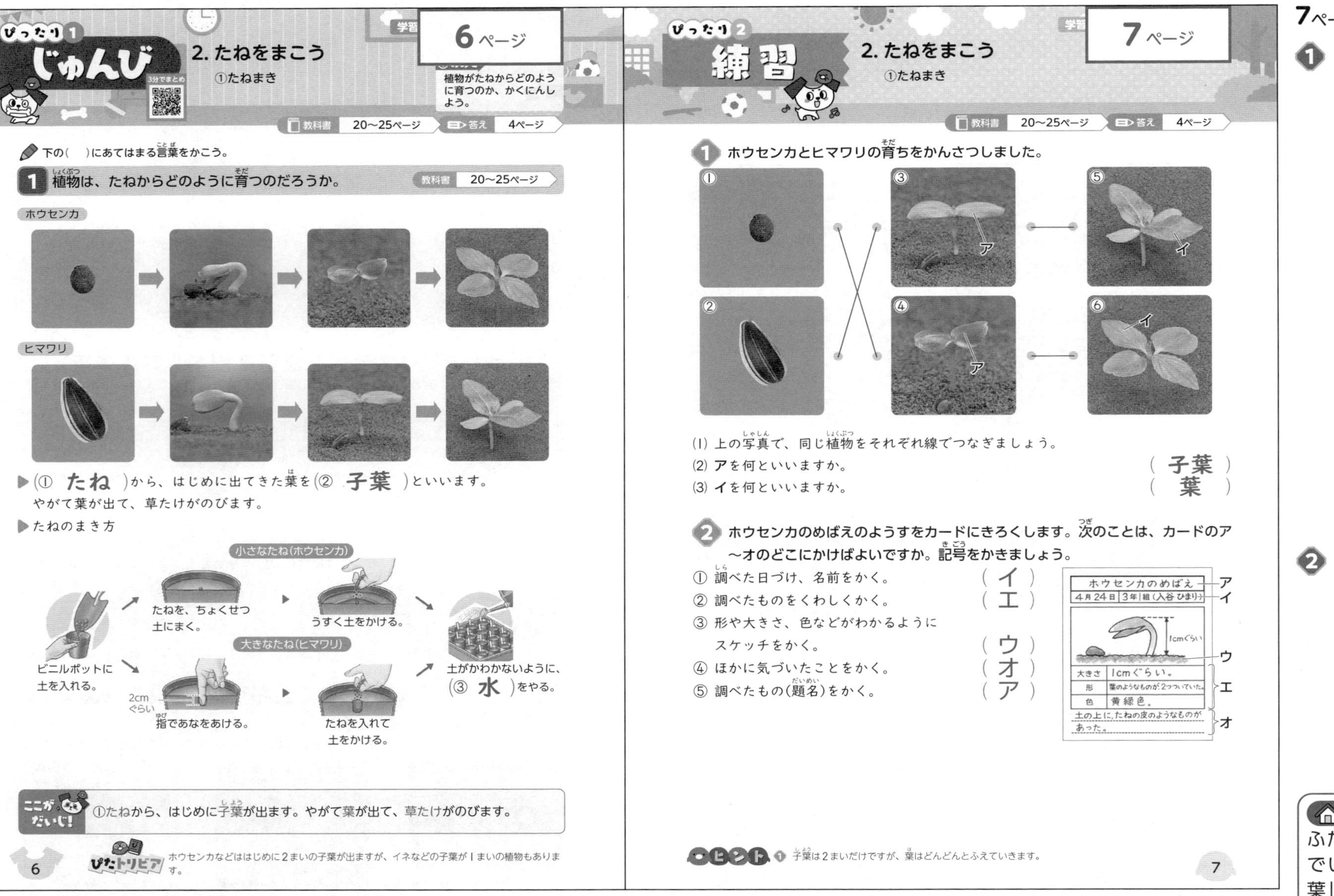

ぴったり1 じゅんび

2. たねをまこう

①たねまき

6ページ

植物がたねからどのように育つのか、かくにんしよう。

教科書 20~25ページ　答え 4ページ

下の(　)にあてはまる言葉をかこう。

1 植物は、たねからどのように育つのだろうか。　教科書 20~25ページ

ホウセンカ

ヒマワリ

▶(① たね)から、はじめに出てきた葉を(② 子葉)といいます。
やがて葉が出て、草たけがのびます。

▶たねのまき方

小さなたね(ホウセンカ)
たねを、ちょくせつ土にまく。
うすく土をかける。
大きなたね(ヒマワリ)
ビニルポットに土を入れる。
2cmぐらい
指であなをあける。
たねを入れて土をかける。
土がかわかないように、(③ 水)をやる。

ここがだいじ! ①たねから、はじめに子葉が出ます。やがて葉が出て、草たけがのびます。

ぴたトリビア ホウセンカなどははじめに2まいの子葉が出ますが、イネなどの子葉が1まいの植物もあります。

6

ぴったり2 練習

2. たねをまこう

①たねまき

7ページ

教科書 20~25ページ　答え 4ページ

1 ホウセンカとヒマワリの育ちをかんさつしました。

(1) 上の写真で、同じ植物をそれぞれ線でつなぎましょう。
(2) アを何といいますか。　(子葉)
(3) イを何といいますか。　(葉)

2 ホウセンカのめばえのようすをカードにきろくします。次のことは、カードのア~オのどこにかけばよいですか。記号をかきましょう。

① 調べた日づけ、名前をかく。　(イ)
② 調べたものをくわしくかく。　(エ)
③ 形や大きさ、色などがわかるようにスケッチをかく。　(ウ)
④ ほかに気づいたことをかく。　(オ)
⑤ 調べたもの(題名)をかく。　(ア)

ホウセンカのめばえ
4月24日 3年1組(入谷ひまり)
1cmぐらい
大きさ 1cmぐらい。
形 葉のようなものが2つついていた。
色 黄緑色。
土の上に、たねの皮のようなものがあった。

ヒント ① 子葉は2まいだけですが、葉はどんどんとふえていきます。

7

おうちのかたへ　2. たねをまこう

植物の育つ順序と、植物の体について学習します。ここでは、たねまきから葉が出るまでを扱います。植物の育ちを、たね、子葉、葉などの用語(名称)を使って理解しているか、などがポイントです。

7ページ　てびき

1 (1)①・④・⑥はホウセンカ、②・③・⑤はヒマワリです。たね、子葉、葉のちがいをおぼえておきましょう。
ホウセンカ→たねは小さく丸い、子葉は平べったく丸い、葉は細長くて、まわりがぎざぎざしている。
ヒマワリ→たねは黒と白、子葉はホウセンカよりは細長い、葉はぎざぎざしていない。

2 きろくカードには、題名、調べた日づけと名前、調べたもののスケッチとくちょう、気づいたことや思ったことなどをかきます。

おうちのかたへ

ふだん「双葉」「本葉」とよんでいるものは、理科では「子葉」「葉」になりますので注意してください。また、3年では「種子」「発芽」ではなく、「たね」「めが出ること」と書いています。なお、「種子」「発芽」は5年で学習します。

2. たねをまこう

8ページ

100点満点　合格70点

教科書 18〜25ページ　答え 5ページ

1 ①と②の植物(しょくぶつ)のたねを、ア、イからえらんで、(　)に記号(きごう)をかきましょう。　1つ5点(10点)

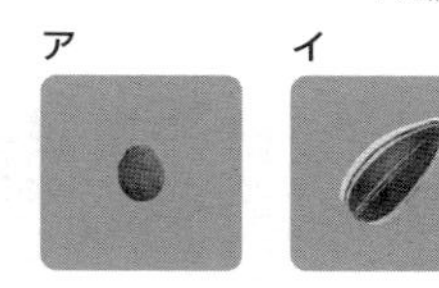

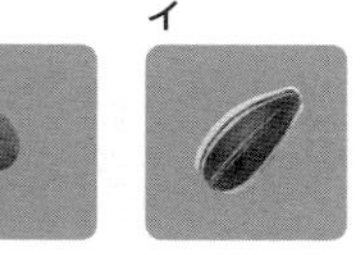

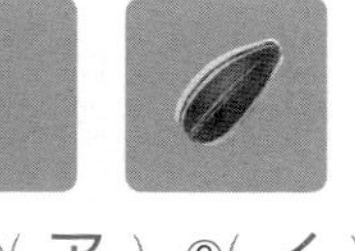

①(ア)　②(イ)

よく出る

2 たねからめが出た後の植物の育(そだ)つようすを調(しら)べました。　1つ5点(10点)

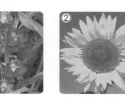

(1) アを何といいますか。　(子葉)

(2) イを何といいますか。　(葉)

3 ビニルポットに土を入れて、ホウセンカのたねをまきます。　1つ10点(20点)

(1) たねのまき方で、いちばんよいものは①〜③のどれですか　(②)

① 土の上におく。　② うすく土をかける。　③ そこのほうにうめる。

(2) たねをまいた後、土がかわかないように、何をすればよいですか。

(水をやる。)

9ページ

4 植物の育ちをカードにきろくします。①〜④にあてはまることがらを、[　] の中からえらび、記号をかきましょう。　1つ5点(20点)

ホウセンカの葉
5月8日 3年1組(入谷ひまり)
葉
6cmぐらい
大きさ　草たけは6cmぐらい。
形　葉のまわりは、ぎざぎざしていた。
色　子葉より、葉のほうがこい緑色だった。
子葉と葉は、形と色がちがった。

ア　調べた日づけ、名前をかく。
イ　調べたことをくわしくかく。
ウ　調べるものをよく見て、スケッチをかく。
エ　題名(だいめい)(調べたもの)をかく。

①(エ)　②(ア)
③(ウ)　④(イ)

できたらスゴイ！

5 植物のたねをまいてからの育つようすをまとめました。　1つ5点(40点)

(1) ①〜⑤にあてはまる記号を下のア〜カからえらび、表(ひょう)をかんせいさせましょう。

名前	たね	めが出て	しばらくして
ホウセンカ	①(ア)	②(エ)	カ
ヒマワリ	③(イ)	④(ウ)	⑤(オ)

ア　イ　ウ　エ　オ　カ

(2) 記述 たねからめが出た後の育つようすを、[　] の中の言葉(ことば)をすべて使(つか)ってまとめましょう。　思考・表現

・たねから、はじめに(① 子葉)が出る。
・やがて(② 葉)が出て、(③ 草たけ)がのびる。

[子葉(しよう)　葉(は)　草たけ]

ふりかえり　2がわからないときは、6ページの1にもどってかくにんしてみましょう。
5がわからないときは、6ページの1にもどってかくにんしてみましょう。

8〜9ページ　てびき

1 ①ホウセンカのたね(**ア**)は小さくて丸いです。
②ヒマワリのたね(**イ**)は黒と白でホウセンカのたねより大きいです。

2 たねからめが出た後、はじめに子葉(しよう)が出て、その後に葉(は)が出てきます。

3 (2)水がないと、たねからめが出ません。

4 きろくカードのかき方をおぼえて、かんさつしたことをきろくできるようにしましょう。

5 (1)たねや子葉、葉のちがいをおぼえておきましょう。
(2)植物(しょくぶつ)がちがっても、育(そだ)つじゅんは同じです。

ぴったり1 じゅんび

学習 10ページ

3. チョウを育てよう

①チョウの育ち(1)

めあて チョウがたまごからどのように育つのか、かくにんしよう。

教科書 28〜32ページ　答え 6ページ

下の(　)にあてはまる言葉をかくか、あてはまるものを○でかこもう。

1 チョウは、たまごから、どのように育つのだろうか。 教科書 28〜32ページ

▶モンシロチョウは、キャベツの葉に
(① たまご)をうみつけます。
▶うみつけられた(①)から、
(② よう虫)がかえります。
▶よう虫の育ち方

たまごのからを食べる。　体が緑色になっていく。

皮をぬぐたびに(③ 大きく ・ 小さく)なる。　(⑤ さなぎ)になる。
大きくなるたびに食べる(④ えさ(葉))のりょうや、ふんのりょうがふえる。

▶チョウの育て方
・育てる入れ物は、(⑥ 太陽の光(日光))が
ちょくせつ当たらないところにおきます。
・たまごは、(⑦ 葉)についたまま、入れ物に
入れます。
・よう虫になったら、葉がしおれたり、かれたり
(⑧ する前に ・ した後に)新しいものに
かえます。
・(⑨ ふん)のそうじは、こまめにします。

ここがだいじ！ ①モンシロチョウは、キャベツの葉にたまごをうみつけます。
②よう虫は、皮をぬぐたびに大きくなり、やがてさなぎになります。

ぴたトリビア チョウのしゅるいによって、よう虫が食べる物はちがいます。モンシロチョウのよう虫はキャベツなど、アゲハのよう虫はミカンなどの植物を食べます。

10

ぴったり2 練習

学習 11ページ

3. チョウを育てよう

①チョウの育ち(1)

教科書 28〜32ページ　答え 6ページ

1 モンシロチョウとアゲハのたまごをさがしました。

(1) モンシロチョウのたまごと、モンシロチョウがたまごをうみつける葉を、①〜④からえらびましょう。

たまご(①)
うみつける葉(④)

(2) たまごからは、しばらくすると、何が出てきますか。

(よう虫)

2 モンシロチョウのたまごとよう虫をかんさつしました。

①　②　③　④

(1) たまごからよう虫がかえるまで、①〜④をじゅんばんにならべましょう。

(③ → ② → ④ → ①)

(2) よう虫は、何の葉を食べて大きくなりますか。

(キャベツ(アブラナ))

(3) よう虫は大きくなると、食べるえさやふんのりょうはどうなりますか。正しいほうに○をつけましょう。

ア(○)ふえる。
イ(　)へる。

11

おうちのかたへ　3. チョウを育てよう

昆虫の育つ順序と、昆虫の体について学習します。ここでは、チョウを対象にしています。チョウの育ちを、卵、幼虫、さなぎ、成虫などの用語(名称)を使って理解しているか、などがポイントです。

11ページ　てびき

1 (1)モンシロチョウのたまご(①)は細長く、アゲハのたまご(②)は球のような形をしています。モンシロチョウはキャベツ(④)やアブラナの葉に、アゲハはミカン(③)やサンショウの葉にたまごをうみつけます。

2 (2)(3)モンシロチョウのよう虫はキャベツなどの葉を食べます。大きくなると、食べるりょうがふえ、ふんのりょうもふえます。

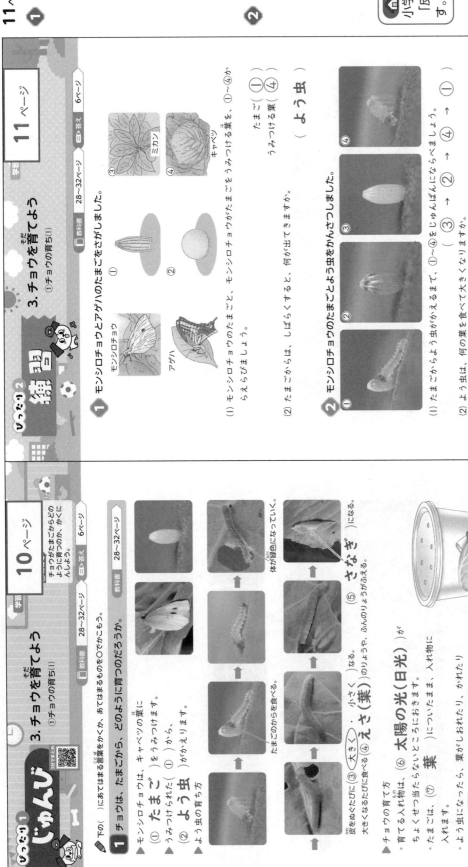

おうちのかたへ
小学校では「脱皮」ではなく、「皮をぬぐこと」と書いています。

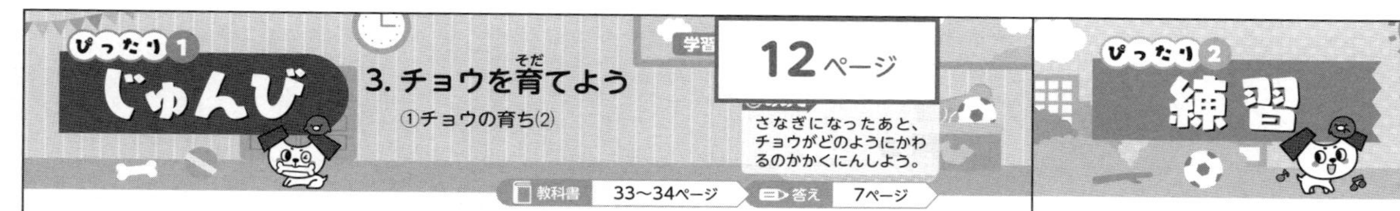

ぴったり1 じゅんび

3. チョウを育てよう
①チョウの育ち(2)

さなぎになったあと、チョウがどのようにかわるのかかくにんしよう。

教科書 33〜34ページ　答え 7ページ

下の(　)にあてはまる言葉をかくか、あてはまるものを○でかこもう。

1 さなぎは、どのようにかわっていくのだろうか。　教科書 33〜34ページ

▶大きくなったよう虫は、やがて(① **さなぎ**)になります。

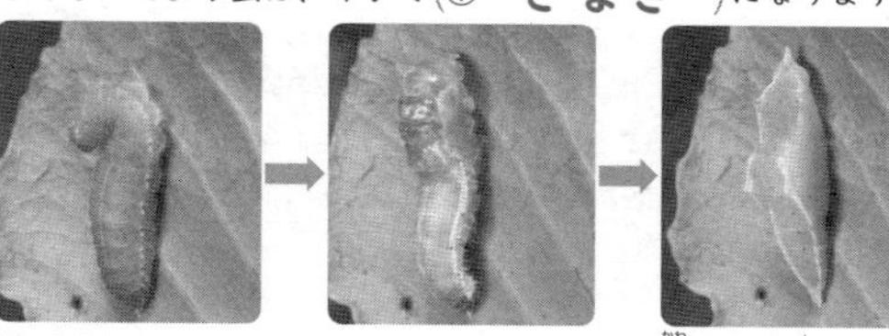

体に糸をかける。

皮をぬいで(①)になる。

はねのもようがすけて見える。

▶さなぎは、じっとしていて、えさを(② 食べます ・ (食べません))。
▶さなぎの大きさや形はかわりませんが、(③ **色**)は少しかわります。
▶さなぎになってしばらくすると、さなぎから(④ **せい虫**)が出てきます。
出てきたばかりの(④)は、はねがのびるまで、じっとしています。
▶チョウは、(⑤ **たまご**)→(⑥ **よう虫**)
→(⑦ **さなぎ**)→(⑧ **せい虫**)のじゅんに育ちます。

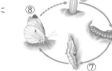

出てきたせい虫も、
またたまごをうむんだね。

ここがだいじ!
①チョウのよう虫は葉を食べますが、さなぎは何も食べません。
②チョウは、たまご→よう虫→さなぎ→せい虫のじゅんに育ちます。

ぴたトリビア モンシロチョウのよう虫はキャベツなどの葉を食べ、せい虫は花のみつをすいます。このように、こん虫は育って体の形がかわると、食べる物もかわることがあります。

ぴったり2 練習

3. チョウを育てよう
①チョウの育ち(2)

教科書 33〜34ページ　答え 7ページ

1 モンシロチョウのさなぎをかんさつしました。

(1) さなぎの大きさや形、色は、どうなりますか。正しいほうに○をつけましょう。

①(　) さなぎの大きさや形、色はかわらない。

②(○) さなぎの大きさや形はかわらないが、色は少しかわる。

(2) さなぎのとき、えさを食べますか、食べませんか。
(**食べない。**)

(3) さなぎになってからしばらくすると、さなぎから何が出てきますか。
(**せい虫**)

2 モンシロチョウの育ち方をまとめました。

(1) モンシロチョウの育つようすで、①〜④のころを何といいますか。(　)に名前をかきましょう。

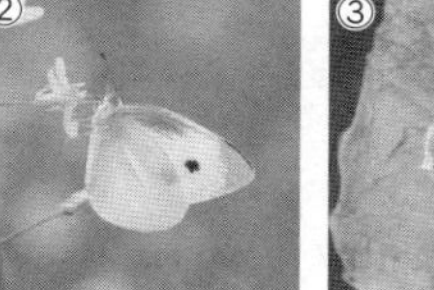
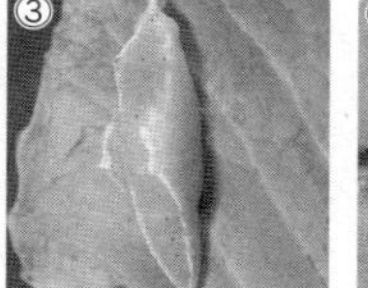
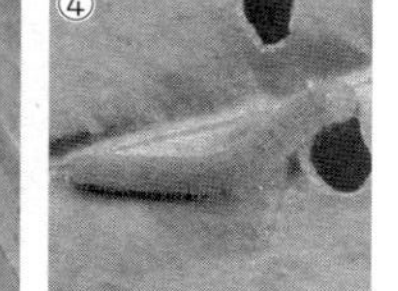

① (**たまご**)　② (**せい虫**)　③ (**さなぎ**)　④ (**よう虫**)

(2) モンシロチョウが育つじゅんばんになるように、①〜④をならべましょう。
(① → ④ → ③ → ②)

(3) 皮をぬいで大きくなるのは、①〜④のどのころですか。
(④)

(4) 何も食べないのは、①〜④のどのころとどのころですか。
(①)と(③)

13ページ　てびき

1 (1)(2)さなぎは、大きさや形はかわりませんが、色は少しかわります。また、何も食べずにじっとしています。

2 (1)(2)モンシロチョウは、たまご→よう虫→さなぎ→せい虫のじゅんに育っていきます。
(3)よう虫は、何度も皮をぬいで大きくなっていきます。
(4)よう虫はキャベツなどの葉を食べ、せい虫は花のみつをすいます。

3. チョウを育てよう
②チョウの体のつくり

14ページ

チョウのせい虫をかんさつして、こん虫の体のつくりをかくにんしよう。

教科書 35~36ページ　答え 8ページ

下の(　)にあてはまる言葉をかこう。

1 チョウのせい虫の体は、どんなつくりになっているのだろうか。 教科書 35~36ページ

モンシロチョウ　頭　むね　はら

アゲハ　頭　むね　はら

▶チョウのせい虫の体のつくり

- (① **頭**)・(② **むね**)・(③ **はら**)の3つの部分からできています。
- (④ **頭**)に、目や口、しょっ角があります。
- むねに(⑤ **6**)本の(⑥ **あし**)、4まいのはねがあります。
- はらに(⑦ **ふし**)があります。

頭　むね　はら　しょっ角　はね　目　□　あし　ふしがある。

▶チョウのせい虫のような体のつくりをしたなかまを(⑧ **こん虫**)といいます。

ここがだいじ！
①チョウのせい虫の体は頭・むね・はらの3つの部分からできていて、むねに6本のあしがあります。このような体のつくりをしたなかまをこん虫といいます。
②チョウのせい虫の頭には目や口、しょっ角があり、むねには4まいのはねがついています。はらにはふしがあります。

ぴたトリビア　こん虫のせい虫のむねには、6本のあしがありますが、ダンゴムシには14本、クモには8本のあしがあり、どちらもこん虫ではありません。

ぴったり2 練習

3. チョウを育てよう
②チョウの体のつくり

15ページ

教科書 35~36ページ　答え 8ページ

1 チョウのせい虫の体のつくりを調べました。

(1) チョウのせい虫の体は、①~③の3つの部分からできています。①~③の名前をかきましょう。

ア　イ
①(**頭**)
②(**むね**)
③(**はら**)

(2) アは①~③のどこについていますか。また、何本ありますか。
ついているところの名前(**むね**)
数(**6**)本

(3) イは①~③のどこについていますか。また、何まいありますか。
ついているところの名前(**むね**)
数(**4**)まい

(4) チョウのせい虫のような体のつくりをしたなかまを何といいますか。
(**こん虫**)

2 モンシロチョウのせい虫の頭をかんさつしました。①~③は何といいますか。名前をかきましょう。

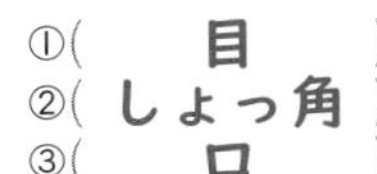

①(**目**)
②(**しょっ角**)
③(**口**)

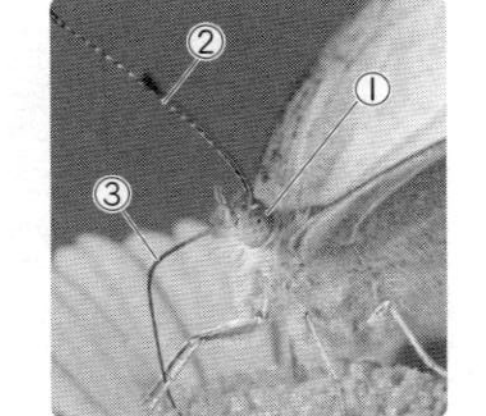

15ページ　てびき

1 (1)こん虫の体は、頭・むね・はらの3つの部分からできています。
(2)(3)あしやはねは、むねについています。
(4)こん虫はチョウのほかに、トンボ、バッタ、カマキリ、アリ、カブトムシなどがいます。

2 こん虫の頭には、目やしょっ角、口があります。目やしょっ角には、身の回りのようすを感じとるはたらきがあります。

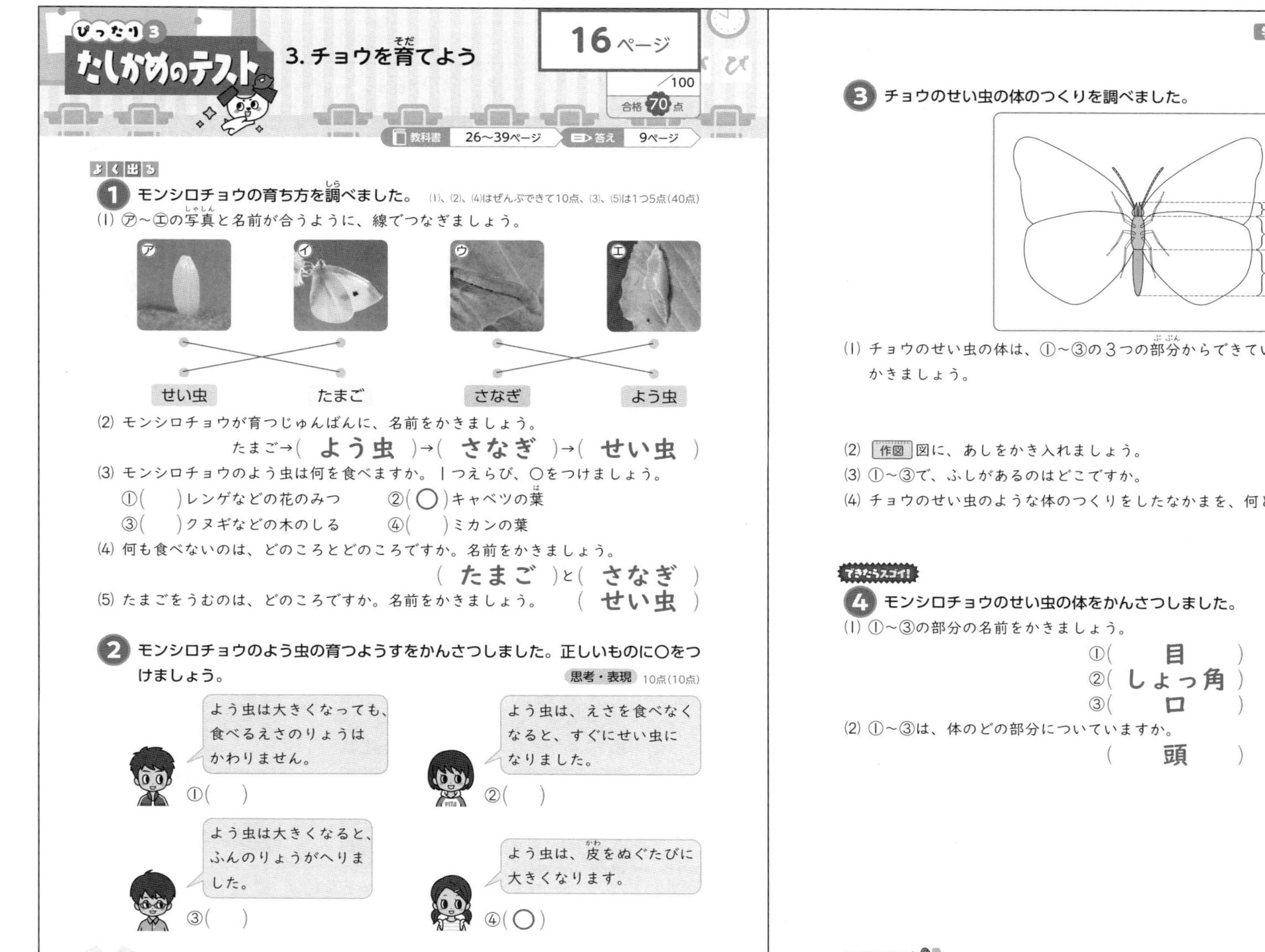

ぴったり3 たしかめのテスト

3. チョウを育てよう

16ページ

/100 合格70点

教科書 26~39ページ　答え 9ページ

よく出る

1 モンシロチョウの育ち方を調べました。(1)、(2)、(4)はぜんぶできて10点、(3)、(5)は1つ5点(40点)

(1) ㋐~㋓の写真と名前が合うように、線でつなぎましょう。

せい虫　たまご　さなぎ　よう虫

(2) モンシロチョウが育つじゅんばんに、名前をかきましょう。

たまご→(よう虫)→(さなぎ)→(せい虫)

(3) モンシロチョウのよう虫は何を食べますか。1つえらび、○をつけましょう。

①(　)レンゲなどの花のみつ　②(○)キャベツの葉

③(　)クヌギなどの木のしる　④(　)ミカンの葉

(4) 何も食べないのは、どのころとどのころですか。名前をかきましょう。

(たまご)と(さなぎ)

(5) たまごをうむのは、どのころですか。名前をかきましょう。(せい虫)

2 モンシロチョウのよう虫の育つようすをかんさつしました。正しいものに○をつけましょう。思考・表現 10点(10点)

よう虫は大きくなっても、食べるえさのりょうはかわりません。①(　)

よう虫は、えさを食べなくなると、すぐにせい虫になりました。②(　)

よう虫は大きくなると、ふんのりょうがへりました。③(　)

よう虫は、皮をぬぐたびに大きくなります。④(○)

16

17ページ

3 チョウのせい虫の体のつくりを調べました。技能 1つ5点(30点)

(1) チョウのせい虫の体は、①~③の3つの部分からできています。それぞれ名前をかきましょう。

①(頭)
②(むね)
③(はら)

(2) 作図 図に、あしをかき入れましょう。

(3) ①~③で、ふしがあるのはどこですか。(③)

(4) チョウのせい虫のような体のつくりをしたなかまを、何といいますか。(こん虫)

できたらスゴイ!

4 モンシロチョウのせい虫の体をかんさつしました。1つ5点(20点)

(1) ①~③の部分の名前をかきましょう。

①(目)
②(しょっ角)
③(口)

(2) ①~③は、体のどの部分についていますか。(頭)

ふりかえり 1がわからないときは、10ページの1にもどってかくにんしてみましょう。4がわからないときは、14ページの1にもどってかくにんしてみましょう。

17

16~17ページ　てびき

1 (3)花のみつは、チョウのせい虫がすいます。木のしるはカブトムシのせい虫がなめます。ミカンの葉はアゲハのよう虫が食べます。

(4)たまごとさなぎのときは、何も食べません。よう虫とせい虫は食べ物を食べます。

(5)たまごをうむのは、せい虫になってからです。

2 よう虫は大きくなるたびに、食べるえさとふんのりょうがふえます。大きくなってえさを食べなくなったよう虫は、やがてさなぎになり、しばらくするとせい虫が出てきます。

3 こん虫のせい虫の体は、頭・むね・はらの3つの部分からできていて、むねに6本のあしがあり、はらにはふしがあります。

4 目、しょっ角、口は、頭についています。目やしょっ角で身の回りのようすを感じとっています。

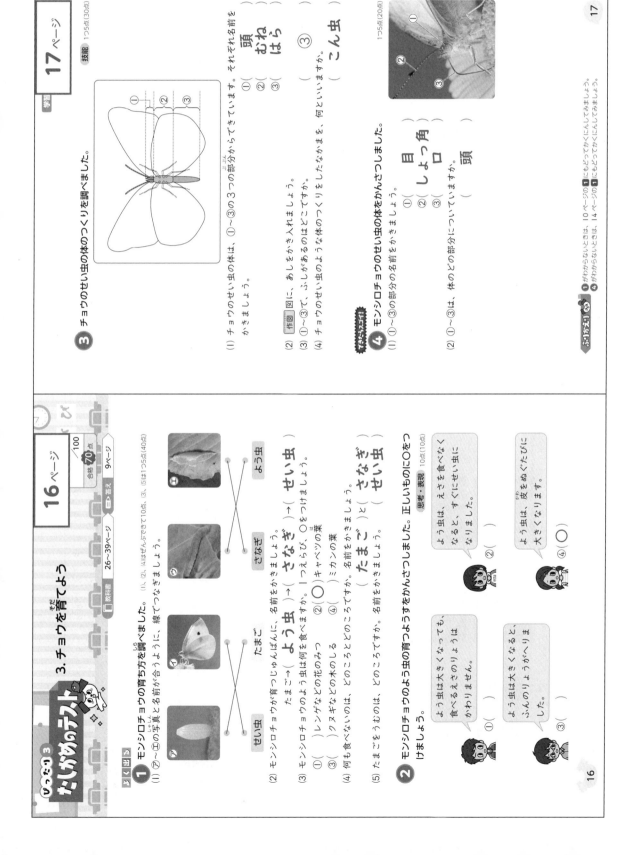

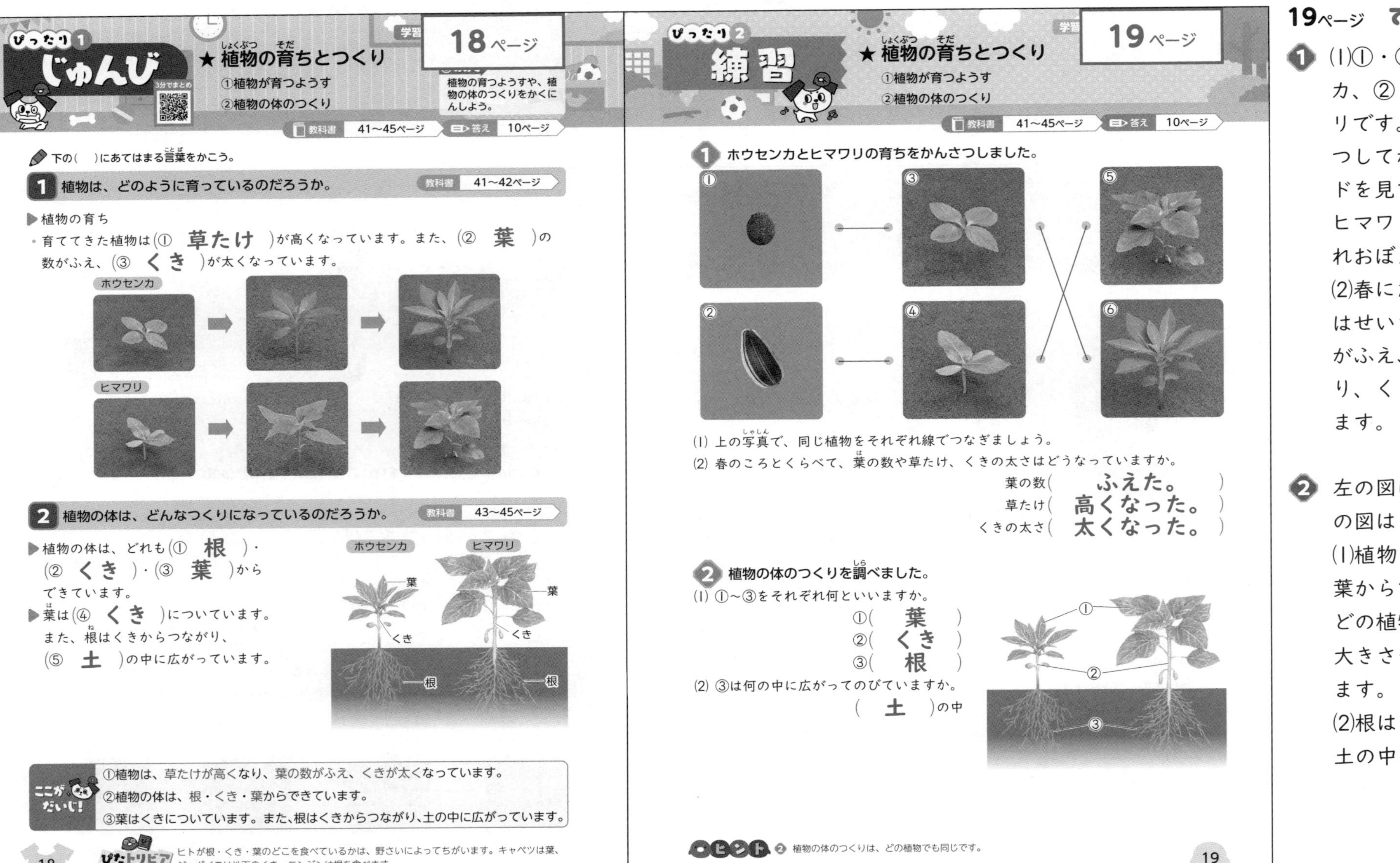

ぴったり1 じゅんび

★ 植物の育ちとつくり
①植物が育つようす
②植物の体のつくり

18ページ

植物の育つようすや、植物の体のつくりをかくにんしよう。

教科書 41〜45ページ　答え 10ページ

下の(　)にあてはまる言葉をかこう。

1 植物は、どのように育っているのだろうか。　教科書 41〜42ページ

▶植物の育ち
・育ててきた植物は(① 草たけ)が高くなっています。また、(② 葉)の数がふえ、(③ くき)が太くなっています。

ホウセンカ
ヒマワリ

2 植物の体は、どんなつくりになっているのだろうか。　教科書 43〜45ページ

▶植物の体は、どれも(① 根)・(② くき)・(③ 葉)からできています。
▶葉は(④ くき)についています。
また、根はくきからつながり、(⑤ 土)の中に広がっています。

ホウセンカ　ヒマワリ
葉　くき　根

ここが だいじ!
①植物は、草たけが高くなり、葉の数がふえ、くきが太くなっています。
②植物の体は、根・くき・葉からできています。
③葉はくきについています。また、根はくきからつながり、土の中に広がっています。

ぴたトリビア　ヒトが根・くき・葉のどこを食べているかは、野さいによってちがいます。キャベツは葉、ジャガイモは地下のくき、ニンジンは根を食べます。

18

ぴったり2 練習

★ 植物の育ちとつくり
①植物が育つようす
②植物の体のつくり

19ページ

教科書 41〜45ページ　答え 10ページ

1 ホウセンカとヒマワリの育ちをかんさつしました。

① ② ③ ④ ⑤ ⑥

(1) 上の写真で、同じ植物をそれぞれ線でつなぎましょう。
(2) 春のころとくらべて、葉の数や草たけ、くきの太さはどうなっていますか。
葉の数(ふえた。)
草たけ(高くなった。)
くきの太さ(太くなった。)

2 植物の体のつくりを調べました。
(1) ①〜③をそれぞれ何といいますか。
①(葉)
②(くき)
③(根)
(2) ③は何の中に広がってのびていますか。
(土)の中

ヒント ❷ 植物の体のつくりは、どの植物でも同じです。

19

19ページ　てびき

❶ (1)①・③・⑥はホウセンカ、②・④・⑤はヒマワリです。教科書やかんさつしてかいたきろくカードを見て、ホウセンカやヒマワリの育ちをそれぞれおぼえておきましょう。
(2)春にたねをまいた植物はせいちょうし、葉の数がふえ、草たけが高くなり、くきが太くなっています。

❷ 左の図はホウセンカ、右の図はヒマワリです。
(1)植物の体が根・くき・葉からできていることは、どの植物でも同じですが、大きさや形などはちがいます。
(2)根はくきからつながり、土の中に広がっています。

おうちのかたへ　★ 植物の育ちとつくり

「2. たねをまこう」に続いて、植物の育つ順序と、植物の体について学習します。ここでは、花が咲く前までを扱います。植物の育ちと体のつくりを根、茎、葉などの用語(名称)を使って理解しているか、などがポイントです。

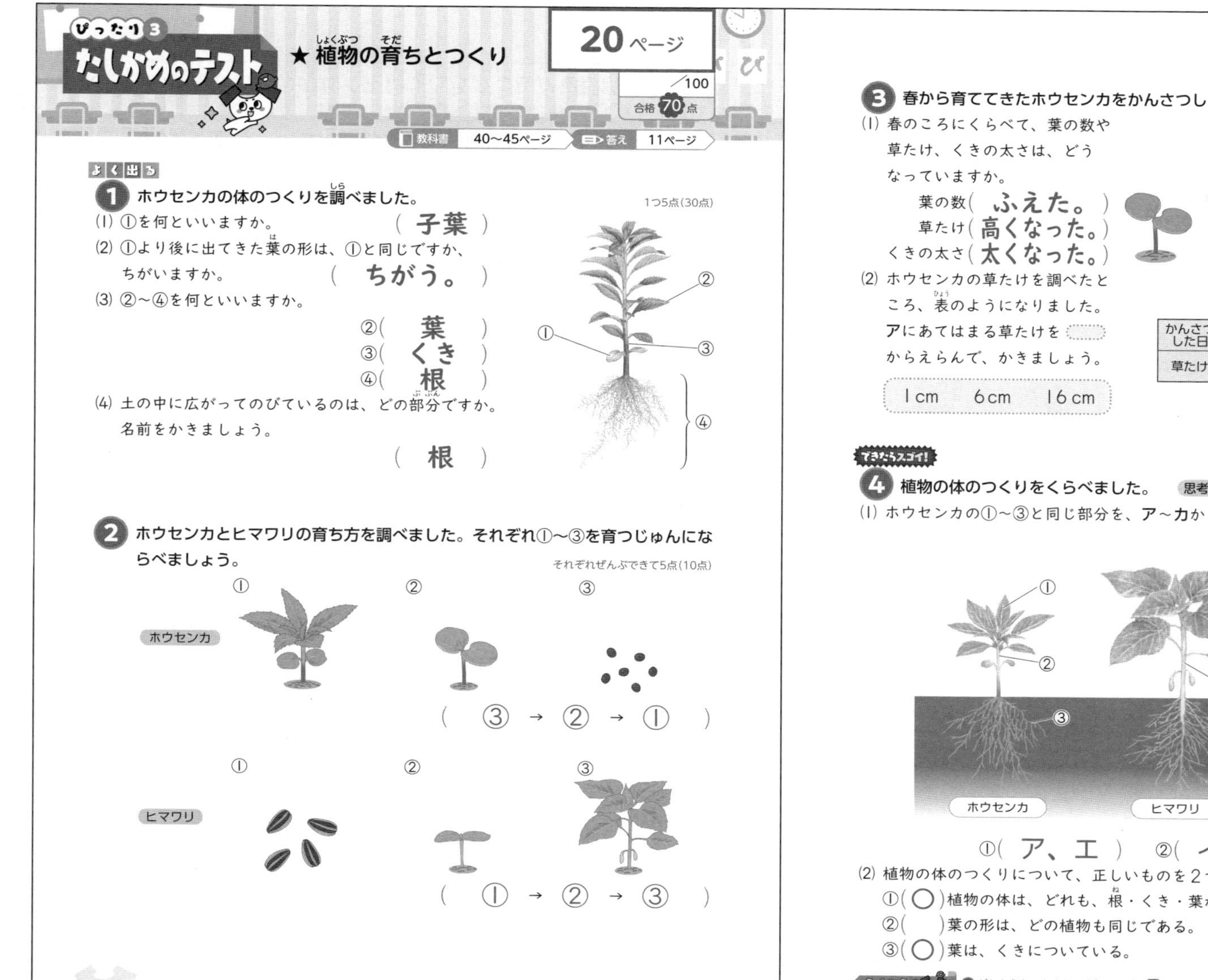

ぴったり3 たしかめのテスト

★植物の育ちとつくり

20ページ

/100 合格70点

教科書 40〜45ページ　答え 11ページ

よく出る

1 ホウセンカの体のつくりを調べました。 1つ5点(30点)

(1) ①を何といいますか。　(子葉)

(2) ①より後に出てきた葉の形は、①と同じですか、ちがいますか。　(ちがう。)

(3) ②〜④を何といいますか。

②(葉)
③(くき)
④(根)

(4) 土の中に広がってのびているのは、どの部分ですか。名前をかきましょう。　(根)

2 ホウセンカとヒマワリの育ち方を調べました。それぞれ①〜③を育つじゅんにならべましょう。 それぞれぜんぶできて5点(10点)

ホウセンカ　①　②　③
(③ → ② → ①)

ヒマワリ　①　②　③
(① → ② → ③)

21ページ

3 春から育ててきたホウセンカをかんさつしました。 1つ5点(20点)

(1) 春のころにくらべて、葉の数や草たけ、くきの太さは、どうなっていますか。

葉の数(ふえた。)
草たけ(高くなった。)
くきの太さ(太くなった。)

(2) ホウセンカの草たけを調べたところ、表のようになりました。アにあてはまる草たけを□からえらんで、かきましょう。

1cm　6cm　16cm

ホウセンカの草たけ

かんさつした日	4月24日	4月28日	5月8日	6月11日
草たけ	1cm	2cm	ア	15cm

(6cm)

できたらスゴイ!

4 植物の体のつくりをくらべました。 思考・表現 (1)は1つ10点、(2)はぜんぶできて10点(40点)

(1) ホウセンカの①〜③と同じ部分を、ア〜カからえらんで、すべてかきましょう。

①(ア、エ)　②(イ、オ)　③(ウ、カ)

(2) 植物の体のつくりについて、正しいものを2つえらび、○をつけましょう。

①(○)植物の体は、どれも、根・くき・葉からできている。
②(　)葉の形は、どの植物も同じである。
③(○)葉は、くきについている。

ふりかえり　1がわからないときは、18ページの2にもどってかくにんしてみましょう。
4がわからないときは、18ページの2にもどってかくにんしてみましょう。

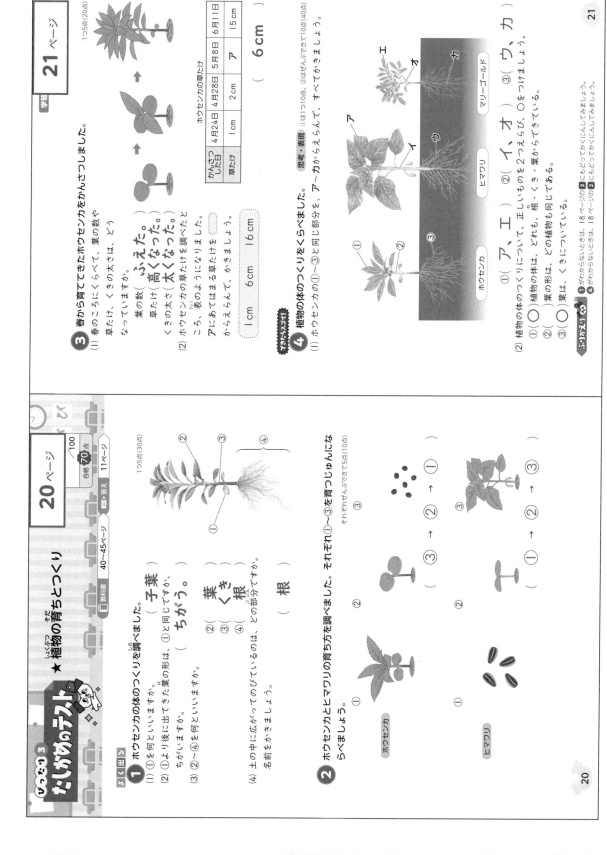

20〜21ページ　てびき

1 (1)たねから、はじめに子葉が出てきます。

(2)子葉より後に出てくる葉は、子葉とは形がちがいます。

(3)(4)葉はくきについています。根はくきからつながり、土の中に広がっています。

2 植物は、たねからめを出し、子葉を出します。その後、葉がふえて、草たけがのびます。どの植物も、育つじゅんは同じです。

3 (1)春にたねをまいた植物はせいちょうし、葉の数がふえ、草たけが高くなり、くきが太くなっています。

(2)育つにつれて草たけが高くなっていくことから、6cmがあてはまると考えられます。

4 植物によって形や大きさはちがいますが、どの植物にも、根・くき・葉があります。

4. 風とゴムの力のはたらき

①風の力のはたらき
②ゴムの力のはたらき

風の力や、ゴムの力が、ものを動かすはたらきをかくにんしよう。

教科書 48〜55ページ　答え 12ページ

下の（　）にあてはまる言葉をかくか、あてはまるものを○でかこもう。

1 風の強さで、ものを動かすはたらきはどうかわるだろうか。 教科書 48〜51ページ

▶風で動く車をつくり、風の強さをかえて、車が動いたきょりを調べます。
- 強い風を当てたとき、車が動いたきょりは（① **長い** ・ 短い ）。
- 弱い風を当てたとき、車が動いたきょりは（② 長い ・ **短い** ）。

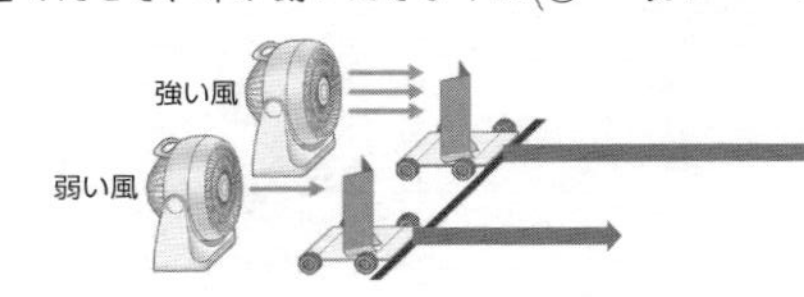

▶風の（③ 力 ）で、ものを動かすことができます。
- 風を弱くすると、ものを動かすはたらきは（④ 大きく ・ **小さく** ）なります。
- 風を強くすると、ものを動かすはたらきは（⑤ **大きく** ・ 小さく ）なります。

2 ゴムをのばす長さで、ものを動かすはたらきはどうかわるだろうか。 教科書 52〜55ページ

▶ゴムで動く車をつくり、ゴムをのばす長さをかえて、車が動いたきょりを調べます。
- わゴムをのばす長さが長いとき、車が動いたきょりは（① **長い** ・ 短い ）。
- わゴムをのばす長さが短いとき、車が動いたきょりは（② 長い ・ **短い** ）。

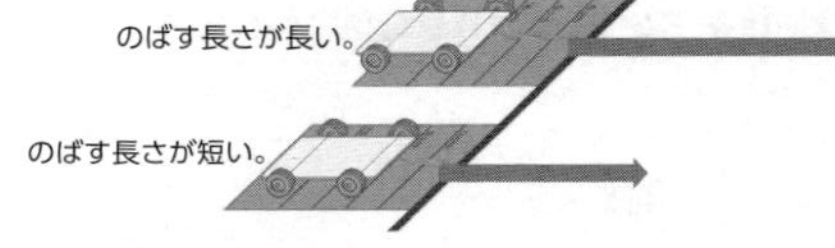

▶ゴムの（③ 力 ）で、ものを動かすことができます。
- ゴムを長くのばすほど、ものを動かすはたらきは（④ **大きく** ・ 小さく ）なります。

ここが だいじ！
①風の力で、ものを動かすことができます。
②風を弱くすると、ものを動かすはたらきは小さくなります。風を強くすると、ものを動かすはたらきは大きくなります。
③ゴムの力で、ものを動かすことができます。
④ゴムを長くのばすほど、ものを動かすはたらきは大きくなります。

ぴたトリビア　ばねをのばすと、ゴムと同じように、もとにもどろうとする力がはたらきます。

ぴったり2
練習
4. 風とゴムの力のはたらき

①風の力のはたらき
②ゴムの力のはたらき

教科書 48〜55ページ　答え 12ページ

1 送風きを使って、風で動く車に強さのちがう風を当てて、車が動いたきょりを調べました。㋐と㋑では、送風きのいちと向きはかえていません。

㋐
㋑

(1) 強い風と弱い風をそれぞれ車に当てたところ、㋐のほうが遠くまで動きました。強い風を当てたのは、㋐と㋑のどちらですか。
（ ㋐ ）

(2) （　）にあてはまる言葉をかきましょう。
①車に当てる風を強くすると、動くきょりは（ 長く ）なる。
②車に当てる風を弱くすると、動くきょりは（ 短く ）なる。
③風が強くなるほど、ものを動かすはたらきは（ 大きく ）なる。

2 わゴムをのばす長さをかえて、ゴムで動く車が動いたきょりを調べました。

㋐ わゴムをのばす長さが短い
㋑ わゴムをのばす長さが長い

(1) わゴムをのばす長さをかえて車を動かすとき、より遠くまで動くのは、㋐と㋑のどちらですか。
（ ㋑ ）

(2) （　）にあてはまる言葉をかきましょう。
①ゴムをのばす長さを長くすると、動くきょりは
（ 長く ）なる。
②ゴムをのばす長さを短くすると、動くきょりは
（ 短く ）なる。
③ゴムを長くのばすほど、ものを動かすはたらきは
（ 大きく ）なる。

23ページ　てびき

❶ 風の力で、ものを動かすことができます。風が強くなるほど、ものを動かすはたらきは大きくなるので、車に当てる風を強くすると、動くきょりは長くなります。

❷ ゴムの力で、ものを動かすことができます。ゴムをのばす長さを長くするほど、ものを動かすはたらきは大きくなるので、わゴムをのばす長さを長くすると、車が動くきょりは長くなります。

おうちのかたへ　4. 風とゴムの力のはたらき
送風機や輪ゴムを使って、風やゴムの力でものを動かすことができることを学習します。風やゴムの力でものを動かすことができるか、風やゴムの力の大きさを変えるとものの動く距離がどう変わるかを理解しているか、などがポイントです。

4. 風とゴムの力のはたらき

24ページ

/100 合格70点

教科書 46〜59ページ　答え 13ページ

よく出る

1 風で動く車に、強い風と弱い風を当てて、車が動いたきょりをくらべました。

1つ8点(32点)

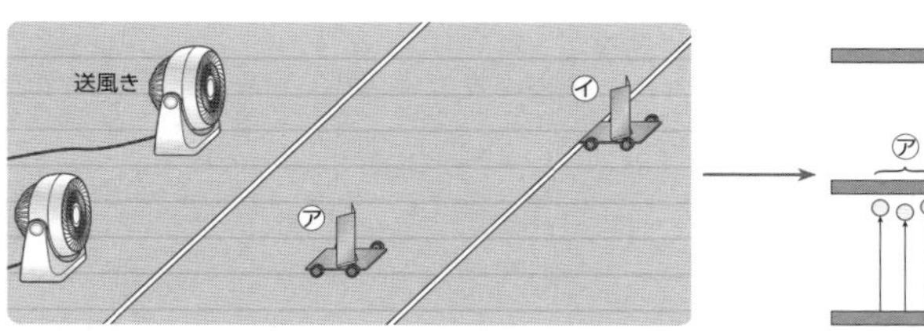

10m
㋑
㋐
5m
0m

(1) 車に風を当てるときのじっけんについて、正しいほうに○をつけましょう。 技能

①(　)送風きの、いちと向きは、ぜんぶかえる。

②(○)送風きの、いちと向きは、ぜんぶ同じにする。

(2) 上の図で、㋐は、強い風・弱い風のどちらの風を当てたけっかですか。

(　弱い風　)

(3) (　)にあてはまる言葉をかきましょう。

①車に当てる風が(　弱い　)ほうが、車が動いたきょりは短い。

②車に当てる風が(　強い　)ほうが、ものを動かすはたらきは大きくなる。

2 うちわであおいで、「ほ」をつけた車を動かしました。

(1)はぜんぶできて8点、(2)は8点(16点)

(1) 記述 うちわであおぐと車が動いたのはなぜですか。

(ほ(車))に(　風　)が当たったから。

(2) 車がより遠くまで動いたのはどちらですか。正しいほうに○をつけましょう。

①(○)強い風を当てたとき。　②(　)弱い風を当てたとき。

学習

25ページ

よく出る

3 ゴムで動く車を使って、ゴムの力のはたらきを調べました。

1つ8点(32点)

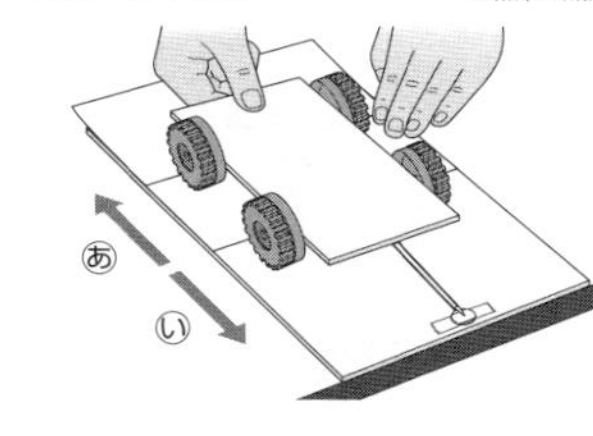

(1) 右の図で、手をはなすと、車はあといのどちらのほうに動きましたか。 技能

(　い　)

(2) 車が遠くまで動いたのはどちらですか。正しいほうに○をつけましょう。

①(○)わゴムをのばす長さが長いとき。

②(　)わゴムをのばす長さが短いとき。

(3) (　)にあてはまる言葉をかきましょう。

①わゴムをのばす長さが(　短い　)ほうが、車が動いたきょりは短い。

②わゴムをのばす長さが(　長い　)ほど、ものを動かすはたらきは大きくなる。

できたらスゴイ!

4 風で動く車やゴムで動く車を使って、風やゴムの力で車を走らせて、ねらったところに止めるゲームをしました。

思考・表現　1つ10点(20点)

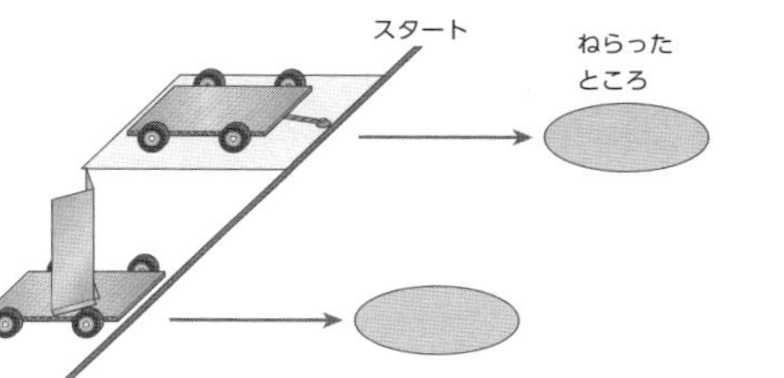

(1) はじめに風で動く車を走らせたところ、ねらったところより手前に止まりました。ねらったところに止めるには、どうすればよいですか。よいと思われるほうに○をつけましょう。

①(　)はじめより、風を弱くする。

②(○)はじめより、風を強くする。

(2) 記述 ゴムの力で動く車を走らせたところ、ねらったところを通りすぎて止まりました。ねらったところに止めるには、わゴムをどうすればよいですか。

(　はじめより、わゴムをのばす長さを短くする。　)

ふりかえり　1がわからないときは、22ページの1にもどってかくにんしてみましょう。
4がわからないときは、22ページの1や2にもどってかくにんしてみましょう。

24〜25ページ　てびき

1 (1)風の強さだけをかえてくらべられるようにします。

(2)(3)風が強くなるほど、ものを動かすはたらきが大きくなり、動くきょりも長くなります。

2 風を弱くすると、ものを動かすはたらきが小さくなります。風を強くすると、ものを動かすはたらきは大きくなります。

3 (1)わゴムをのばすと、もとにもどろうとする力がはたらくため、のばしたほうと反対のほうに動きます。

(2)(3)ゴムを長くのばすほど、ものを動かすはたらきは大きくなります。

4 (1)はじめより、風を強くすることで、車の動くきょりを長くします。

(2)はじめより、わゴムをのばす長さを短くすることで、車の動くきょりを短くします。

ぴったり1 じゅんび
★ 花のかんさつ
①花がさいたようす
26ページ
学習 花がさくころの植物の育つようすをかくにんしよう。
3分でまとめ
教科書 61～63ページ　答え 14ページ

下の(　)にあてはまる言葉をかこう。

1 植物は、どのように育っているのだろうか。　教科書 61～63ページ

▶植物の育ち
ホウセンカ
つぼみ ▶ 花 ▶ 花がさいた後
ヒマワリ
つぼみ ▶ 花 ▶ 花がさいた後

▶植物の草たけは(① 高く)なり、(② 葉)の数はふえ、くきが(③ 太く)なっています。
▶植物には、つぼみができて、(④ 花)がさきます。

これまでどのように育ってきたかな。見直してみよう。

ここがだいじ! ①植物の草たけは高くなり、葉の数はふえ、くきが太くなり、やがて花がさきます。

26　ぴたトリビア ヒマワリで、1この花に見えるものは、じつはたくさんの花が集まったものです。

ぴったり2 練習
★ 花のかんさつ
①花がさいたようす
27ページ
教科書 61～63ページ　答え 14ページ

1 育てているホウセンカに、花がさき始めました。①～⑤を育つじゅんにならべましょう。

①　②　③　④　⑤

(① → ④ → ⑤ → ③ → ②)

2 ホウセンカのようすを調べました。
(1) ①は何といいますか。
(つぼみ)
(2) ②は何といいますか。
(花)

①　②

ヒント 2 植物が育つと、つぼみができます。つぼみはやがて、花になります。　27

27ページ　てびき

1 ホウセンカなどの植物は、たねから子葉が出た後、葉が出ます。その後、草たけは高くなり、葉の数はふえ、くきが太くなり、やがて、花をさかせます。どの植物も、育つじゅんは同じです。

2 つぼみができた後に花がさきます。

おうちのかたへ　★ 花のかんさつ

「2. たねをまこう」「★ 植物の育ちとつくり」に続いて、植物の育つ順序と、植物の体について学習します。ここでは、開花の前後を扱います。植物の育ちをつぼみ、花などの用語(名称)を使って理解しているか、などがポイントです。

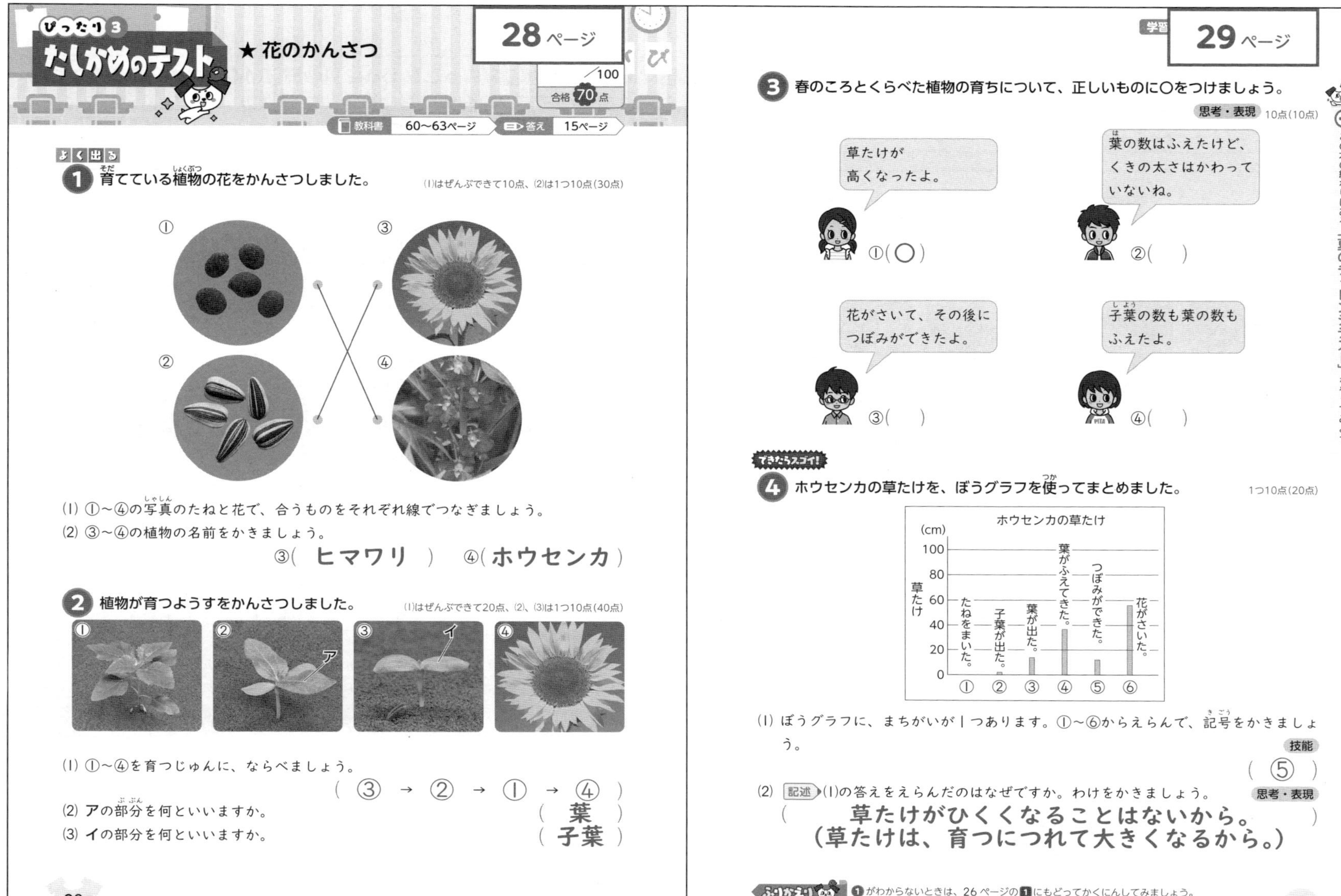

ぴったり3 たしかめのテスト ★花のかんさつ

28ページ　/100　合格70点

教科書 60〜63ページ　答え 15ページ

よく出る

1 育てている植物の花をかんさつしました。 (1)はぜんぶできて10点、(2)は1つ10点(30点)

①　②　③　④

(1) ①〜④の写真のたねと花で、合うものをそれぞれ線でつなぎましょう。

(2) ③〜④の植物の名前をかきましょう。

③(ヒマワリ)　④(ホウセンカ)

2 植物が育つようすをかんさつしました。 (1)はぜんぶできて20点、(2)、(3)は1つ10点(40点)

①　②　③　④　ア　イ

(1) ①〜④を育つじゅんに、ならべましょう。

(③ → ② → ① → ④)

(2) アの部分を何といいますか。　(葉)

(3) イの部分を何といいますか。　(子葉)

28

学習 29ページ

3 春のころとくらべた植物の育ちについて、正しいものに○をつけましょう。 思考・表現 10点(10点)

草たけが
高くなったよ。
①(○)
葉の数はふえたけど、
くきの太さはかわって
いないね。
②(　)
花がさいて、その後に
つぼみができたよ。
③(　)
子葉の数も葉の数も
ふえたよ。
④(　)

この本の終わりにある「夏のチャレンジテスト」をやってみよう！

できたらスゴイ！

4 ホウセンカの草たけを、ぼうグラフを使ってまとめました。 1つ10点(20点)

ホウセンカの草たけ
(cm)
100
80
60
40
20
0
草たけ
たねをまいた。
子葉が出た。
葉が出た。
葉がふえてきた。
つぼみができた。
花がさいた。
①
②
③
④
⑤
⑥

(1) ぼうグラフに、まちがいが1つあります。①〜⑥からえらんで、記号をかきましょう。 技能

(⑤)

(2) 記述 (1)の答えをえらんだのはなぜですか。わけをかきましょう。 思考・表現

(草たけがひくくなることはないから。
(草たけは、育つにつれて大きくなるから。))

ふりかえり 1 がわからないときは、26ページの1にもどってかくにんしてみましょう。
4 がわからないときは、26ページの1にもどってかくにんしてみましょう。

29

28〜29ページ　てびき

1 教科書やかんさつしてかいたきろくカードを見て、ホウセンカやヒマワリのたねと花をおぼえておきましょう。

2 写真の植物はヒマワリです。

(1)植物によって、大きさや形、色などはちがっても、育つじゅんは同じです。

3 春のころとくらべて、草たけは高くなり、葉の数はふえ、くきが太くなっています。つぼみができた後に花がさきます。

4 植物は、育つにつれて大きくなっていくので、草たけがひくくなることはありません。

ぴったり1 じゅんび　5. こん虫のかんさつ

①こん虫などのすみか
②こん虫の体のつくり　③こん虫の育ち

30ページ

こん虫のすみかや食べ物のつくり、育ち方をかくにんしよう。

教科書 68〜77ページ　答え 16ページ

下の(　)にあてはまる言葉をかこう。

1 こん虫などの虫がいるのは、どんな場所だろうか。（教科書 68〜71ページ）

▶こん虫などは、(① 食べ物)がある場所や、かくれるところがある場所に多くいます。
▶こん虫などは、まわりの(② しぜん)とかかわり合って生きています。

こん虫の名前	すみか	食べ物
ショウリョウバッタ	草むら	草の葉
カブトムシ	森や林	木のしる
アキアカネ	野山	ほかのこん虫

2 こん虫のせい虫の体は、どんなつくりになっているのだろうか。（教科書 72〜74ページ）

▶こん虫のせい虫の体は、どれも(① 頭)・(② むね)・(③ はら)の3つの部分からできていて、(②)には6本の(④ あし)があります。
▶どのこん虫も、(①)に、目や口、しょっ角があって、(②)には4まいのはねがついています。

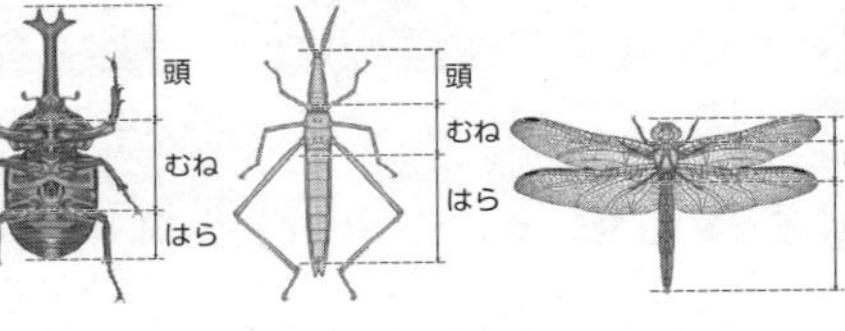

3 こん虫は、どんな育ち方をするのだろうか。（教科書 75〜77ページ）

▶チョウやカブトムシは、(① たまご)→(② よう虫)→(③ さなぎ)→(④ せい虫)のじゅんに育ちます。バッタやトンボは、(⑤ たまご)→(⑥ よう虫)→(⑦ せい虫)のじゅんに育ちます。
▶こん虫には、(⑧ さなぎ)になるものとならないものがいます。

ここがだいじ！
①こん虫などは、食べ物がある場所や、かくれるところがある場所に多くいて、まわりのしぜんとかかわり合って生きています。
②こん虫のせい虫の体は頭・むね・はらの3つの部分からできていて、むねに6本のあしがあります。
③こん虫には、たまご→よう虫→さなぎ→せい虫のじゅんに育つものと、たまご→よう虫→せい虫のじゅんに育つものがいます。

ぴたトリビア　動物は、ほかの動物や植物を食べて生きています。ほかの生き物なしでは生きられません。

ぴったり2 練習　5. こん虫のかんさつ

①こん虫などのすみか
②こん虫の体のつくり　③こん虫の育ち

31ページ

教科書 68〜77ページ　答え 16ページ

1 こん虫のすみかや食べ物を調べました。

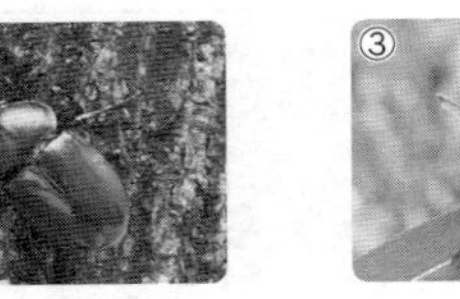
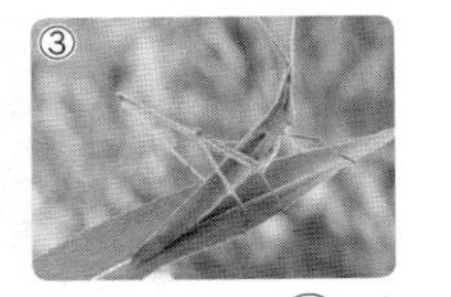

(1) ①〜③で、植物の葉を食べるこん虫はどれですか。(③)
(2) それぞれのこん虫は、どんな場所に多くいますか。かくれるところがある場所のほかに、1つかきましょう。(食べ物がある場所)

2 トンボの体のつくりを調べました。

(1) ①〜③の部分を何といいますか。(　)に名前をかきましょう。

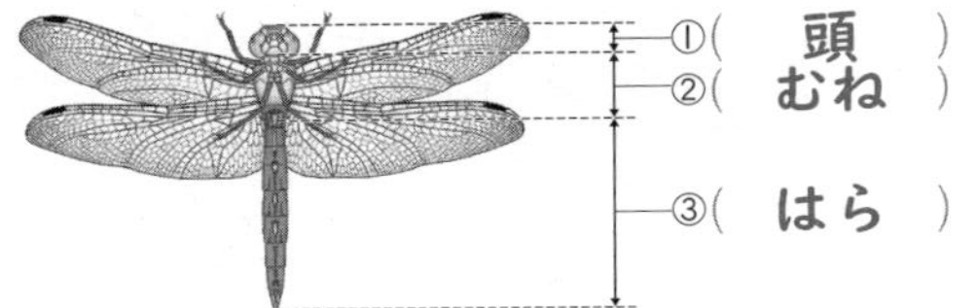

①(頭)
②(むね)
③(はら)

(2) 体はいくつの部分からできていますか。(3つ)
(3) あしはどの部分に何本ついていますか。(　)にあてはまる言葉や数をかきましょう。
(むね)に(6)本ついている。

3 こん虫の育ちを調べました。さなぎからせい虫になるものを、2つかきましょう。

(モンシロチョウ)と(カブトムシ)

ヒント ② トンボもこん虫です。チョウの体のつくりとくらべてみましょう。

おうちのかたへ　5. こん虫のかんさつ

「3. チョウを育てよう」に続いて、昆虫の育つ順序と、昆虫の体について学習します。また、昆虫と環境のかかわりを学習します。チョウの育ちや体のつくりをもとに、ほかの昆虫の育ちや体のつくりを理解しているか、昆虫の食べ物やすみかについて考えることができるか、などがポイントです。

31ページ　てびき

❶ ①はアキアカネ、②はカブトムシ、③はショウリョウバッタです。
(1)ショウリョウバッタは草むらにいて、植物(草)の葉を食べます。アキアカネはほかのこん虫などの動物を食べます。カブトムシは木のしるをなめます。

❷ こん虫のせい虫の体は、頭・むね・はらの3つの部分からできていて、むねに6本のあしがあります。

❸ モンシロチョウとカブトムシは、たまご→よう虫→さなぎ→せい虫のじゅんに育ちます。
ショウリョウバッタとアキアカネは、たまご→よう虫→せい虫のじゅんに育ち、さなぎにはなりません。

ぴったり3

5. こん虫のかんさつ

32ページ

/100 合格70点

教科書 66〜81ページ　答え 17ページ

1 カブトムシのせい虫の体のつくりをかんさつしました。 1つ4点(24点)

(1) ①〜③の部分を何といいますか。

①（　頭　）
②（　むね　）
③（　はら　）

カブトムシのせい虫の体のつくり
9月10日　3年1組　前田 れい子

①
②
③

(2) あしは、どの部分に何本ついていますか。（　）にあてはまる言葉や数をかきましょう。

・（　むね　）に（　6　）本ついている。

(3) 作図 右の図の中のカブトムシのむねの部分に、色をぬりましょう。 技能

2 こん虫のすみかや食べ物、育ちについて調べました。 (1)はぜんぶできて4点、(2)は1つ4点(16点)

①　②　③　④

(1) ①〜④のうち、さなぎからせい虫になるものはどれですか。すべてかきましょう。
（　③、④　）

(2) ア〜ウにあてはまるのは、①〜④のどのこん虫ですか。

ア　ほかのこん虫などを食べる。
イ　草むらにすんでいて、草の葉を食べる。
ウ　花のみつをすう。

ア（　②　）　イ（　①　）　ウ（　③　）

33ページ

3 こん虫の育ちについて、調べました。 (2)はぜんぶできて4点、(1)、(3)、(4)は1つ4点(32点)

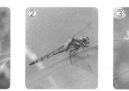

(1) ①はモンシロチョウのせい虫です。②〜④は何ですか。

①

②
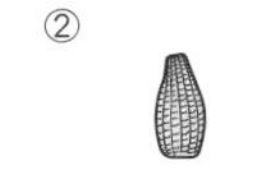
③
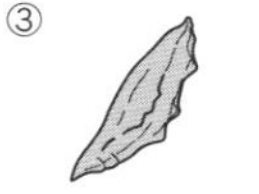
④

せい虫　（　たまご　）（　さなぎ　）（　よう虫　）

(2) どんな育ち方でせい虫になるのか、①〜④を育ちのじゅんにならべましょう。
（　②　→　④　→　③　→　①　）

(3) ①〜④で、皮をぬいで大きくなるのはどれですか。（　④　）

(4) ア〜ウのこん虫の中で、モンシロチョウと同じ育ちのじゅんでせい虫になるものには○を、ちがうものには×をつけましょう。

ア（○）カブトムシ
イ（×）ショウリョウバッタ
ウ（○）アゲハ

できたらスゴイ!

4 生き物の体のつくりを調べて、くらべました。 1つ4点(28点)

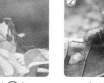

(1) ①〜④で、こん虫には○を、こん虫でないものには×をつけましょう。

①　②　③　④

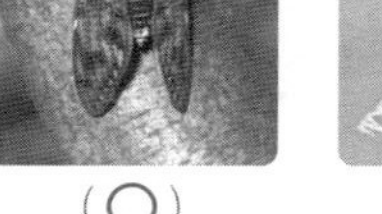

（○）　（×）　（○）　（×）

(2) 次の（　）にあてはまる数をかきましょう。 思考・表現

こん虫のせい虫の体は頭・むね・はらの（　3　）つの部分からできているが、クモの体のつくりはちがう。

こん虫のせい虫のむねには（　6　）本のあしがあるが、クモは（　8　）本のあしがある。

ふりかえり
1がわからないときは、30ページの2にもどってかくにんしてみましょう。
4がわからないときは、30ページの2にもどってかくにんしてみましょう。

32〜33ページ　てびき

1 こん虫のせい虫の体は、頭・むね・はらの3つの部分からできています。6本のあしがついている部分がむねです。

2 ①はショウリョウバッタ、②はアキアカネ、③はモンシロチョウ、④はカブトムシです。

(1)バッタとトンボは、たまご→よう虫→せい虫のじゅんに育ちます。さなぎにはなりません。

(2)カブトムシは森や林にいて、木のしるをなめます。

3 (3)よう虫は、皮をぬいで大きくなります。

(4)ショウリョウバッタは、さなぎになりません。

4 ①はオオカマキリ、②はダンゴムシ、③はアブラゼミ、④はコガネグモです。

こん虫のせい虫のむねには、6本のあしがありますが、ダンゴムシには14本、クモには8本のあしがあります。

34ページ

★ 植物の一生
①実ができたようす
②かんさつのまとめ

植物がたねから育ってかれるまでの育ち方をかくにんしよう。

教科書 83～85ページ　答え 18ページ

下の(　)にあてはまる言葉をかくか、あてはまるものを○でかこもう。

1 花がさいた後の植物は、どうなっていくのだろうか。 教科書 83～85ページ

▶植物は花がさいた後、(① **実**)ができ、しばらくするとかれます。
(①)の中には、(② **たね**)ができています。

▶ホウセンカの一生

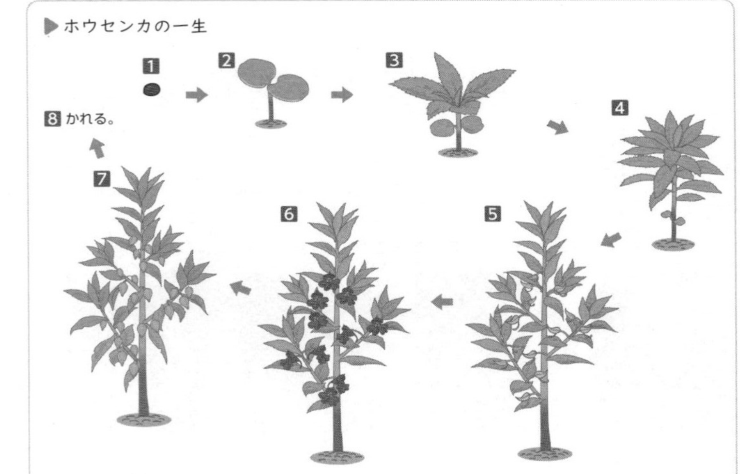

1たね。 → 2めが出て、(③ **子葉**)が出る。 → 3(④ **葉**)が出る。
→ 4草たけは高くなり、(⑤ **葉**)の数はふえ、(⑥ **くき**)が太くなる。
→ 5つぼみができる。 → 6(⑦ **花**)がさく。
→ 7(⑧ **実**)ができ、中に(⑨ **たね**)ができる。 → 8かれる。

▶植物の育つじゅんは、どれも(⑩ (同じです) ・ ちがいます)。

ここがだいじ！
①花がさいた後、実ができ、かれます。実の中には、たねができます。
②植物はどれも、同じじゅんで育ちます。

ぴたトリビア 植物の実には、ミカンのようにヒトが食べられるものがあります。ミカンを食べるときに、ミカンのたねを見つけられることがあります。

35ページ

★ 植物の一生
①実ができたようす
②かんさつのまとめ

教科書 83～85ページ　答え 18ページ

1 花がさいた後のホウセンカとヒマワリを調べました。

①　③
②　④

(1) 花と、花がさいた後で、同じ植物をそれぞれ線でつなぎましょう。
(2) 花がさいた後にできたものは何ですか。　(**実**)
(3) (2)の中にできたものは何ですか。　(**たね**)

2 植物の一生をまとめました。

(1) ①～③にあてはまる言葉を、[　]からえらんで、かきましょう。

花　つぼみ　実

たねをまいた。 → 子葉が出た。 → 葉が出た。 → (① **つぼみ**)ができた。 → (② **花**)がさいた。 → (③ **実**)ができた。 → かれた。

(2) 植物の育つじゅんで、正しいのはアとイのどちらですか。　(**イ**)
ア　育つじゅんは、植物によってちがいます。
イ　育つじゅんは、どの植物も同じです。

35ページ　てびき

1 (1)①・④はホウセンカ、②・③はヒマワリです。教科書やかんさつしてかいたきろくカードを見て、ホウセンカやヒマワリの花と実をおぼえておきましょう。
(2)花がさいた後、実ができます。
(3)実の中には、たねができます。

2 (1)つぼみから花をさかせ、実をつけて、やがてかれます。実の中には、たねができます。
(2)植物の育つじゅんは、どれも同じです。

おうちのかたへ
実やたねがどのようにできるか(受粉や結実のしくみ)は、5年で学習します。3年では、花が咲き、実ができ、その実の中にたねができるという育ち方を、観察した事実として捉えます。

おうちのかたへ ★ 植物の一生
「2.たねをまこう」「★ 植物の育ちとつくり」「★ 花のかんさつ」に続いて、植物の育つ順序と、植物の体について学習します。ここでは、花が咲いてから枯れるまでを扱います。根・茎・葉の変化とともに植物の一生を理解しているか、などがポイントです。

ぴったり3
たしかめのテスト ★植物の一生

36ページ

/100 合格70点

教科書 82~89ページ　答え 19ページ

よく出る

1 植物の育ち方を調べました。 (1)はぜんぶできて10点、(2)、(3)は1つ5点(25点)

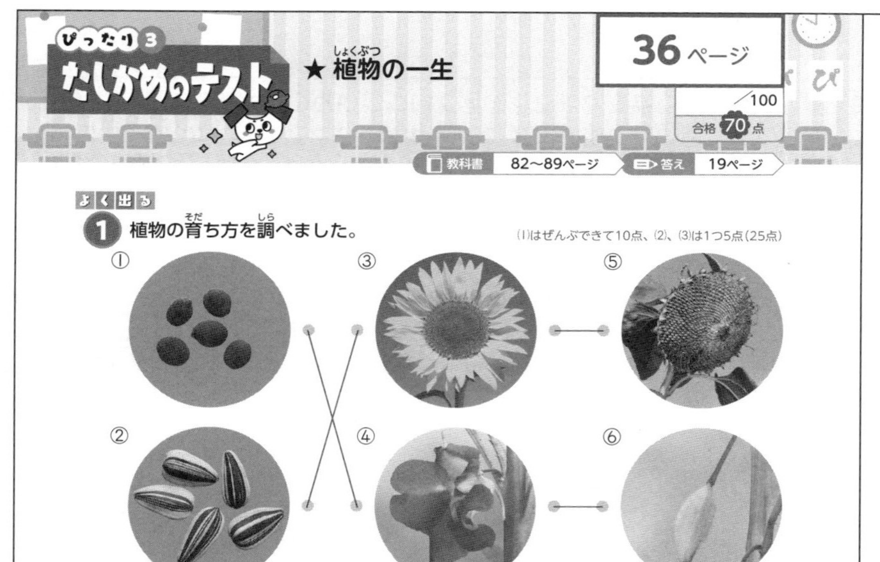

(1) 上の写真で、たね、花、実で同じ植物を、それぞれ線でつなぎましょう。

(2) 植物は、実ができた後、さいごにどうなりますか。

(かれる。)

(3) ⑤と⑥の植物の名前をかきましょう。

⑤(ヒマワリ)　⑥(ホウセンカ)

2 ヒマワリが育つようすをかんさつしました。 (1)はぜんぶできて10点、(2)は5点(15点)

①　②　③　④ ア　⑤

(1) ①~⑤を、たねから育つじゅんに、ならべましょう。

たね→(④)→(③)→(①)→(⑤)→(②)

(2) アを何といいますか。

(子葉)

37ページ

学習

3 植物の育ちについて、正しいものに○をつけましょう。 思考・表現 12点(12点)

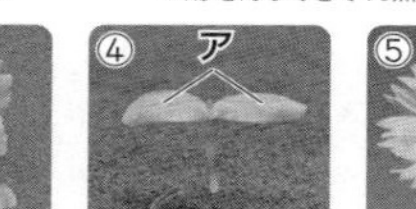

実ができたところに花がさきます。

①(　)

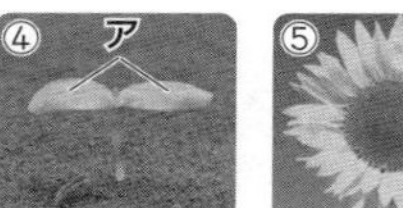

実は、花がさいたところにできます。

②(○)

1つのたねから育って、1つの実ができます。

③(　)

実は、葉がついていたところにできます。

④(　)

できたらスゴイ!

4 ホウセンカの一生を、ふり返りました。 1つ6点(48点)

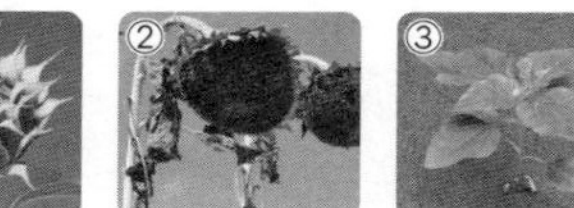

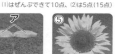

(1) ホウセンカのア~ウをそれぞれ何といいますか。

ア(葉)　イ(くき)　ウ(根)

(2) 植物の育ちについて、①~⑤にあてはまる言葉をかきましょう。

- 植物は1つの(① たね)から育っていきます。
- たねからめが出て、(② 子葉)が出た後、やがて葉が出ます。
- 草たけは高くなり、葉の数はふえ、くきが太くなると、やがて(③ 花)がさきます。
- 花がさいた後、(④ 実)ができ、かれます。
- 実の中には、(⑤ たね)ができています。

ふりかえり

1がわからないときは、34ページの1にもどってかくにんしてみましょう。
4がわからないときは、34ページの1にもどってかくにんしてみましょう。

36~37ページ てびき

1 (1)ホウセンカやヒマワリのつぼみ・花・実・たね・かれたようすをしっかりおぼえておきましょう。
(2)花がさき、実ができ、かれます。実の中にはたねができます。

2 (1)ヒマワリの育つじゅんは、ホウセンカと同じです。
(2)たねから、はじめに出てきた葉を、子葉といいます。

3 花がさいた後、実ができます。実の中にはたねができています。

4 植物の育つじゅんや、植物の体のつくりをせつめいできるようにしておきましょう。

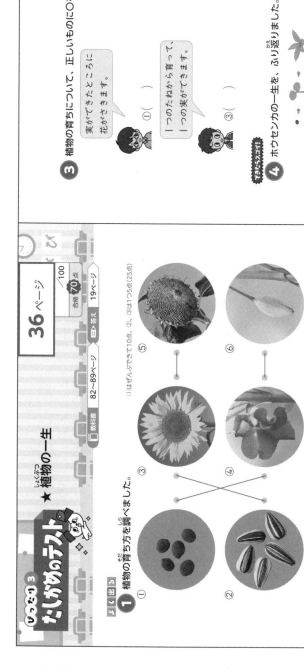

ぴったり1 じゅんび

6. かげと太陽

①かげのでき方と太陽
②かげの向きと太陽のいち(1)

38ページ

かげのでき方と太陽のいちがどうなっているか、かくにんしよう。

教科書 92～97ページ　答え 20ページ

下の(　)にあてはまる言葉をかくか、あてはまるものを○でかこもう。

1 かげは、どんなところにできるのだろうか。　教科書 92～94ページ

- 太陽の光のことを(① **日光**)といいます。
- (①)をさえぎるものがあると、(② **かげ**)ができます。
- かげは、太陽の(③ 同じ ・ (反対))がわにできます。
- もののかげは、どれも(④ (同じ) ・ ちがう)向きにできます。
- 太陽を見るときは、(⑤ **しゃ光板**)を使います。

目をいためるので、太陽をちょくせつ見てはいけないよ。

2 ほういじしんはどう使えばよいのだろうか。　教科書 95～97ページ

- ほういを調べるときは、(① **ほういじしん**)を使います。
- ほういじしんのはりは、北と南を指して止まり、はりの色がついたほうが(② **北**)を指します。
- ほういじしんは、(③ **水平**)に持ちます。
- はりの動きが止まったら、文字ばんを回して、(④ **北**)の文字をはりの色のついたほうに合わせ、ほういを読みます。

ほういじしんは、じしゃくや鉄でできたものの近くで使わないようにしよう。

ここがだいじ！
①太陽の光(日光)をさえぎるものがあると、かげは太陽の反対がわに、どれも同じ向きにできます。
②ほういじしんを使うと、ほういを調べることができます。

ぴたトリビア　かげの長さは、太陽が南の高いところにあるときは短くなり、西や東のひくいところにあるときは長くなります。

38

ぴったり2 練習

6. かげと太陽

①かげのでき方と太陽
②かげの向きと太陽のいち(1)

39ページ

教科書 92～97ページ　答え 20ページ

1 晴れた日に、木のかげができるようすを調べました。

(1) 日光が木に当たると、木のかげは太陽のどちらがわにできますか。
(**反対がわ**)

(2) 太陽が雲にかくれると、できていた木のかげはどうなりますか。
(**見えなくなる。**)

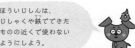

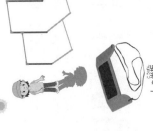

2 日光が当たってできた木のかげの向きと人のかげの向きを調べました。

(1) 人のかげは、①～③のどの向きにできていると考えられますか。
(②)

(2) 太陽を見るときに使う道具を、何といいますか。
(**しゃ光板**)

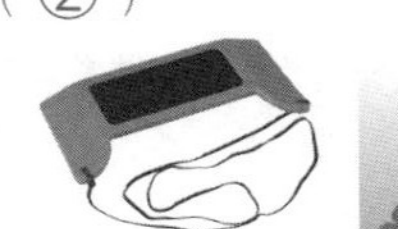

3 ほういじしんの使い方を調べました。

(1) ほういじしんのはりの色がついたほうは、東西南北のどのほういを指しますか。
(**北**)

(2) ほういじしんのはりの動きが止まった後、文字ばんの合わせ方で正しいのは、①と②のどちらですか。

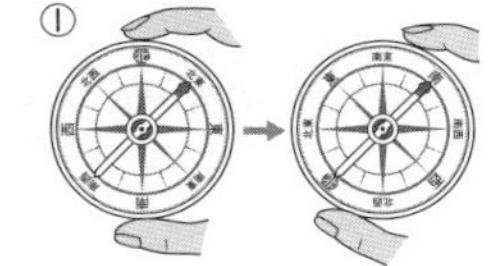
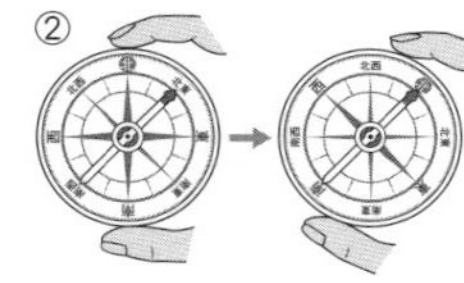
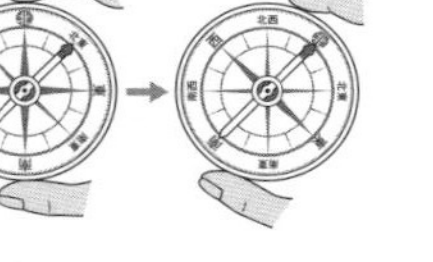

(②)

ヒント ③ (2)はりの色のついたほうに文字ばんの「北」の文字が合うように、文字ばんを回します。

39

おうちのかたへ　6. かげと太陽

日光により影ができること、太陽が動くと影も動くこと、日なたと日かげではようすが違うことを学習します。太陽と影(日かげ)との関係が考えられるか、日なたと日かげの違いについて考えることができるか、などがポイントです。

39ページ　てびき

1 (1)かげは太陽の反対がわにできます。
(2)日光をさえぎるものがあると、かげができます。日光が当たらなければ、かげはできません。

2 (1)かげはどれも同じ向きにできるため、人のかげは木のかげと同じ向きにできます。
(2)目をいためるので、ぜったいに太陽をちょくせつ見てはいけません。

3 (1)ほういじしんのはりの色がついたほうは、北を向いて止まります。
(2)ほういじしんのはりの動きが止まってから、文字ばんを回して、「北」の文字をはりの色のついたほうに合わせます。

おうちのかたへ
一般的な方位磁針は、はりの色がついているほうが北を指します。なお、方位磁針が磁石の性質を利用していること、磁石のN極が北を指し、S極が南を指して止まることは、「9. じしゃくのふしぎ」で学習します。

6. かげと太陽

②かげの向きと太陽のいち(2)

時間がたつとかげの向きがなぜかわるのかをかくにんしよう。

教科書 98〜99ページ　答え 21ページ

下の(　)にあてはまる言葉をかくか、あてはまるものを○でかこもう。

1 どうして、かげの向きがかわったのだろうか。

教科書 98〜99ページ

▶かげは、太陽の(① **反対**)がわにできます。

▶時間がたつと、かげの向きは(② 東・(西))から(③ (東)・西)へとかわります。

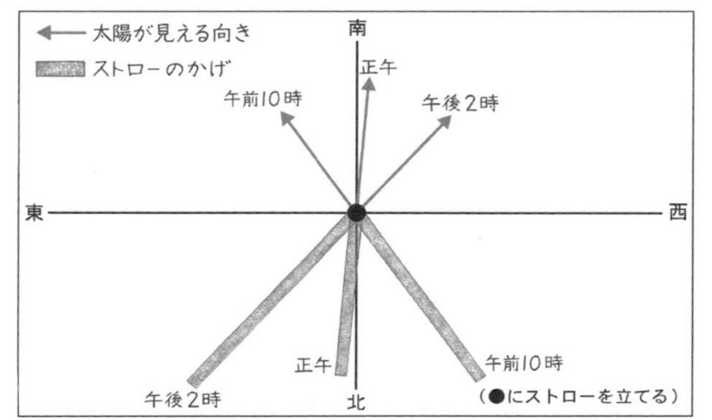

▶かげの向きがかわるのは、(④ **太陽**)のいちがかわるからです。

▶時間がたつと、太陽のいちは、(⑤ **東**)から(⑥ **南**)の空の高いところを通り、(⑦ **西**)へとかわります。

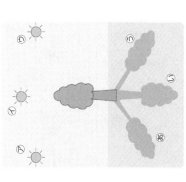

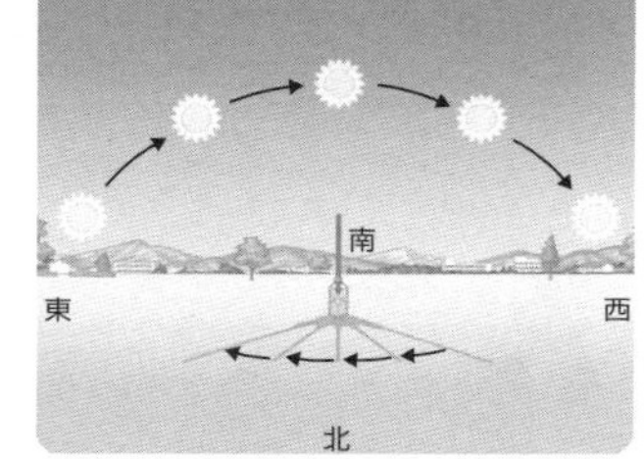

ここがだいじ!
①かげの向きがかわるのは、太陽のいちがかわるからです。
②時間がたつと、太陽のいちは東から南の空の高いところを通り、西へとかわります。

ぴたトリビア　時間がたつと、かげの向きがかわることをりようして、およその時こくを調べることができます。そのことをりようした時計を日時計といいます。

ぴったり2

練習

6. かげと太陽

②かげの向きと太陽のいち(2)

教科書 98〜99ページ　答え 21ページ

1 太陽のいちと木のかげができるようすを調べました。

(1) 太陽が㋐、㋑、㋒のいちにあるとき、木のかげはそれぞれあ〜うのどこにできますか。

㋐(う)　㋑(い)　㋒(あ)

(2) 太陽が㋐→㋑→㋒と動くとき、木のかげの向きはどのようにかわりますか。正しいものに○をつけましょう。

①(　)あ→い→う
②(　)い→う→あ
③(○)う→い→あ
④(　)い→あ→う

2 太陽のいちと男の子のかげのできるようすを調べました。

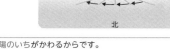

(1) 図のように男の子のかげができたとき、太陽は㋐〜㋒のどのいちにありますか。
(㋑)

(2) 午後3時ごろの太陽は、㋐〜㋒のどのいちにありますか。
(㋒)

(3) 太陽のいちは、時間がたつと、あといのどちらへとかわりますか。
(あ)

(4) かげのいちは、時間がたつと、うとえのどちらへとかわりますか。
(え)

ヒント ① かげは、太陽の反対がわにできます。

41ページ　てびき

1 (1)かげは、太陽の光(日光)をさえぎるものがあると、太陽の反対がわにできます。

(2)かげは、太陽と反対の向きに動きます。

2 時間がたつと、太陽のいちは、東から南の空の高いところを通り、西へとかわります。

(2)太陽のいちは、正午ごろに南の空の高いところを通り、午後3時には西へとかわります。

(4)太陽のいちとは反対に、かげの向きは西から東へとかわります。

ぴったり1 じゅんび

6. かげと太陽

③日なたと日かげの地面

42ページ

日なたと日かげの地面のようすはどうちがうのか、かくにんしよう。

教科書 100~104ページ　答え 22ページ

下の(　)にあてはまる言葉をかくか、あてはまるものを○でかこもう。

1 日なたと日かげの地面のあたたかさは、どれぐらいちがうのだろうか。 教科書 100~104ページ

▶よく晴れた日には、日光が当たっている(① (日なた)・ 日かげ)と、日光がさえぎられている(② 日なた ・(日かげ))ができます。

▶日なたと日かげの地面のちがい

	日なた	日かげ
明るさ	(③ 明るい)	暗い
あたたかさ	(④ あたたかい)	つめたい
しめりぐあい	(⑤かわいている)	しめっている

日かげのほうがすずしいよね。

▶地面の温度のはかり方

・地面の土を少しほって、温度計の(⑥ えきだめ)を入れて、うすく土をかぶせます。

・日なたでは、温度計にちょくせつ(⑦ 日光)が当たらないように、おおいをしてはかります。

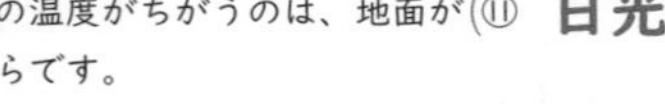

▶温度計の目もりの読み方

・えきの先が動かなくなってから、えきの先の(⑧ 目もり)を真横から読みます。

・温度計がななめになっているときは、温度計と(⑨ 直角)になるようにして読みます。

▶日なたの地面の温度は、日かげの地面の温度よりも(⑩ (高く)・ ひくく)なります。また、午前9時より正午のほうが高くなります。

▶このように、地面の温度がちがうのは、地面が(⑪ 日光)であたためられるからです。

ここがだいじ!
①日なたと日かげの地面では、明るさやあたたかさ、しめりぐあいにちがいがあります。
②日なたの地面の温度は、日かげの地面の温度より高くなります。
③地面の温度がちがうのは、地面が日光であたためられるからです。

ぴたトリビア　昼は太陽の光によって地面があたためられます。昼に地面が太陽からうけとったねつは、夜にうちゅうへにげます。そのため、夜は温度が下がります。

ぴったり2 練習

6. かげと太陽

③日なたと日かげの地面

43ページ

教科書 100~104ページ　答え 22ページ

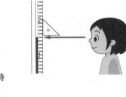

1 よく晴れた日に、日なたと日かげの地面のようすを調べました。

(1) 明るいのは、日なたと日かげのどちらですか。　(日なた)

(2) しめっているのは、日なたと日かげのどちらですか。　(日かげ)

(3) あたたかく感じるのは、日なたと日かげのどちらですか。　(日なた)

2 よく晴れた日に、日なたと日かげの地面の温度をはかりました。

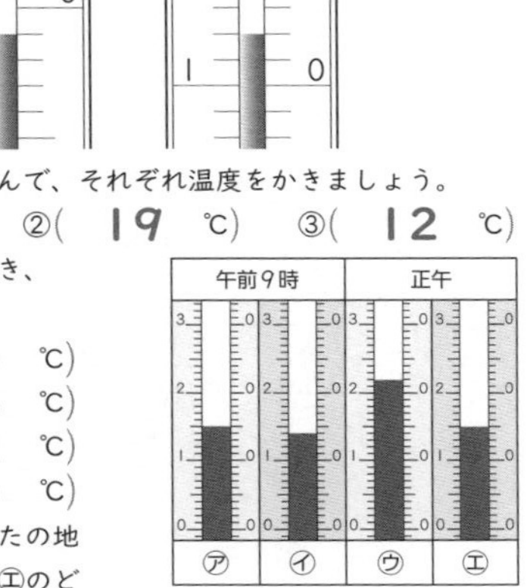

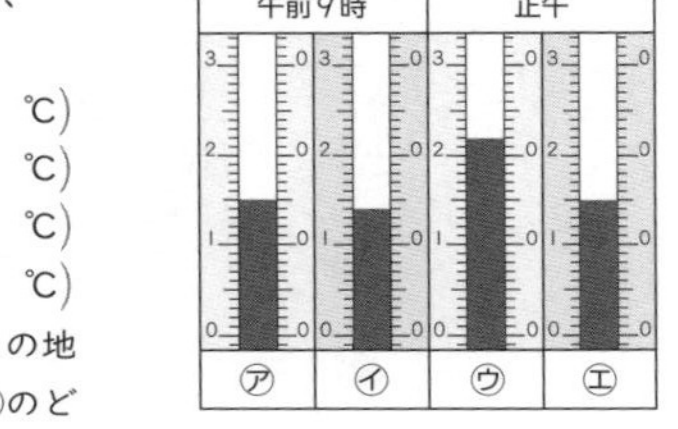

(1) ①~③は温度計の一部です。目もりを読んで、それぞれ温度をかきましょう。
①(22 ℃)　②(19 ℃)　③(12 ℃)

(2) 温度をはかって右の図のようになったとき、㋐~㋓の温度は何℃ですか。
㋐(15 ℃)
㋑(14 ℃)
㋒(22 ℃)
㋓(15 ℃)

(3) 午前9時では、㋐と㋑のどちらが、日なたの地面の温度ですか。また、正午では、㋒と㋓のどちらが、日なたの地面の温度ですか。
午前9時(㋐)　正午(㋒)

(4) 日なたの地面の温度は、午前9時と正午ではどちらが高いですか。　(正午)

ヒント ❷ 温度計の1目もりは1℃です。

43ページ　てびき

❶ 日なたの地面は、明るく、あたたかく、かわいています。
日かげの地面は、暗く、つめたく、しめっています。

❷ (1)温度計の目もりを正しく読めるようにしましょう。
(3)日なたは日光によってあたためられるため、日かげより温度が高くなります。そのため、午前9時では㋐、正午では㋒が日なたの地面の温度と考えられます。
(4)地面が日光によりあたためられるため、午前9時より正午のほうが、地面の温度が高くなります。

6. かげと太陽

44ページ

合格70点 /100

教科書 90~107ページ　答え 23ページ

1 太陽のいちとかげの向きを調べました。 (1)~(3)は1つ5点、(4)はぜんぶできて10点(25点)

(1) ぼうのかげが㋐のようにできています。
太陽は、東西南北のどちらにありますか。
(南)

(2) かげのでき方で、正しいほうに○をつけましょう。
ア(○)かげは、太陽の反対がわにできる。
イ(　)かげは、太陽と同じがわにできる。

(3) ぼうのかげが㋐のようにできるとき、女の子のかげは㋑、㋒、㋓のどこにできますか。
(㋒)

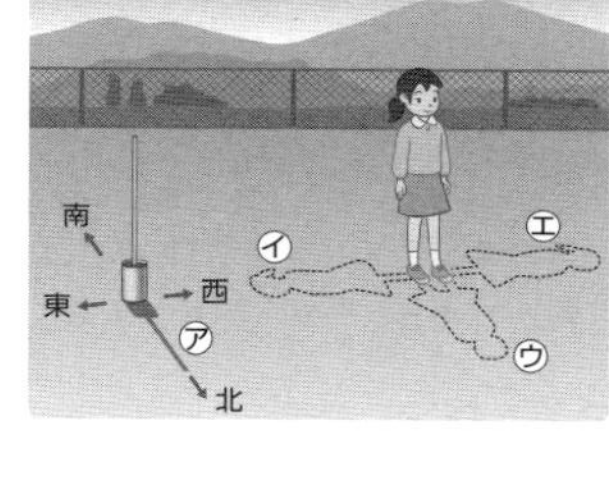

(4) 時間がたつと、太陽のいちはどのようにかわりますか。①~③に、東、西、南、北のうちあてはまるものをそれぞれかきましょう。

時間がたつと、太陽のいちは、(① 東)から(② 南)の空の高いところを通り、(③ 西)へとかわる。

2 ほういじしんを使うと、ほういを調べることができます。 技能 1つ5点(10点)

(1) はりの色がついたほうは、どのほういを指しますか。
(北)

(2) はりの動きが止まった後、文字ばんの合わせ方で正しいものは、①と②のどちらですか。
(②)

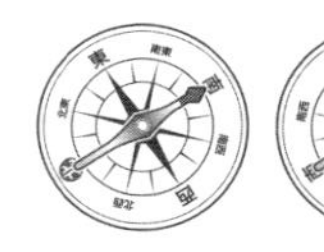

よく出る

3 よく晴れた日に、日なたと日かげの地面のようすを調べました。 1つ5点(15点)

(1) 明るいのは、日なたと日かげの地面のどちらですか。　(日なた)
(2) しめっているのは、日なたと日かげの地面のどちらですか。　(日かげ)
(3) あたたかいのは、日なたと日かげの地面のどちらですか。　(日なた)

45ページ

4 温度計を使うと、温度を調べることができます。 1つ5点(15点)

(1) 温度計がななめになっているときの目もりの読み方で、正しいほうに○をつけましょう。

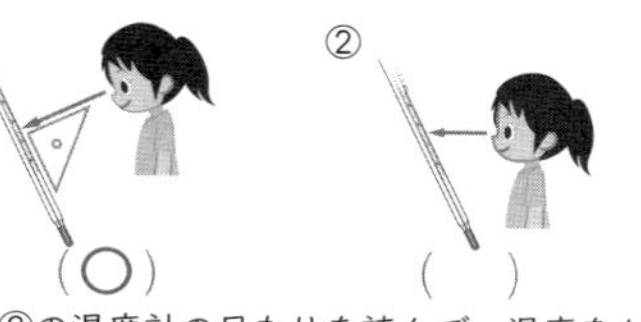

①(○)　②(　)

(2) ①、②の温度計の目もりを読んで、温度をかきましょう。
①(14 ℃)　②(16 ℃)

できたらスゴイ!

5 かげの向きと太陽の動きや、日なたと日かげの地面の温度を調べました。 思考・表現 (1)と(3)は1つ5点、(2)と(4)は1つ10点(35点)

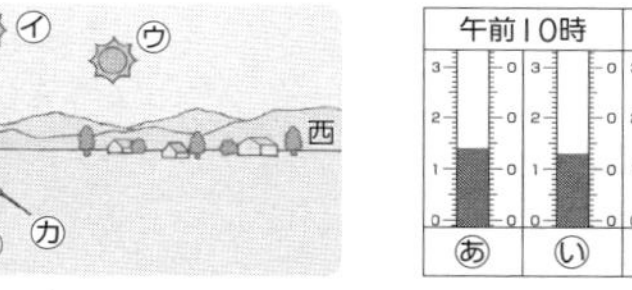

午前10時　正午
あ　い　あ　い

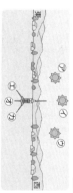

(1) 上の図は、太陽のいちとかげの向きをそれぞれ午前10時、正午、午後2時に調べたものです。
①午前10時の太陽のいちは、㋐~㋒のどれですか。　(㋐)
②午前10時のぼうのかげは、㋓~㋕のどれですか。　(㋕)

(2) 記述 時間がたつと、かげの向きがかわるのはなぜですか。
(太陽のいちがかわるから(太陽が動くから)。)

(3) 日なたの温度は、上のきろくのあといのどちらですか。　(あ)

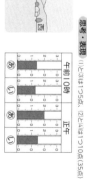

(4) 記述 日なたと日かげで、地面の温度がちがうのはなぜですか。
(日なたの地面は日光であたためられるから。)

ふりかえり
3がわからないときは、42ページの1にもどってかくにんしてみましょう。
5がわからないときは、40ページの1と42ページの1にもどってかくにんしてみましょう。

44~45ページ　てびき

1 (1)かげは、太陽の反対がわにできることから考えます。
(3)かげは、どれも同じ向きにできることから考えます。

2 文字ばんの「北」とはりの色がついたほうを合わせて、ほういを読みます。

3 日なたの地面は、明るく、あたたかく、かわいています。日かげの地面は、暗く、つめたく、しめっています。

4 (1)温度計の目もりを読むときは、温度計と直角になるようにして、えきの先の目もりを読みます。

5 (1)かげは太陽の反対がわにできるため、午前10時では西のほうにできます。
(2)太陽のいちがかわると、かげの向きもかわります。
(3)(4)日なたの地面は日光が当たり、あたためられます。日かげの地面は日光が当たらないので、あたためられません。

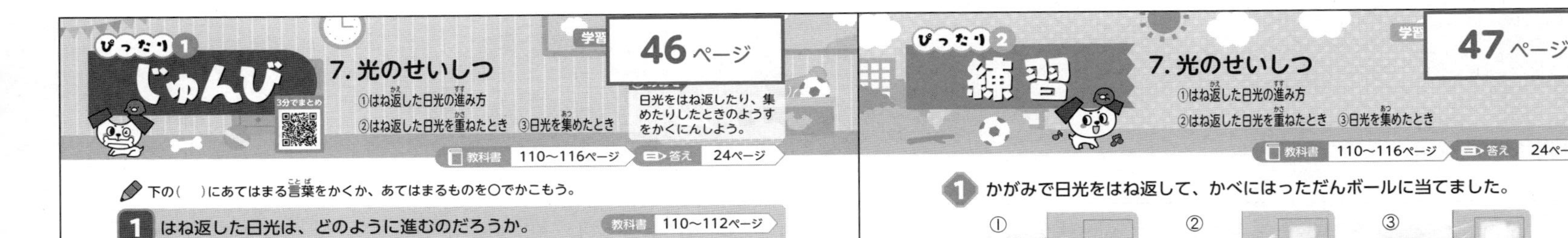

46ページ

ぴったり1 じゅんび

7. 光のせいしつ

①はね返した日光の進み方　②はね返した日光を重ねたとき　③日光を集めたとき

日光をはね返したり、集めたりしたときのようすをかくにんしよう。

教科書 110〜116ページ　答え 24ページ

下の（　）にあてはまる言葉をかくか、あてはまるものを○でかこもう。

1 はね返した日光は、どのように進むのだろうか。 教科書 110〜112ページ

▶日光は（① **かがみ** ）ではね返すことができます。
▶はね返した日光は、（② **まっすぐ** ）に進みます。

2 はね返した日光を重ねると、明るさやあたたかさはどうなるだろうか。 教科書 113〜114ページ

▶かがみではね返した日光が当たったところは、（① (明るく) ・ 暗く ）、（② (あたたかく) ・ つめたく ）なります。

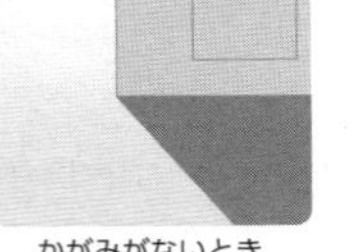
かがみがないとき

かがみが１まいのとき

かがみが３まいのとき

かがみのまい数	0まい	1まい	3まい
明るさ	暗い	明るい	1まいのときより明るい
温度	21℃	27℃	35℃

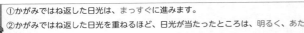

▶かがみではね返した日光を重ねるほど、日光が当たったところは、（③ **明るく** ）、（④ **あたたかく** ）なります。

3 虫めがねで日光を集めると、どうなるだろうか。 教科書 115〜116ページ

▶虫めがねを使うと、（① **日光** ）を集めることができます。
▶虫めがねで日光を集めたところを小さくするほど、（② **明るく** ）、（③ **あつく** ）なります。

①かがみではね返した日光は、まっすぐに進みます。
②かがみではね返した日光を重ねるほど、日光が当たったところは、明るく、あたたかくなります。
③虫めがねは日光を集めることができます。日光を集めたところを小さくするほど、明るく、あつくなります。

白いものより、黒いもののほうが光をよくきゅうしゅうします。

46

47ページ

ぴったり2 練習

7. 光のせいしつ

①はね返した日光の進み方　②はね返した日光を重ねたとき　③日光を集めたとき

教科書 110〜116ページ　答え 24ページ

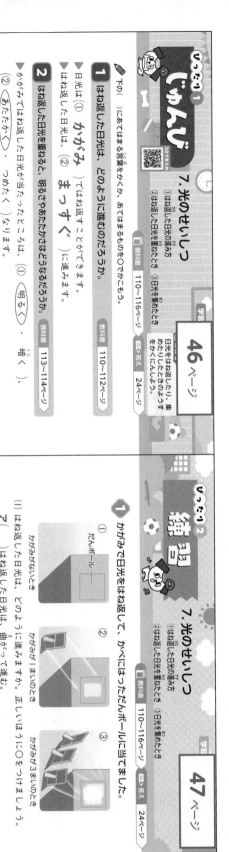

1 かがみで日光をはね返して、かべにはっただんボールに当てました。

かがみがないとき

かがみが１まいのとき

③ かがみが３まいのとき

(1) はね返した日光は、どのように進みますか。正しいほうに○をつけましょう。
ア（　）はね返した日光は、曲がって進む。
イ（○）はね返した日光は、まっすぐに進む。

(2) ②で、日光を当てたところの明るさは、①で、はね返した日光を当てていないときとくらべてどうなりますか。正しいものに○をつけましょう。
ア（○）明るくなる。
イ（　）暗くなる。
ウ（　）明るさはかわらない。

(3) ②と③で、日光を３分間当ててから、日光を当てたところの温度をはかるとどうなりますか。正しいものに○をつけましょう。
ア（　）②の温度のほうが高い。
イ（○）③の温度のほうが高い。
ウ（　）温度は同じ。

2 虫めがねを使って、黒い紙に日光を集めました。①のほうが、②より、黒い紙の上の明るいところが小さいです。

(1) ①と②で、日光を集めたところがより明るいのはどちらですか。（ ① ）

(2) ①と②で、日光を集めたところがこげて、けむりが出るのはどちらですか。（ ① ）

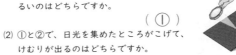

2 (2)黒い紙がこげてけむりが出るのは、あつくなるためです。

47

おうちのかたへ　7. 光のせいしつ
鏡や虫眼鏡を使い、光の進み方や日光を当てたときの明るさやあたたかさについて学習します。日光は鏡で反射し直進することや、鏡や虫眼鏡で日光を集光したときのようすを理解しているか、などがポイントです。

47ページ　てびき

1 (2)(3)はね返した日光が当たったところは、明るく、あたたかく（温度が高く）なります。はね返した日光を重ねるほど、日光が当たったところは、より明るく、よりあたたかく（温度が高く）なります。

2 (1)虫めがねで日光を集めたところを小さくするほど、明るく、あつくなります。
(2)日光が集まったところを小さくするほどあつくなるので、黒い紙に当てると、紙がこげてけむりが出ます。

おうちのかたへ
虫眼鏡を使って日光を集めることができることは、実験した事実として捉えます。なお、光の屈折については、中学校で学習します。

7. 光のせいしつ

48ページ

/100 合格70点

教科書 108〜119ページ　答え 25ページ

1 かがみで日光をはね返し、まとに当てました。　1つ6点(18点)

(1) かがみではね返した日光は、どのように進みますか。(　)にあてはまる言葉をかきましょう。

・かがみではね返した日光は、
(　まっすぐ　)に進む。

(2) かがみではね返した日光を当てたところの明るさやあたたかさは、まわりとくらべてどうなりますか。

明るさ(　明るくなる。　)
あたたかさ(　あたたかくなる。　)

2 だんボールのまとをつくって、かがみではね返した日光を当てて、明るさや温度を調べました。　1つ6点(30点)

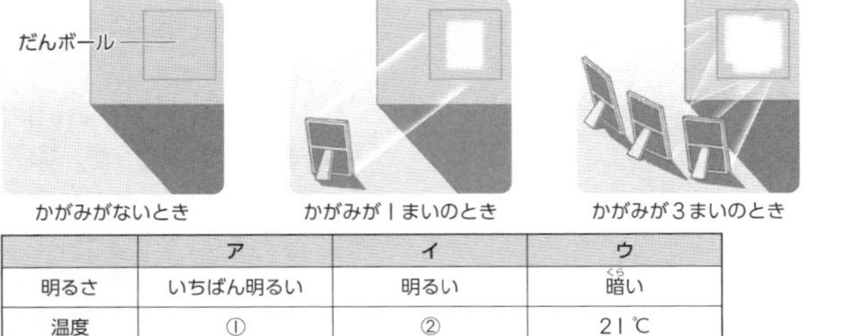

	ア	イ	ウ
明るさ	いちばん明るい	明るい	暗い
温度	①	②	21℃

(1) かがみがないとき、かがみが1まいのとき、かがみが3まいのときのけっかは、それぞれ表のア〜ウのどれですか。

かがみがないとき(　ウ　)
かがみが1まいのとき(　イ　)
かがみが3まいのとき(　ア　)

(2) 表の温度は、3分間日光を当てた後のまとの温度です。①、②にあてはまる温度を、[　]からえらんでかきましょう。

[35℃　27℃　19℃]

①(　35℃　)　②(　27℃　)

49ページ

3 虫めがねを使って、黒い紙に日光を集めました。日光を集めたところの大きさをかえて、黒い紙のようすをくらべました。　(1)、(2)は1つ6点、(3)は12点(24点)

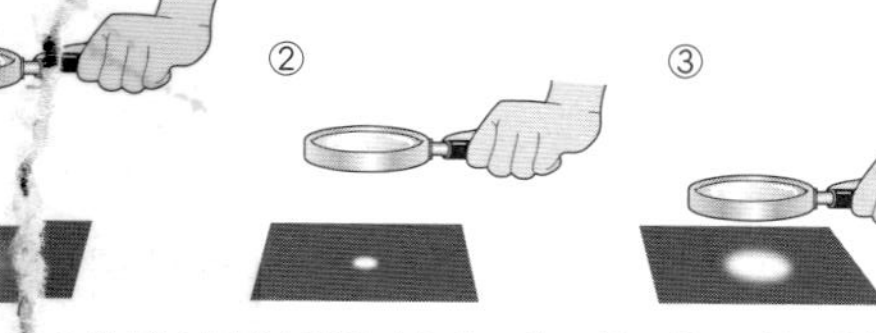

(1) 日光を集めたところがいちばん明るくなるのは、①〜③のどれですか。(　②　)

(2) 日光を集めたところがいちばんあつくなるのは、①〜③のどれですか。(　②　)

(3) 記述 (2)で答えたものについて、日光を当てたままにしておくと、やがて紙はどうなりますか。

(　(こげて、)けむりが出る。　)

できたらスゴイ!

4 かがみではね返した日光の進み方やかべに当てたときのようすを調べました。　(1)、(2)は1つ7点、(3)は14点(28点)

(1) はね返した日光の通り道に、指をかざしてみました。かべにはどのようにうつりますか。正しいものに○をつけましょう。

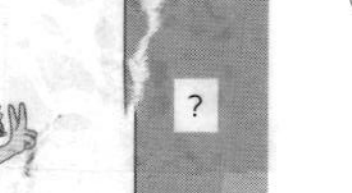

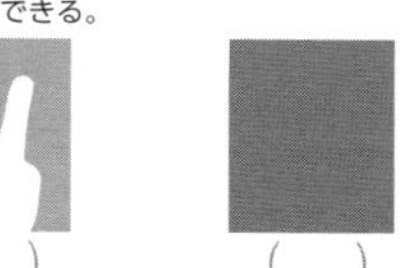

① 指のかげができる。(　○　)
② 指のまわりにかげができる。(　　)
③ 全体が暗くなる。(　　)

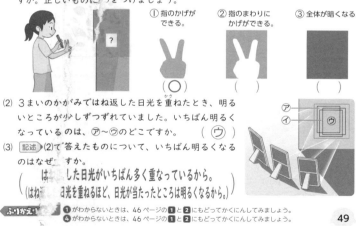

(2) 3まいのかがみではね返した日光を重ねたとき、明るいところが少しずつずれていました。いちばん明るくなっているのは、㋐〜㋒のどこですか。(　㋒　)

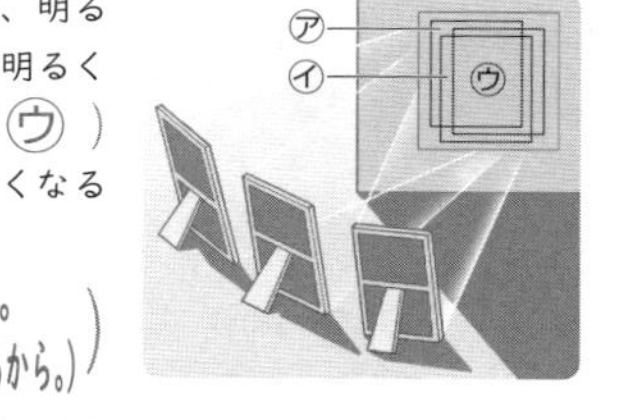

(3) 記述 (2)で答えたものについて、いちばん明るくなるのはなぜですか。

(　はね返した日光がいちばん多く重なっているから。
(はね返した日光を重ねるほど、日光が当たったところは明るくなるから。)　)

ふりかえり　**1**がわからないときは、46ページの**1**と**2**にもどってかくにんしてみましょう。
4がわからないときは、46ページの**1**と**2**にもどってかくにんしてみましょう。

48〜49ページ　てびき

1 はね返した日光はまっすぐに進みます。その日光が当たったところは明るく、あたたかくなります。

2 (1)はね返した日光を重ねるほど、日光が当たったところがより明るくなるので、アはかがみが3まいのとき、イはかがみが1まいのときと考えられます。
(2)はね返した日光を重ねるほど、日光が当たったところの温度が高くなるので、アが35℃、イが27℃と考えられます。

3 日光を集めたところを小さくするほど、明るく、あつくなります。

4 (1)日光をさえぎるものがあると、かげができます。
(2)(3)はね返した日光を重ねるほど、日光が当たったところは、より明るくなるので、3まいのかがみではね返した日光が重なって当たっている㋒が、いちばん明るくなると考えられます。

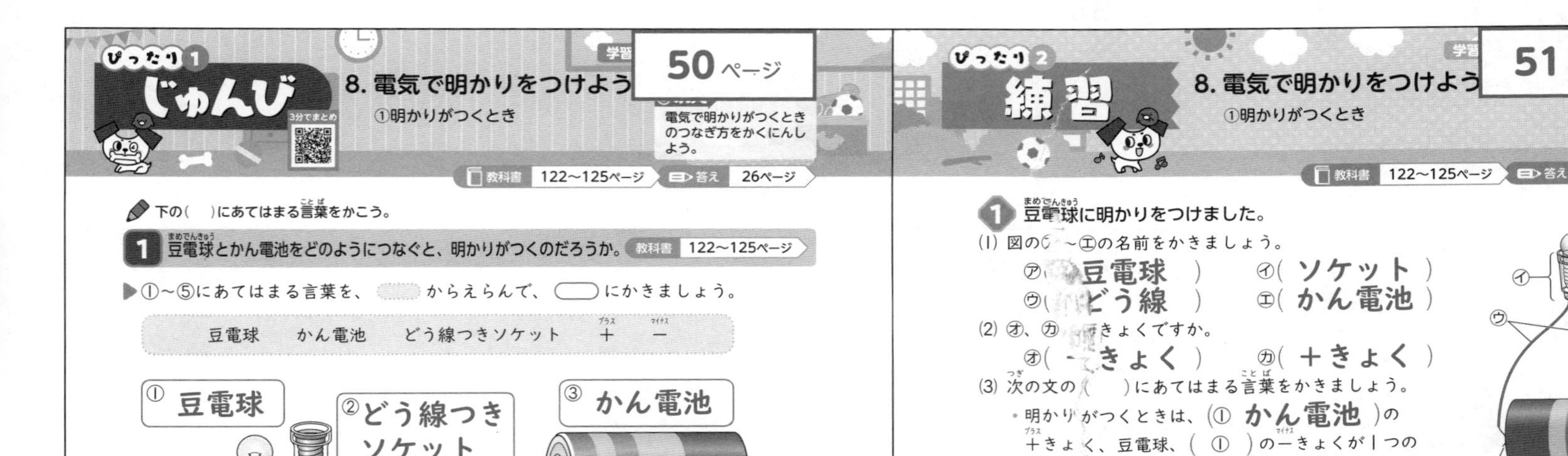

ぴったり1 じゅんび　8. 電気で明かりをつけよう　①明かりがつくとき　50ページ

電気で明かりがつくときのつなぎ方をかくにんしよう。

教科書 122～125ページ　答え 26ページ

下の（　）にあてはまる言葉をかこう。

1 豆電球とかん電池をどのようにつなぐと、明かりがつくのだろうか。　教科書 122～125ページ

▶①～⑤にあてはまる言葉を、□からえらんで、◯にかきましょう。

豆電球　かん電池　どう線つきソケット　＋　－

① 豆電球
② どう線つきソケット
③ かん電池
④ ＋ きょく
⑤ － きょく

▶かん電池の＋きょく、豆電球、かん電池の－きょくを１つの「わ」のようにどう線でつなぐと、（⑥ 電気 ）が通って、豆電球に明かりがつきます。

▶「わ」になっている電気の通り道を（⑦ 回路 ）といいます。

「わ」ができないと、明かりがつかないんだね。
豆電球がソケットにしっかり入っていないと、明かりがつかないよ。

ここがだいじ！ ①「わ」になっている電気の通り道を回路といいます。回路になっていると、電気が通って、明かりがつきます。

ぴたトリビア 豆電球とかん電池をつないだ回路は、どう線が長くなっても電気の通り道ができているので明かりがつきます。

50

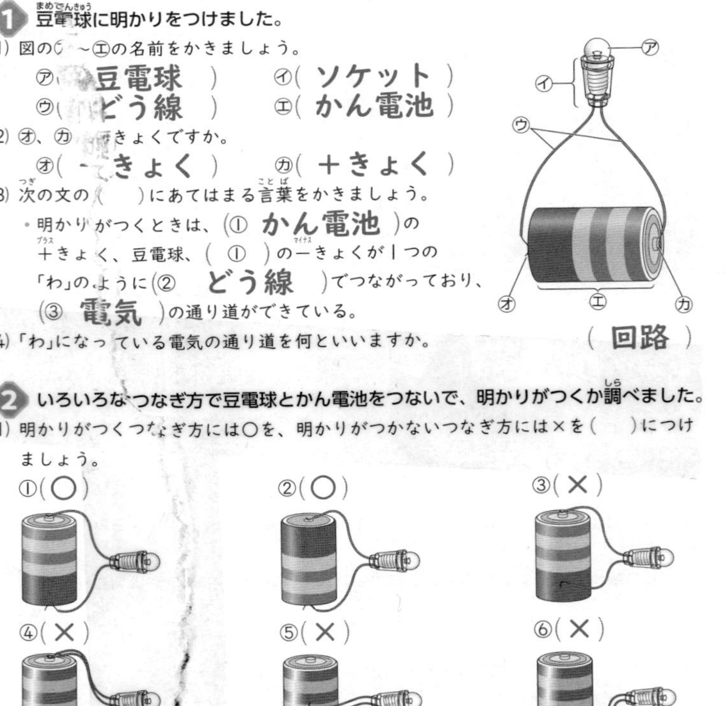

ぴったり2 練習　8. 電気で明かりをつけよう　①明かりがつくとき　51ページ

教科書 122～125ページ　答え 26ページ

1 豆電球に明かりをつけました。

(1) 図の㋐～㋓の名前をかきましょう。

㋐（ 豆電球 ）　㋑（ ソケット ）
㋒（ どう線 ）　㋓（ かん電池 ）

(2) ㋔、㋕は何きょくですか。

㋔（ －きょく ）　㋕（ ＋きょく ）

(3) 次の文の（　）にあてはまる言葉をかきましょう。

・明かりがつくときは、（① かん電池 ）の＋きょく、豆電球、（ ① ）の－きょくが１つの「わ」のように（② どう線 ）でつながっており、（③ 電気 ）の通り道ができている。

(4) 「わ」になっている電気の通り道を何といいますか。　（ 回路 ）

2 いろいろなつなぎ方で豆電球とかん電池をつないで、明かりがつくか調べました。

(1) 明かりがつくつなぎ方には○を、明かりがつかないつなぎ方には×を（　）につけましょう。

①（ ○ ）　②（ ○ ）　③（ × ）
④（ × ）　⑤（ × ）　⑥（ × ）

(2) (1)で明かりがつかなかったものは、つなぎ方がどうなっていますか。（　）にあてはまる言葉をかきましょう。

・明かりがつかないつなぎ方では、（① どう線 ）がどちらも同じきょくにつながっていたり、かん電池の＋きょくや（② －きょく ）ではないところにつながったりしている。

ヒント ❷ (1)赤のどう線も黒のどう線も、同じように電気を通します。

51

おうちのかたへ　**8. 電気で明かりをつけよう**

豆電球と乾電池を使い、回路になっていると電気が流れて明かりがつくこと、電気を通すものと通さないものがあることを学習します。明かりがつくような回路をつくる・考える・表すことができるか、金属は電気を通す性質があることを理解しているか、などがポイントです。

51ページ　てびき

❶ (2)かん電池では、でっぱりのあるほうが＋きょく、平らなほうが－きょくです。

(3)(4)電気の通り道が１つの「わ」のようになっていると明かりがつきます。電気の通り道のことを回路といいます。

❷ (1)(2)③～⑥は、かん電池の＋きょく、豆電球、かん電池の－きょくが１つの「わ」になるようにどう線でつながっていないため、電気が通らず、明かりがつきません。

おうちのかたへ

明かりがつくつなぎ方に見えても、豆電球がソケットにしっかりと入っていない、豆電球のフィラメントが切れている、といったことで明かりがつかないことがあります。

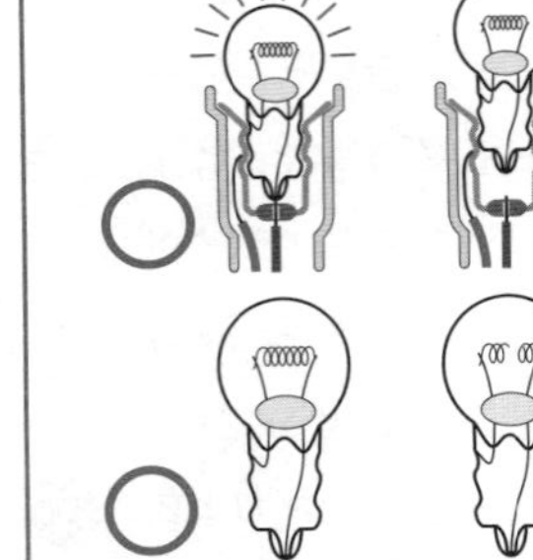

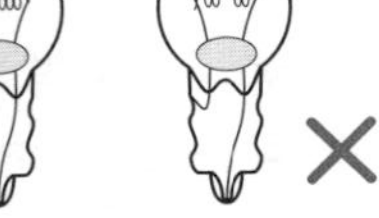

下の（　）にあてはまる言葉をかくか、あてはまるものを○でかこもう。

1 どんなものが、電気を通すのだろうか。　教科書 126〜128ページ

▶はなれたどう線の間にものをはさんで、豆電球に明かりがつくかを調べます。

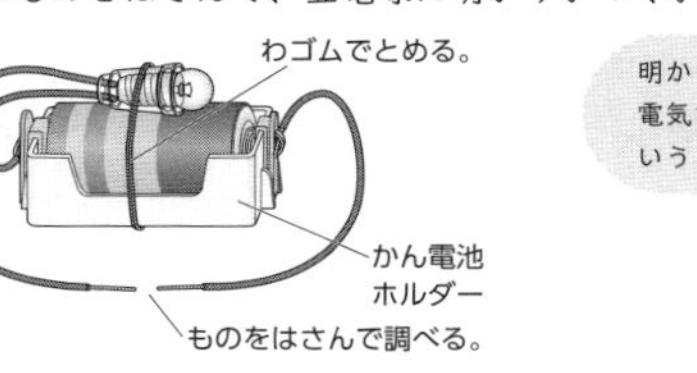
わゴムでとめる。
かん電池ホルダー
ものをはさんで調べる。

明かりがついたら電気を通すということだね。

○明かりがついたもの
ゼムクリップ（鉄）　10円玉（銅）　切る部分　はさみ　色をはがした部分　空きかん（鉄、アルミニウム）　アルミニウムはく（アルミニウム）

×明かりがつかなかったもの
ペットボトル（プラスチック）　わゴム（ゴム）　おり紙（紙）　わりばし（木）　持つ部分　はさみ　色がぬってある部分　空きかん　おはじき（ガラス）

▶鉄や銅、アルミニウムなどを（① 金ぞく ）といいます。
▶（ ① ）は、電気を通す性質が（② ありますに○ ・ ありません ）。
▶紙や木、ゴム、ガラス、プラスチックなどは、電気を（③ 通します ・ 通しませんに○ ）。

ここがだいじ！
①鉄、銅、アルミニウムなどの金ぞくは、電気を通すせいしつがあります。
②紙や木、ゴム、ガラス、プラスチックなどは、電気を通しません。

ぴたトリビア　電気を通しやすい金ぞくのベスト3は銀、銅、金です。

1 身の回りのものが電気を通すかどうかを調べました。電気を通すものには○を、電気を通さないものには×をつけましょう。

①（○）鉄のスプーン　②（×）プラスチックのスプーン　③（×）ノート（紙）　④（○）アルミニウムはく
⑤（×）ガラスのコップ　⑥（○）1円玉（アルミニウム）　⑦（○）10円玉（銅）　⑧（×）消しゴム

2 空きかんは電気を通すかどうかを調べました。

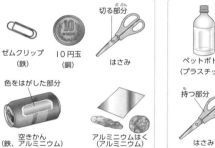

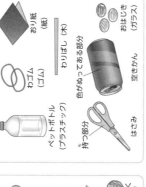

㋒　㋐ 色がぬってある部分　㋑ 色をはがした部分

(1) ㋐の部分にどう線の㋒をつけたとき、明かりはつきますか、つきませんか。
（ つかない。 ）
(2) ㋑の部分にどう線の㋒をつけたとき、明かりはつきますか、つきませんか。
（ つく。 ）
(3) (1)、(2)のようになるわけとして正しいのは、①と②のどちらですか。
①金ぞくは電気を通し、色がぬってある部分は電気を通さないから。
②金ぞくは電気を通さず、色がぬってある部分は電気を通すから。
（ ① ）

ヒント ❶ 鉄、銅、アルミニウムなどは金ぞくです。

53ページ てびき

❶ 電気を通すものは、鉄や銅、アルミニウムなどの金ぞくでできたものです。金ぞくでないもの（紙や木、ゴム、ガラス、プラスチックなど）は、電気を通しません。

❷ 空きかんの色がぬってある部分は、電気を通しません。色をはがして、その下の金ぞくの部分にどう線をつけると、明かりがつきます。

おうちのかたへ
「スプーン」や「コップ」などは使う目的や形で区別するものの名前で、「鉄」や「プラスチック」などは何でできているかの名前です。中学校で「物体」と「物質」として学習しますが、ここでは「鉄のスプーン」と「プラスチックのスプーン」などを例に、物体と物質の区別を意識させておくとよいでしょう。

8. 電気で明かりをつけよう

54ページ

/100 合格70点

教科書 120〜131ページ　答え 28ページ

よく出る

1 豆電球に明かりをつけました。　1つ5点(25点)

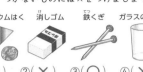

(1) ①の名前をかきましょう。

（ 豆電球 ）

(2) ②、③はかん電池の何といいますか。

②（ ＋きょく ）

③（ －きょく ）

(3) 記述 豆電球に明かりがつくとき、電気の通り道は、どのようにつながっていますか。

（「わ」になってつながっている。）

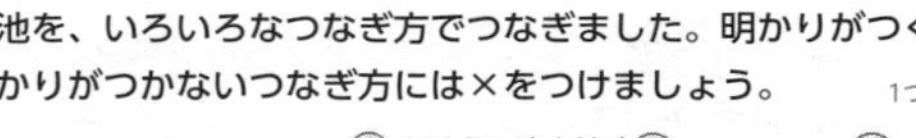

(4) (3)のようになっているとき、この電気の通り道を何といいますか。（ 回路 ）

2 豆電球とかん電池を、いろいろなつなぎ方でつなぎました。明かりがつくつなぎ方には○を、明かりがつかないつなぎ方には×をつけましょう。　1つ5点(25点)

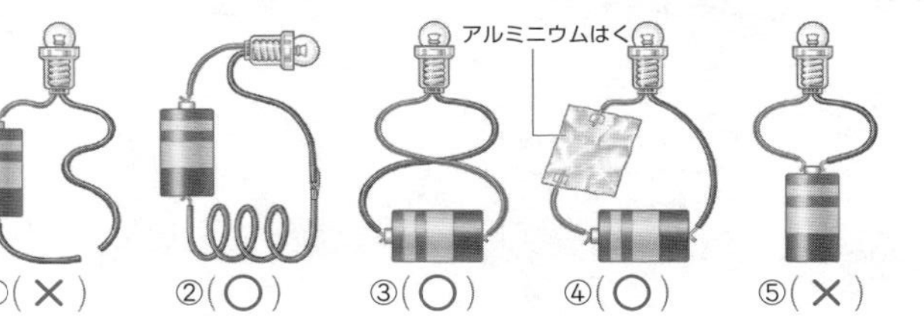

①（ × ）　②（ ○ ）　③（ ○ ）　④（ ○ ）　⑤（ × ）

3 どう線とどう線をつないだとき、電気が通るのは①〜③のどれですか。　5点(5点)

（ ① ）

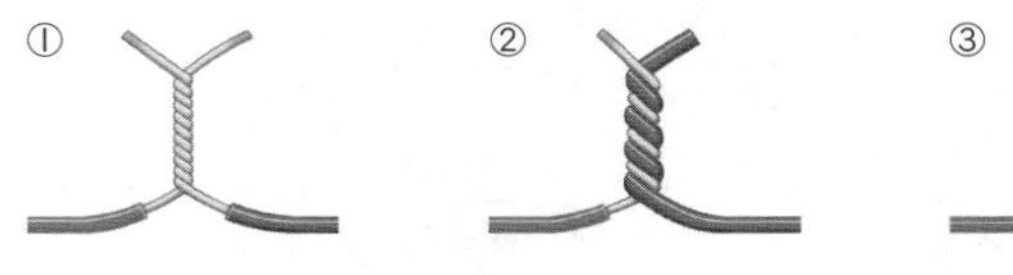

55ページ

4 電気を通すものと通さないものを調べました。　1つ5点(35点)

(1) 電気を通すものを？につなぐと、豆電球に明かりはつきますか、つきませんか。　（ つく。 ）

(2) 図の？に①〜⑤をはさんだとき、豆電球に明かりがつくものには○を、つかないものには×をつけましょう。

①（ ○ ）　②（ × ）　③（ ○ ）　④（ × ）　⑤（ × ）

(3) 明かりがついたとき、つないだものは何でできていますか。

（ 金ぞく ）

この本の終わりにある「冬のチャレンジテスト」をやってみよう！

できたらスゴイ！

5 電気が通るかどうかを調べました。　思考・表現　1つ5点(10点)

(1) 作図 下の図で、かん電池の＋きょくから－きょくまで、電気の通っているところをなぞりましょう。

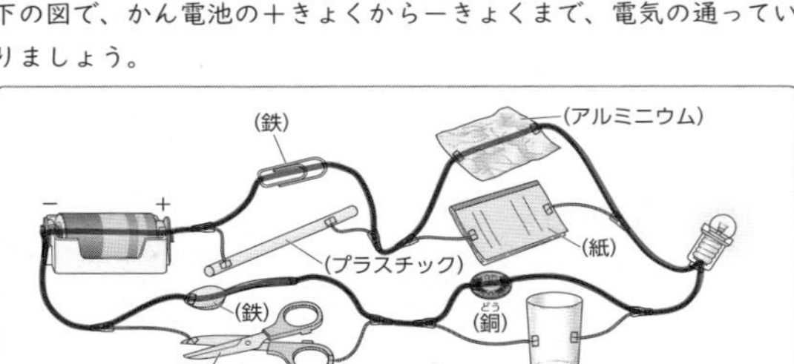

(2) 下の図のようにどう線を長くすると、豆電球に明かりはつきますか。

（ つく。 ）

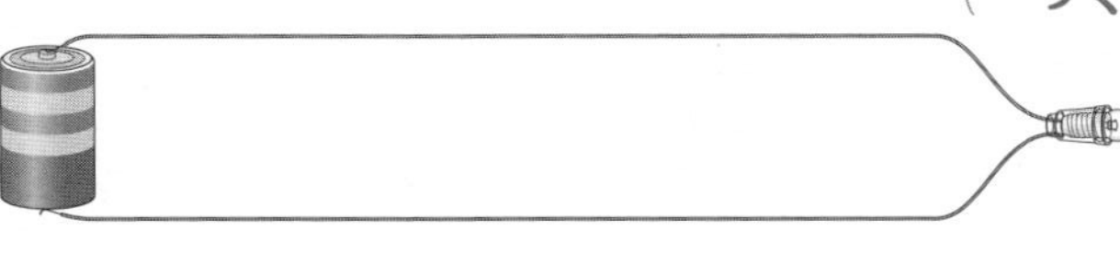

ふりかえり
1がわからないときは、50ページの1にもどってかくにんしてみましょう。
5がわからないときは、52ページの1にもどってかくにんしてみましょう。

54〜55ページ　てびき

1 (3)豆電球に明かりがつくときは、かん電池の＋きょく、豆電球、－きょくが1つの「わ」になるようにどう線でつながっています。

2 どう線が曲がっていたりねじれていたりしても、回路ができていれば明かりはつきます。

3 電気を通さないビニルをとって、電気を通すどう線どうしをむすびつけます。

4 明かりがつくかどうかで、金ぞくかどうかを調べることができます。

5 (1)電気を通す鉄、銅、アルミニウムを通るようになぞります。

(2)どう線が長くても、回路ができていれば、明かりはつきます。

おうちのかたへ

豆電球に明かりがつくかどうかよくわからないという場合は、導線の被覆の色や長さなどを気にせず、乾電池の＋極から豆電球を通り乾電池の－極までたどらせて、「回路」ができているかを確認させてください。

下の（　）にあてはまる言葉をかくか、あてはまるものを○でかこもう。

1 どんなものが、じしゃくにつくのだろうか。

教科書 134～138ページ

▶ものにじしゃくを近づけて、じしゃくにつくかどうかを調べます。

じしゃくにつくもの	じしゃくにつかないもの	
ゼムクリップ(鉄) 空きかん(鉄)	空きかん(アルミニウム) アルミニウムはく(アルミニウム) 1円玉(アルミニウム) 10円玉(銅)	おはじき(ガラス) ペットボトル(プラスチック) わりばし(木) わゴム(ゴム) おり紙(紙)

▶（① **鉄** ）でできたものは、じしゃくにつきます。

▶アルミニウムや（② **銅** ）など、（ ① ）以外の（③ **金ぞく** ）は、じしゃくにつきません。

▶紙や木、ゴム、ガラス、プラスチックなどは、じしゃくに（④ つきます ・ (つきません) ）。

電気を通すものと、じしゃくにつくものを、まちがえないようにしよう。

▶じしゃくが鉄を引きつける力は、じしゃくと鉄の間に、じしゃくにつかないものをはさんだり、間を（⑤ **空け(はなし)** ）たりしても、はたらきます。

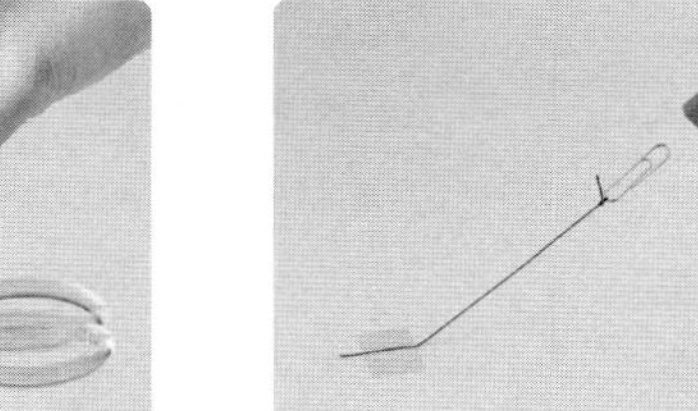

▶じしゃくが鉄を引きつける力は、じしゃくと鉄のきょりが（⑥ (近い) ・ 遠い ）ほど、強くはたらきます。

ここがだいじ！
①鉄でできているものは、じしゃくにつきます。
②じしゃくと鉄がちょくせつふれていなくても、じしゃくが鉄を引きつける力ははたらきます。

ぴたトリビア ステンレスのはさみはじしゃくにつきますが、これはステンレスに鉄がふくまれているからです。

1 身の回りのものがじしゃくにつくかどうか調べました。

① くぎ（鉄）　② コップ（ガラス）　③ じょうぎ（プラスチック）　④ アルミニウムはく（アルミニウム）

(1) ①～④のうち、じしゃくにつくものをすべてえらび、記号をかきましょう。（ ① ）

(2) ①～④のうち、電気を通すものをすべてえらび、記号をかきましょう。（ ①、④ ）

(3) ①～④のうち、電気を通すが、じしゃくにつかないものをすべてえらび、記号をかきましょう。（ ④ ）

(4) じしゃくにつくものは、何でできていますか。（ **鉄** ）

2 ゼムクリップにじしゃくを近づけて、どうなるかを調べました。

(1) ゼムクリップはじしゃくに引きつけられました。ゼムクリップは、何でできていますか。（ **鉄** ）

(2) ゼムクリップとじしゃくの間を空けたまま、ゼムクリップを持ち上げることはできますか、できませんか。（ **できる。** ）

(3) プラスチックの下じきの上にゼムクリップをおいて、下じきの下からじしゃくを近づけたとき、ゼムクリップにじしゃくの力ははたらきますか、はたらきませんか。（ **はたらく。** ）

じしゃく　ゼムクリップ　糸

近づける。

57ページ てびき

1 鉄や銅、アルミニウムなどの金ぞくは電気を通しますが、じしゃくにつくものは鉄だけです。
金ぞくでないもの(紙や木、ゴム、ガラス、プラスチックなど)は、電気を通しませんし、じしゃくにもつきません。

2 (2)(3)じしゃくが鉄を引きつける力は、鉄にちょくせつふれていなくても、じしゃくと鉄の間にじしゃくにつかないものをはさんでも、はたらきます。

おうちのかたへ
金属(鉄、銅、アルミニウム、など)は電気を通しますが、金属すべてが磁石につくわけではありません。電気を通すものと磁石につくものの違いに注意させましょう。

おうちのかたへ　9. じしゃくのふしぎ
磁石と身の回りのものを使い、磁石は鉄を引きつけること、磁石の極どうしには引力や反発力がはたらくことを学習します。磁石が引きつけるものは何か、磁石の極と極を近づけるとどうなるかを理解しているか、などがポイントです。

9. じしゃくのふしぎ

②じしゃくのきょく

じしゃくのきょくのせいしつをかくにんしよう。

教科書 139~141ページ　答え 30ページ

下の（　）にあてはまる言葉をかこう。

1 2つのじしゃくのきょくを近づけると、どうなるのだろうか。　教科書 139~141ページ

▶じしゃくが、もっとも強く鉄を引きつける部分を(① きょく)といいます。
▶じしゃくの(①)には、(② Nきょく)と(③ Sきょく)があります。

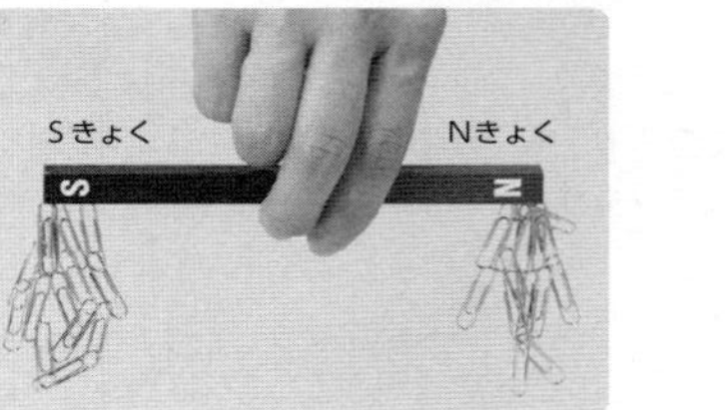

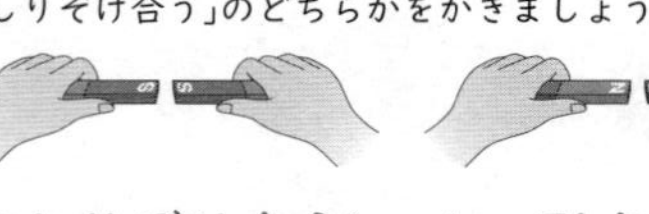

鉄をよく引きつける部分をさがして、じしゃくのきょくを見つけよう。

▶④~⑥に「引き合う」または「しりぞけ合う」のどちらかをかきましょう。

(④しりぞけ合う)　(⑤しりぞけ合う)　(⑥ 引き合う)

▶じしゃくは、ちがうきょくどうしは(⑦ 引き)合い、
同じきょくどうしは(⑧ しりぞけ)合います。
▶ほういじしんは、自由に動くようにしたじしゃくの
Nきょくが(⑨ 北)を指し、Sきょくが(⑩ 南)
を指すというせいしつをりようしています。

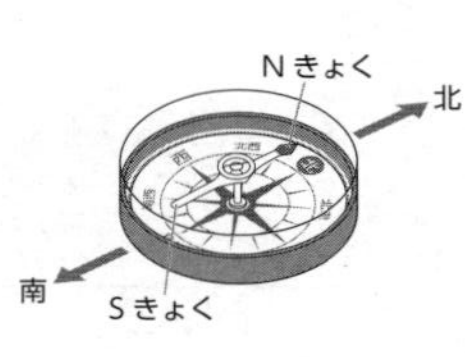

①じしゃくがもっとも強く鉄を引きつける部分をきょくといいます。きょくには、Nきょくとさきょくがあります。
②じしゃくは、ちがうきょくどうしは引き合い、同じきょくどうしはしりぞけ合います。

ぴたトリビア　じしゃくを切ると、どちらのじしゃくも一方のはしがNきょくに、もう一方のはしがSきょくになります。

ぴったり2 練習

9. じしゃくのふしぎ

②じしゃくのきょく

教科書 139~141ページ　答え 30ページ

1 ぼうじしゃくに鉄のゼムクリップを近づけて、よく引きつける部分を調べました。

(1) ゼムクリップはぼうじしゃくにどのようにつきますか。①~③の中から正しいものをえらび、記号をかきましょう。

①　②　③

(①)

(2) ゼムクリップを強く引きつけているのは、ぼうじしゃくのどの部分ですか。正しいほうに○をつけましょう。

ア(○)両はし　イ(　)真ん中

(3) じしゃくがもっとも強く鉄を引きつけるところを、何といいますか。

(きょく)

2 2つのじしゃくのきょくどうしを近づけて、どうなるかを調べました。

(1) じしゃくが引き合うものには○を、しりぞけ合うものには×をつけましょう。

①(○)　②(×)　③(×)　④(○)

(2) 2つのじしゃくのきょくどうしを近づけると、どうなりますか。(　)にあてはまる言葉をかきましょう。

・じしゃくの(ちがう)きょくどうしを近づけると引き合う。
・じしゃくの(同じ)きょくどうしを近づけるとしりぞけ合う。

3 ほういじしんは、じしゃくのせいしつをりようしています。①、②はそれぞれ何きょくか、かきましょう。

①(Nきょく)
②(Sきょく)

59ページ　てびき

1 (1)(2)ぼうじしゃくでは、両はしの部分が強くゼムクリップを引きつけます。真ん中の部分は、ゼムクリップをほとんど引きつけません。
(3)じしゃくがもっとも強く鉄を引きつける部分をきょくといいます。

2 (1)(2)2つのじしゃくのきょくどうしを近づけたとき、ちがうきょくどうしは引き合い、同じきょくどうしはしりぞけ合います。

3 ほういじしんは、Nきょくが北を指し、Sきょくが南を指すというじしゃくのせいしつをりようしています。

おうちのかたへ
一般的な方位磁針は、はりの色がついているほうが北を指します。方位磁針の使い方は「6. かげと太陽」で学習します。

ぴったり1 じゅんび

9. じしゃくのふしぎ

③じしゃくについた鉄

じしゃくについた鉄がどうなるのか、かくにんしよう。

教科書 142~144ページ　答え 31ページ

下の(　)にあてはまる言葉をかくか、あてはまるものを○でかこもう。

1 じしゃくについた鉄は、じしゃくになったのだろうか。 教科書 142~144ページ

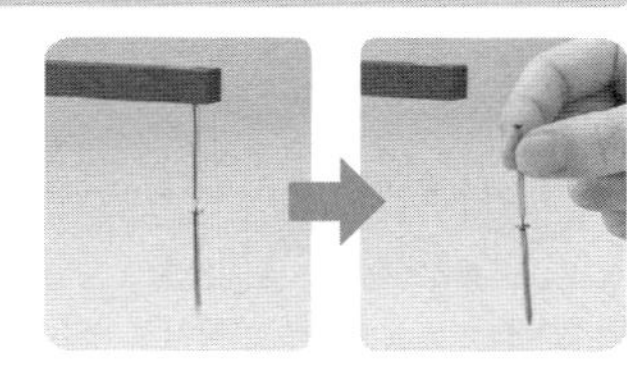

▶じしゃくに鉄くぎや鉄のゼムクリップをつけると、つながってつくことがあります。このとき、じしゃくから鉄くぎなどをはなしても、つながったままであることが(①(ありますに○)・ありません)。

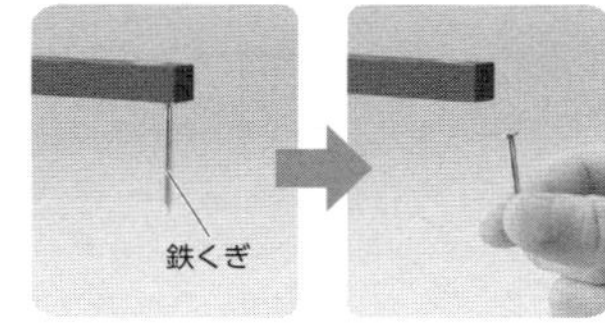

▶鉄くぎの頭をじしゃくのきょくにつけ、しばらくしてからはなします。はなした鉄くぎがじしゃくになったのか調べます。

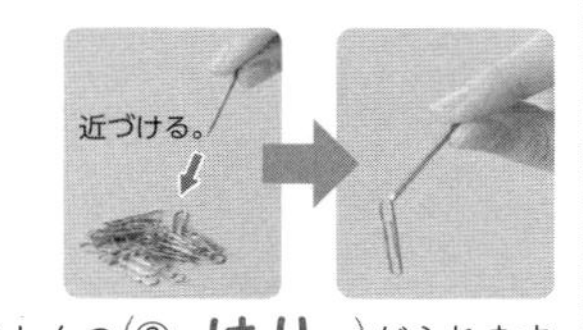

・鉄くぎをゼムクリップに近づけると、ゼムクリップは(② 引きつけ)られます。

・鉄くぎをほういじしんに近づけると、ほういじしんの(③ はり)がふれます。

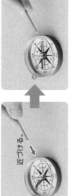

近づける。

ほういじしんのNきょくやSきょくを引きつけるよ。きょくがあるみたいだね。

▶鉄はじしゃくにつくと、(④ じしゃく)になります。

ここがだいじ! ①鉄はじしゃくにつくと、じしゃくになります。

ぴたトリビア NきょくだけやSきょくだけしかないじしゃくは、今のところ見つかっていません。

ぴったり2 練習

9. じしゃくのふしぎ

③じしゃくについた鉄

教科書 142~144ページ　答え 31ページ

1 じしゃくに鉄くぎをつけたところ、2本の鉄くぎがつながってつきました。2本の鉄くぎのうち、上のくぎを持ってじしゃくからはなしても、鉄くぎはつながったままで落ちませんでした。

(1) 2本の鉄くぎがつながっていることから、鉄くぎはどうなったといえますか。正しいほうに○をつけましょう。

①(　)鉄くぎには電気が通った。

②(○)鉄くぎはじしゃくになった。

(2) この鉄くぎをゼムクリップに近づけると、ゼムクリップはどうなりますか。(　)にあてはまる言葉をかきましょう。

ゼムクリップは鉄くぎに(引きつけられる(つく))。

近づける。

2 ほういじしんを使って、じしゃくについた鉄くぎがじしゃくになったのかどうかを調べました。

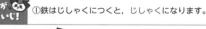

鉄くぎ　近づける。

(1) ほういじしんのはりの色がついたほうは、どのほうを指しますか。

(北)

(2) ほういじしんのはりの色がついたほうは、何きょくですか。

(Nきょく)

(3) 鉄くぎをほういじしんに近づけると、はりの色がついていないほうが鉄くぎに引きつけられました。鉄くぎの先は、何きょくになっていると考えられますか。 (Nきょく)

ヒント 2 (3)じしゃくのちがうきょくどうしが引き合うことから、くぎの先は、はりの色のついていないほうとはちがうきょくになっていると考えられます。

61ページ　てびき

1 鉄はじしゃくにつくと、じしゃくになることがあります。そのため、じしゃくになった鉄くぎをゼムクリップに近づけると、その鉄くぎはゼムクリップを引きつけます。

2 (1)(2)ほういじしんのはりの色のついたほうはNきょくで、北を指します。
(3)ほういじしんのはりの色がついていないほうはSきょくです。Sきょくが引きつけられたので、鉄くぎの先はNきょくになっていると考えられます。

9. じしゃくのふしぎ

62ページ

/100 合格70点

教科書 132〜147ページ 答え 32ページ

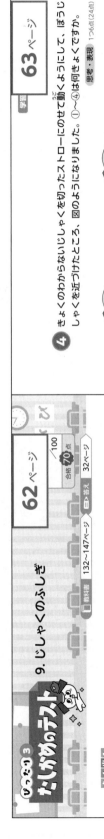

よく出る

1 じしゃくにつくものと電気を通すものを調べました。 1つ6点(24点)

(1) じしゃくについて電気を通すものには○を、じしゃくにつかず電気を通すものには△を、じしゃくにつかず電気を通さないものには×をつけましょう。

①(×) ②(△) ③(○)

ノート　10円玉　鉄くぎ

(2) じしゃくにつくものは、何でできていますか。 (鉄)

2 プラスチックの下じきにのせたゼムクリップに、下じきの下からじしゃくを近づけると、ゼムクリップはどうなりますか。①〜④の意見で、正しいものを2つえらび、○をつけましょう。 1つ6点(12点)

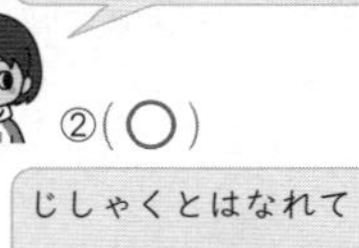

下じきを間にはさんでいるから、じしゃくには引きつけられないよ。 ①(　)

下じきを間にはさんでいても、じしゃくに引きつけられるよ。 ②(○)

近づける。

じしゃくとはなれていても、じしゃくに引きつけられるよ。 ③(○)

じしゃくとはなれていると、じしゃくには引きつけられないよ。 ④(　)

3 ぼうじしゃくを使って、鉄を引きつける力を調べました。 1つ6点(12点)

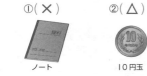

(1) じしゃくがもっとも強く鉄を引きつける部分を何といいますか。 (きょく)

(2) ①〜③のうち、もっとも強く鉄を引きつける部分はどこですか。 (①)

N S ① ② ③

学習 63ページ

4 きょくのわからないじしゃくを切ったストローにのせて動くようにして、ぼうじしゃくを近づけたところ、図のようになりました。①〜④は何きょくですか。

思考・表現 1つ6点(24点)

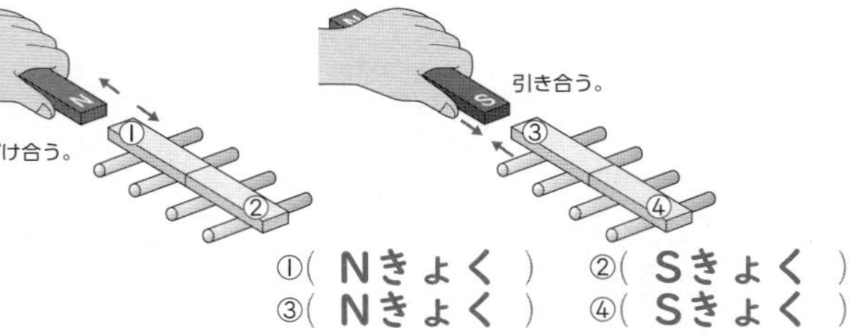

①(Nきょく) ②(Sきょく)
③(Nきょく) ④(Sきょく)

5 ぼうじしゃくを水にうかべて自由に動くようにしておくと、図のように、ほういじしんと同じ方向を指して止まりました。 (1)、(2)はそれぞれぜんぶできて10点(20点)

(1) ①、②は何きょくですか。

①(Nきょく)
②(Sきょく)

Nきょく　Sきょく

(2) ①、②は東西南北のどのほういを指していますか。

①(北)
②(南)

できたらスゴイ!

6 記述 じしゃくにつながっていたゼムクリップをはなしても、つながったままでした。これは、ゼムクリップがじしゃくになったためと考えられます。このことを調べるほうほうを、1つかきましょう。 8点(8点)

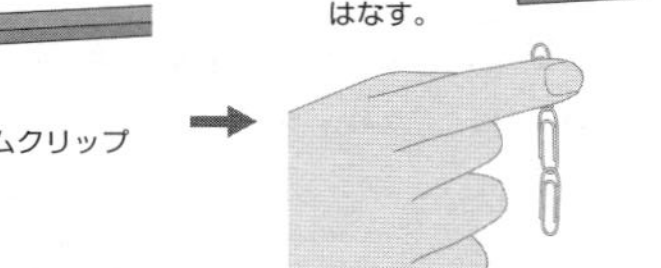

(ほかのゼムクリップに近づける。ほういじしんのはりに近づける。など。)

ふりかえり ①がわからないときは、56ページの1にもどってかくにんしてみましょう。 ⑥がわからないときは、60ページの1にもどってかくにんしてみましょう。

62〜63ページ てびき

1 金ぞくは電気を通すせいしつがあります。その中で、鉄でできたものはじしゃくにつきます。

2 じしゃくが鉄を引きつける力は、じしゃくと鉄の間にじしゃくにつかないものをはさんでも、はたらきます。

3 ぼうじしゃくのきょくは、両はしにあります。

4 ちがうきょくどうしは引き合い、同じきょくどうしはしりぞけ合うことから、きょくを考えます。

5 (1)水にうかべたじしゃくは、ほういじしんと同じ方向を指して止まるので、①はNきょく、②はSきょくです。

(2)Nきょくは北を指し、Sきょくは南を指します。

6 ゼムクリップを鉄でできているものやほういじしんのはりに近づけたときに引きつけるかどうかで、ゼムクリップがじしゃくになっているかどうかがわかります。

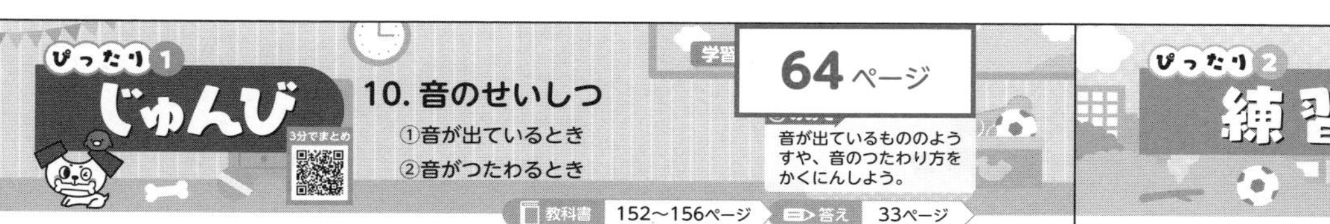

10. 音のせいしつ

①音が出ているとき
②音がつたわるとき

学習 64ページ

音が出ているもののようすや、音のつたわり方をかくにんしよう。

教科書 152～156ページ　答え 33ページ

下の（　）にあてはまる言葉をかくか、あてはまるものを○でかこもう。

1 音が出ているときのもののようすは、どうなっているのだろうか。 教科書 152～154ページ

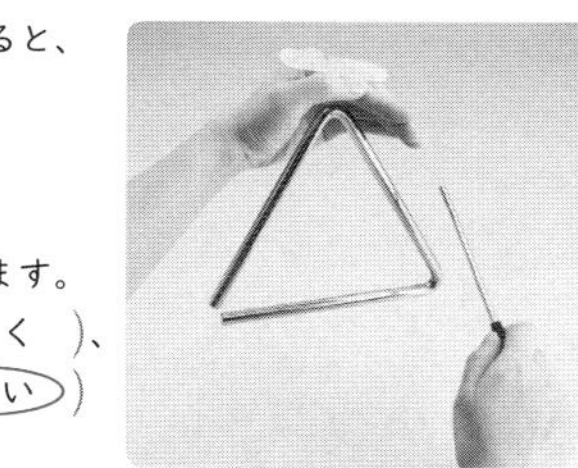

▶ものをたたいたり、はじいたり、ふいたりすると、（① 音 ）が出ます。
▶ものから（ ① ）が出ているとき、ものは（② ふるえて ）います。
▶ふるえを止めると、音は（③ 止まり ）ます。
▶大きい音はふるえが（④ (大きく) ・ 小さく ）、小さい音はふるえが（⑤ 大きい ・ (小さい) ）です。

2 音がつたわるとき、もののようすはどうなっているのだろうか。 教科書 155～156ページ

▶糸電話をつくって、話しているときの糸のようすを調べます。

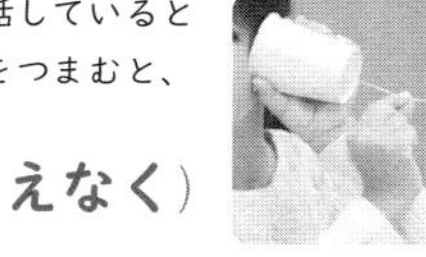

・糸電話で話しているときに、糸にそっとふれると、糸が（①ふるえている）ことがわかります。

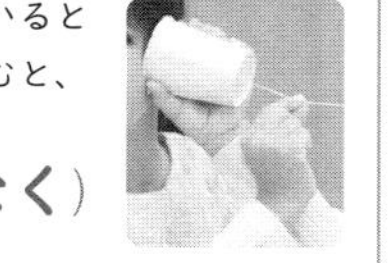

・糸電話で話しているときに、糸をつまむと、音が（②聞こえなく）なります。

▶音がつたわるとき、音をつたえているものは（③ ふるえて ）います。
▶ふるえを止めると、音は（④ つたわりません ）。

ここがだいじ！
①ものから音が出ているとき、ものはふるえています。
②大きい音はふるえが大きく、小さい音はふるえが小さいです。
③音がつたわるとき、音をつたえているものはふるえています。
④ふるえを止めると、音はつたわりません。

ぴたトリビア ふだんは空気が音(声)をつたえますが、うちゅうでは空気がないから音がつたわりません。

ぴったり2 練習

10. 音のせいしつ

①音が出ているとき
②音がつたわるとき

学習 65ページ

教科書 152～156ページ　答え 33ページ

1 トライアングルを使って、音が出ているもののようすを調べました。

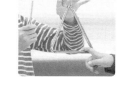

(1) 音が出ているトライアングルを、指先でそっとふれると、トライアングルはどんなようすですか。正しいほうに○をつけましょう。
ア（ ○ ）ふるえている。
イ（　）止まっている。

(2) 音が出ているトライアングルを、指でしっかりとつまみました。音はどうなりますか。
（止まる。（聞こえなくなる。））

(3) トライアングルのたたき方をかえて、音の大きさをかえてみたところ、表のようになりました。①、②に入るものをア～ウの中からえらび、記号で答えなさい。
ア　止まっている。
イ　ふるえが小さい。
ウ　ふるえが大きい

音の大きさ	トライアングルのふるえ
大きい音	①
小さい音	②

①（ ウ ）　②（ イ ）

2 糸電話を使って、音をつたえるもののようすを調べました。

(1) 糸電話で話しているときに、糸にそっとふれると、糸はどんなようすですか。
（ ふるえている。 ）

(2) 糸電話で話しているときに、糸をつまむと、音はどうなりますか。
（聞こえなくなる。（止まる。））

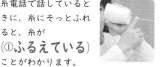

(3) 糸電話の糸をつまんだまま話をすると、音はつたわりますか、つたわりませんか。
（ つたわらない。 ）

ヒント ①② トライアングルや糸をつまむと、ふるえは止まります。

おうちのかたへ　10. 音のせいしつ

音を出しているものや伝えているものはふるえていること、大きい音はふるえも大きいことを学習します。音を出すものや伝えるものがふるえていること、ふるえが大きくなると音も大きくなることを理解しているか、などがポイントです。

65ページ　てびき

❶ (1)ものから音が出るとき、ものはふるえています。
(2)トライアングルを指でつまむとふるえが止まり、音も止まります。
(3)大きい音はふるえが大きく、小さい音はふるえが小さいです。

❷ (1)音がつたわるとき、音をつたえているものはふるえています。
(2)(3)糸電話で、話をしているときに糸をつまむと、音は聞こえなくなります。ふるえを止めると、音はつたわりません。

10. 音のせいしつ

66ページ

合格 70 点 /100

教科書 150〜159ページ　答え 34ページ

よく出る

1 いろいろながっきを使って、音が出ているもののようすを調べました。 1つ6点(24点)

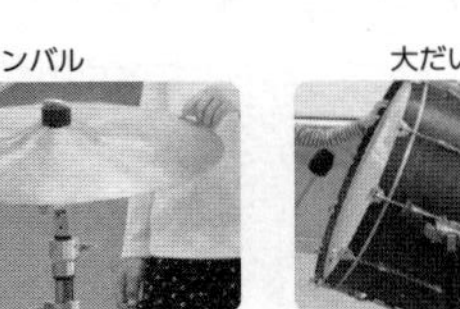

トライアングル　シンバル　大だいこ

(1) シンバルをたたいて音を出し、指先でそっとふれてみました。シンバルはどのようなようすでしたか。
(ふるえている。)

(2) トライアングル、シンバル、大だいこのうち、トライアングルと大だいこの音だけが聞こえたとき、それぞれのがっきはふるえていますか、ふるえていませんか。
トライアングル(ふるえている。)
シンバル(ふるえていない。)
大だいこ(ふるえている。)

2 トライアングル、シンバル、大だいこを使って、音の大きさをかえたときの音が出ているもののようすを調べました。 (1)、(2)は1つ6点、(3)はぜんぶできて10点(34点)

(1) 大だいこをたたいて音を出して指先でそっとふれました。音が聞こえなくなった後、もう1回たたいて音を出して指先でそっとふれたところ、ふるえが小さいと感じました。2回目にたたいたときに聞こえた音は、1回目の音より大きいですか、小さいですか。
(小さい。)

(2) それぞれのがっきについて、2回音を出して、音の大きさをくらべました。2回目にたたいたときに聞こえた音は、トライアングルは1回目より音が大きく、シンバルと大だいこは1回目より音が小さくなりました。それぞれのがっきのふるえは、1回目とくらべて大きいですか、小さいですか。
トライアングル(大きい。)　シンバル(小さい。)
大だいこ(小さい。)

(3) 音の大きさと音が出ているもののようすについて、(　)にあてはまる言葉をかきましょう。
・小さい音はふるえが(小さい。)。一方、大きい音はふるえが(大きい。)。

67ページ

3 身の回りのものを使って、音がつたわるときのようすを調べました。 1つ6点(18点)

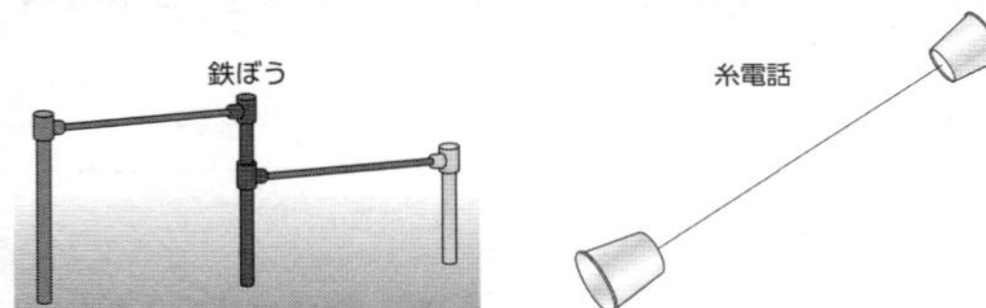

(1) 鉄ぼうをたたき、たたいたところからはなれたところに耳をつけると、音が聞こえました。このとき、鉄ぼうはふるえていますか、ふるえていませんか。
(ふるえている。)

(2) 糸電話で話しているときに糸にそっとふれると、糸はどのようなようすですか。
(ふるえている。)

(3) 糸電話で話しているときに、糸をつまみました。音はどうなりますか。
(聞こえなくなる。(止まる。))

できたらスゴイ!

4 がっきを使ってえんそうをしました。正しいものには○を、正しくないものには×をつけましょう。 1つ6点(24点)

たいこの音をだんだん大きくしたいから、たたく強さをだんだん弱くしたよ。
①(×)

はじめの音より2回目の音のほうが大きかったよ。はじめの音のほうが、ふるえが小さいということだね。

②(○)

シンバルはかたいから、音が出ている間もふるえていないね。
③(×)

トライアングルの音をすぐに止めたいから、指先でつまんだよ。

④(○)

ふりかえり
1がわからないときは、64ページの1にもどってかくにんしてみましょう。
4がわからないときは、64ページの1にもどってかくにんしてみましょう。

66〜67ページ　てびき

1 ものから音が出ているとき、ものはふるえています。音が出ていないものは、ふるえていません。

2 (1)1回目よりふるえが小さいということは、1回目より音が小さいことになります。
(2)1回目より音が大きいトライアングルは、1回目よりふるえが大きいです。1回目より音が小さいシンバルと大だいこは、1回目よりふるえが小さいです。

3 (1)(2)鉄ぼうでも糸電話でも、音がつたわるときは、音をつたえているものはふるえています。
(3)糸をつまむと、糸のふるえが止まるので、音はつたわりません。

4 ①音を大きくするときはより強くたたき、ふるえを大きくします。
③音が出ているときは、音を出しているものはふるえています。
④ふるえを止めると、音は止まります。

ぴったり1 じゅんび

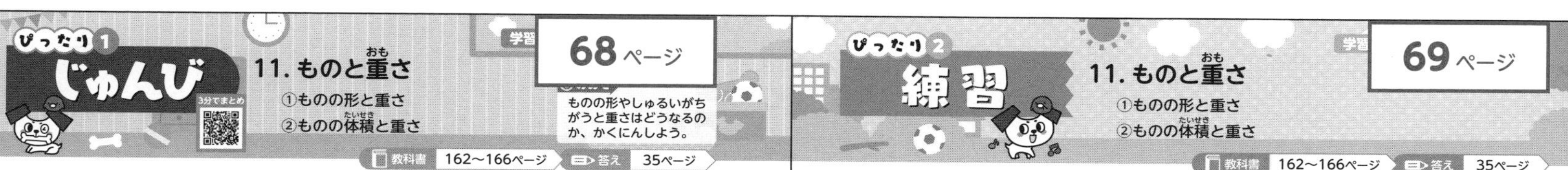

11. もの（おも）と重さ
①ものの形と重さ
②ものの体積（たいせき）と重さ

ものの形やしゅるいがちがうと重さはどうなるのか、かくにんしよう。

68ページ

教科書 162〜166ページ　答え 35ページ

下の(　)にあてはまる言葉をかくか、あてはまるものを〇でかこもう。

1 ものの形をかえたとき、重さはかわるのだろうか。 教科書 162〜164ページ

▶電子てんびんの使い方
- 電子てんびんを使うと、ものの(① **重さ**)をはかることができます。
- 平らなところにおき、スイッチを入れます。入れ物を使うときは、入れ物をのせてから「0g」にするボタンをおします。
- はかるものをしずかにのせ、数字を読みます。
- 決められた重さより(② **重い**)ものをのせてはいけません。

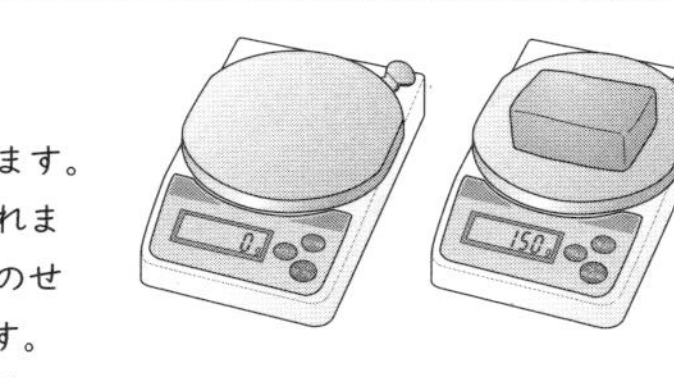

▶ものの形をかえたとき、重さは(③　かわります　・ (かわりません))。

丸い形　平らな形　細長い形　細かく分ける

2 同じ体積でも、もののしゅるいで重さはちがうのだろうか。 教科書 165〜166ページ

▶ものの大きさ(かさ)のことを(① **体積**)といいます。

▶同じ体積のおもりの重さをはかってくらべます。

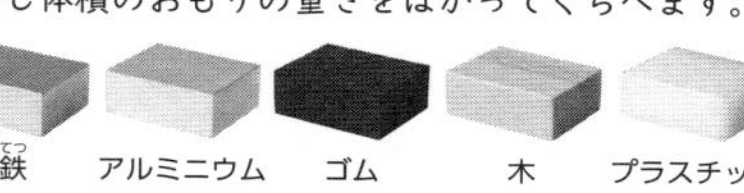

鉄　アルミニウム　ゴム　木　プラスチック

おもりのしゅるい	重さ(g)
鉄	312
アルミニウム	107
ゴム	65
木	18
プラスチック	38

- 同じ体積の鉄、アルミニウム、ゴム、木、プラスチックでは、(② **重さ**)がちがいます。

▶同じ体積でも、もののしゅるいによって、重さは(③　同じです　・ (ちがいます))。

ここがだいじ！
①ものの形をかえても、ものの重さはかわりません。
②同じ体積でも、もののしゅるいによって、重さはちがいます。

ぴたトリビア　体重計にのるとき、立ったりすわったり、のり方をかえても、体重計がしめすあたいはかわりません。

ぴったり2 練習

11. もの（おも）と重さ
①ものの形と重さ
②ものの体積と重さ

69ページ

教科書 162〜166ページ　答え 35ページ

1 ねん土をいろいろな形にかえて、重さをはかりました。

(1) 右の図のような重さをはかるきぐを何といいますか。
(**電子てんびん**)

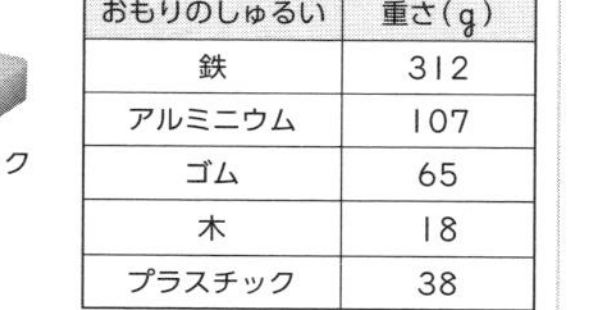

(2) ねん土の形を次のようにかえました。このとき、ねん土の重さは何gになりますか。
①細長い形にしたとき　②細かく分けたとき

(**150g**)　(**150g**)

(3) ものの形と重さについて、ア〜ウのうちで、正しいものに〇をつけましょう。
ア(　)ものの形がかわると、重さもかわる。
イ(　)ものをいくつかに分けると、重くなる。
ウ(〇)ものの形をかえても、重さはかわらない。

2 同じ体積の鉄、アルミニウム、ゴム、木、プラスチックのおもりの重さを調べました。

(1) 1つのおもりの重さをはかったところ、右の図のようになりました。右の図で、重さをはかっているおもりのしゅるいは何ですか。
(**アルミニウム**)

おもりのしゅるい	重さ(g)
鉄	312
アルミニウム	107
ゴム	65
木	18
プラスチック	38

(2) 同じ体積の鉄と木では、重さは同じですか、ちがいますか。
(**ちがう。**)

(3) もののしゅるいと重さについて、ア〜エで正しいものを2つえらび、〇をつけましょう。
ア(　)体積が同じなら、ものの重さはすべて同じになる。
イ(〇)体積が同じでも、もののしゅるいがちがうと、重さはちがう。
ウ(　)体積が同じなら、重いじゅんに、鉄→木→ゴムになる。
エ(〇)体積が同じなら、重いじゅんに、鉄→ゴム→木になる。

ヒント ❶ (2)分けたねんど1つ分ではなく、分けたねんど全体の重さを考えましょう。

おうちのかたへ　11. ものと重さ
ものの形が変わっても重さは変わらないこと、ものの種類が違うと、同じ体積でも重さは違うことを学習します。粘土などの形を変えると重さはどうなるか、同じ体積の違う種類の物体で重さを比べるとどうなるかを理解しているか、などがポイントです。

69ページ　てびき

❶ (1)電子てんびんのほか、台ばかりを使っても、ものの重さをはかることができます。
(2)(3)ものの形をかえても、重さはかわりません。また、ものを細かく分けても、全体の重さはかわりません。

❷ (1)図がしめしている重さが107gなので、表からアルミニウムとわかります。
(2)(3)同じ体積でも、もののしゅるいによって、重さはちがいます。

ぴったり3 **たしかめのテスト**

11. ものと重さ

70ページ 　/100　合格70点

教科書 160〜169ページ　答え 36ページ

1 ねん土を使って、ものの重さについて調べました。　1つ6点(42点)

(1) ものの重さをはかるのには、何を使えばよいですか。きぐの名前をかきましょう。
（電子てんびん(台ばかり)）

(2) 丸いねん土の重さをはかった後、①〜⑤のようにかえて、重さをはかりました。重さがかわらなかったものには○を、重さがかわったものには×をつけましょう。

①細長くした　②うすくのばした　③半分にした　④分けて集めた　⑤のばしてまいた

（○）（○）（×）（○）（○）

(3) ものの形と重さについて、正しいほうに○をつけましょう。
ア（　）ものの形がかわると、重さもかわる。
イ（○）ものの形がかわっても、重さはかわらない。

2 同じ体積の鉄と木のおもりの重さをはかって、くらべました。　1つ6点(12点)

(1) 同じ体積の鉄と木の重さは、同じですか、ちがいますか。
（ちがう。）

(2) もののしゅるいと重さについて、正しいほうに○をつけましょう。
ア（　）同じ体積なら、もののしゅるいがかわっても、重さはかわらない。
イ（○）同じ体積でも、もののしゅるいがかわると、重さはちがう。

学習 **71ページ**

3 同じ体積の5しゅるいのおもりの重さを調べました。　(1)はぜんぶできて10点、(2)は1つ6点(22点)

鉄　アルミニウム　ゴム　木　プラスチック

おもりのしゅるい	重さ(g)
鉄	312
アルミニウム	107
ゴム	65
木	18
プラスチック	38

(1) 5しゅるいのおもりについて、重さが軽いものからじゅんにならべましょう。
（木）→（プラスチック）
→（ゴム）→（アルミニウム）
→（鉄）

(2) (1)と同じ体積の金ぞくが2つありました。アは355g、イは312gでした。ア、イにあてはまるのは、①〜③のどれですか。

①鉄　②アルミニウム　③鉄でもアルミニウムでもない

ア（③）　イ（①）

できたらスゴイ!

4 ものの形や体積と重さについて、正しいものには○を、正しくないものには×をつけましょう。　1つ6点(24点)

「1つ10gのブロックが3つ集まったら、30gになるよね。」　①（○）

「アルミニウムはくを丸めると、丸める前より軽くなるね。」　②（×）

「2つの金ぞくのブロックがあるよ。体積は同じなので、重さが同じなら、同じしゅるいの金ぞくだとわかるね。」　③（○）

「わたより鉄のほうが重く見えるから、5gの鉄のおもりと、5gのわたでは、鉄のほうが重いよね。」　④（×）

ふりかえり　**1**がわからないときは、68ページの**1**にもどってかくにんしてみましょう。**4**がわからないときは、68ページの**1**や**2**にもどってかくにんしてみましょう。

70〜71ページ　てびき

1 (2)③は体積が半分になっているので、重さは軽くなります。

2 同じ体積でも、もののしゅるいによって、重さはちがいます。

3 (2)アは同じ体積の鉄やアルミニウムと重さがちがうので、鉄でもアルミニウムでもないと考えられます。イは同じ体積の鉄と同じ重さなので、鉄と考えられます。

4 ①10g+10g+10g=30gとなります。
②アルミニウムはくの形をかえても、重さはかわりません。
③同じ体積で重さが同じなら、もののしゅるいも同じです。
④鉄のおもりもわたも5gなので、同じ重さです。

おうちのかたへ
例えば、「鉄が重く、木が軽い」というのは、同じ体積の場合です。鉄と木が同じ重さなら、鉄より木の体積のほうが大きくなります。考える上での状況・条件をおさえることが大切です。

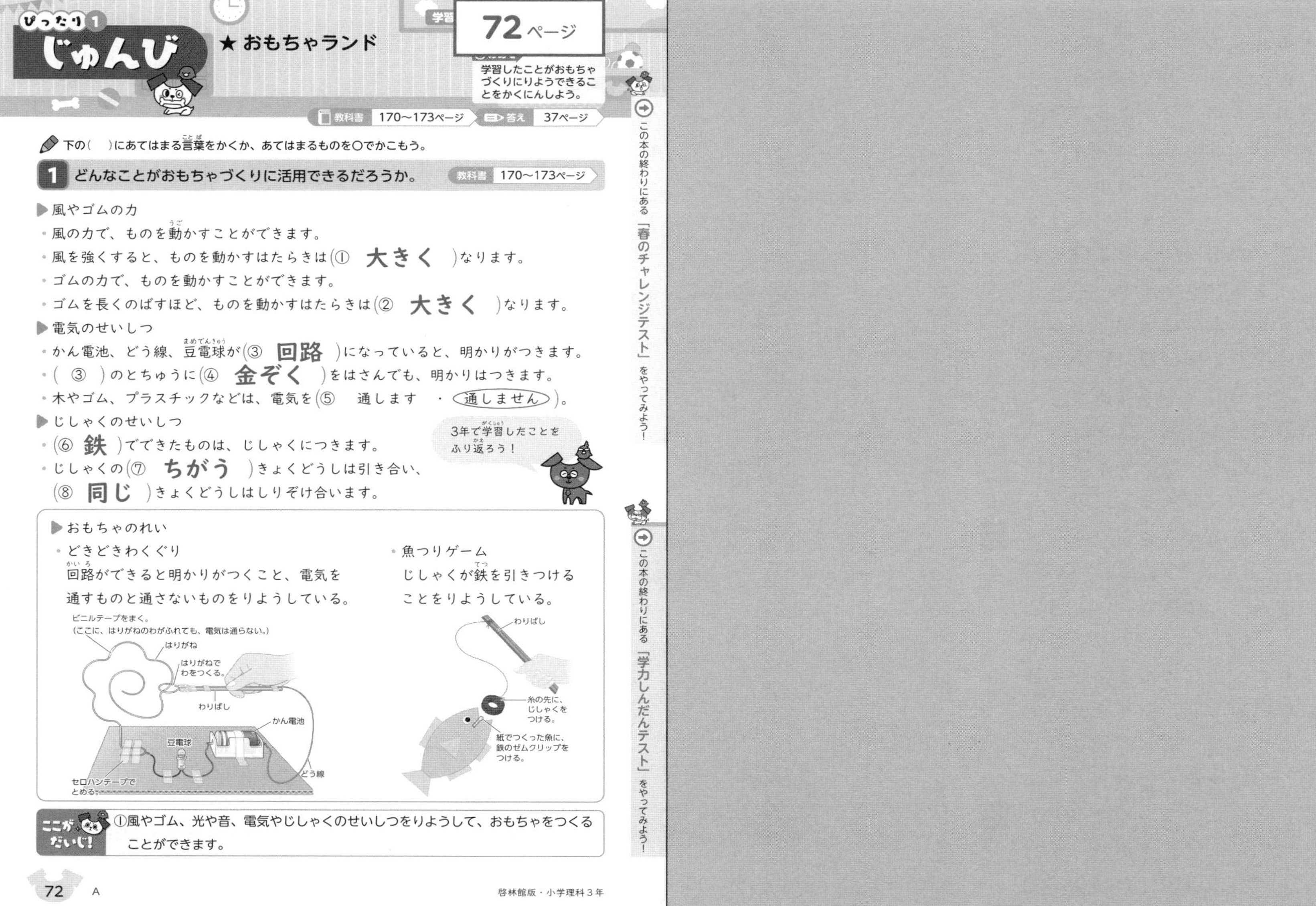

ぴったり1 じゅんび

★ おもちゃランド

72ページ

学習したことがおもちゃづくりにりようできることをかくにんしよう。

教科書 170〜173ページ　答え 37ページ

下の（　）にあてはまる言葉をかくか、あてはまるものを○でかこもう。

1 どんなことがおもちゃづくりに活用できるだろうか。　教科書 170〜173ページ

▶風やゴムの力
- 風の力で、ものを動かすことができます。
- 風を強くすると、ものを動かすはたらきは（① 大きく ）なります。
- ゴムの力で、ものを動かすことができます。
- ゴムを長くのばすほど、ものを動かすはたらきは（② 大きく ）なります。

▶電気のせいしつ
- かん電池、どう線、豆電球が（③ 回路 ）になっていると、明かりがつきます。
- （ ③ ）のとちゅうに（④ 金ぞく ）をはさんでも、明かりはつきます。
- 木やゴム、プラスチックなどは、電気を（⑤ 通します ・ 〔通しません〕）。

▶じしゃくのせいしつ
- （⑥ 鉄 ）でできたものは、じしゃくにつきます。
- じしゃくの（⑦ ちがう ）きょくどうしは引き合い、（⑧ 同じ ）きょくどうしはしりぞけ合います。

3年で学習したことをふり返ろう！

▶おもちゃのれい
- どきどきわくぐり
  回路ができると明かりがつくこと、電気を通すものと通さないものをりようしている。
- 魚つりゲーム
  じしゃくが鉄を引きつけることをりようしている。

ビニルテープをまく。
（ここに、はりがねのわがふれても、電気は通らない。）
はりがね
はりがねでわをつくる。
わりばし
かん電池
豆電球
どう線
セロハンテープでとめる。
わりばし
糸の先に、じしゃくをつける。
紙でつくった魚に、鉄のゼムクリップをつける。

ここがだいじ！ ①風やゴム、光や音、電気やじしゃくのせいしつをりようして、おもちゃをつくることができます。

この本の終わりにある「春のチャレンジテスト」をやってみよう！

この本の終わりにある「学力しんだんテスト」をやってみよう！

72 A　啓林館版・小学理科3年

おうちのかたへ ★ おもちゃランド
これまでの学習を生かしたおもちゃづくりをします。3年で学習したことを、振り返らせましょう。

夏のチャレンジテスト

教科書 8〜63ページ

名前　　月　　日

時間 40分

知識・技能	思考・判断・表現	ごうかく80点
/60	/40	/100

答え 38〜39ページ

知識・技能

1 生き物をかんさつしました。

1つ3点(15点)

(1)生き物のようすをきろくカードにまとめました。①〜④にあてはまる言葉をかきましょう。

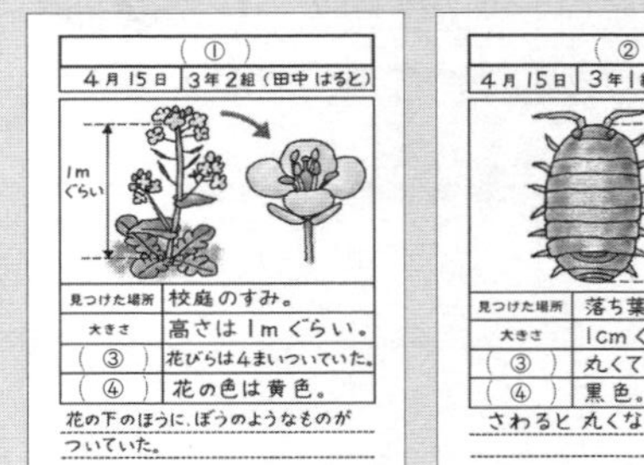
①
4月15日　3年2組(田中はると)
1m ぐらい
見つけた場所　校庭のすみ。
大きさ　高さは1mぐらい。
(③)　花びらは4まいついていた。
(④)　花の色は黄色。
花の下のほうに、ぼうのようなものがついていた。
②
4月15日　3年1組(中村ももか)
1cmぐらい
見つけた場所　落ち葉の下。
大きさ　1cmぐらい。
(③)　丸くて、細長い。
(④)　黒色。
さわると丸くなった。

①(アブラナ)　②(ダンゴムシ)
③(形)　④(色)

(2)生き物の大きさや形、色などはどれも同じですか、ちがいますか。

(ちがう。)

2 虫めがねを使いました。

1つ3点(6点)

(1)動かせないものを見るときの使い方は、㋐、㋑のどちらがよいですか。　(㋑)

㋐
㋑
体を近づけて見る。

(2)虫めがねで、ぜったいに見てはいけないものはどれですか。あてはまるものに○をつけましょう。

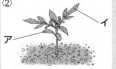

①(　)動物
②(　)植物
③(○)太陽

3 植物のたねをまきました。

1つ4点(28点)

(1)ホウセンカとヒマワリのたねは、それぞれ㋐〜㋒のどれですか。

㋐　㋑　㋒

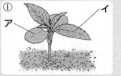

ホウセンカ(㋑)
ヒマワリ(㋐)

(2)たねまきをした後、土がかわかないようにするために、どうすればよいですか。

(水をやる。)

(3)①、②は、ホウセンカとマリーゴールドのめが出た後のようすです。どちらがホウセンカですか。

①　ア　イ　②　ア　イ

(①)

(4)はじめに出てきたアを何といいますか。

(子葉)

(5)アの後に出てきたイを何といいますか。

(葉)

(6)これから育つにつれて数がふえるのは、ア、イのどちらですか。

(イ)

うらにも問題があります。

夏のチャレンジテスト　おもて　てびき

1 (1)①・②には題名(調べたもの)をかきます。調べたものをスケッチして、言葉でもくわしくかきます。③や④にかいてあることを見ると、「形」や「色」についてかいていることがわかります。
(2)生き物は、それぞれ、すんでいる場所、大きさ、形、色などにちがいがあります。

2 (1)㋑が動かせないものを見るときの使い方です。虫めがねを目の近くに持ち、見るものに自分が近づいたりはなれたりして、はっきりと大きく見えるところで止まって見ます。㋐は動かせるものを見るときの使い方です。虫めがねを目の近くに持ち、見るものを動かして、はっきりと大きく見えるところで止めて見ます。
(2)目をいためるので、虫めがねで太陽など、光を出すものを見てはいけません。

3 ホウセンカやヒマワリのたねや子葉、葉などの大きさや形、色などがどうだったか、どのようなじゅんで育っていったか、教科書やきろくカードなどを見直しておきましょう。はじめて見る植物でも、知っている植物の育ちやつくりとくらべて、同じところやちがうところがどこかを見てみましょう。
(1)㋐の黒と白のもようがあるものがヒマワリのたねです。㋑の小さく丸いものがホウセンカのたねです。㋒の細長いものはマリーゴールドのたねです。
(2)たねまきをした後は、土がかわかないように水をやり、せわをしていきます。
(3)①はホウセンカです。子葉は平べったく丸い、葉は細長くて、まわりがぎざぎざしています。②はマリーゴールドです。
(4)たねをまくと、はじめに子葉が出てきます。
(5)子葉が出た後、やがて葉が出てきます。
(6)植物が育つと、葉の数がふえていきます。

4 モンシロチョウの育ち方を調べました。

(1)はぜんぶできて5点、(2)は1つ3点(11点)

(1)チョウの育つじゅんに、2・3・4を、㋑～㋓にかきましょう。

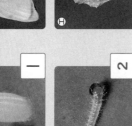

㋐ 1　㋑ 4　㋒ 2　㋓ 3

(2)㋒、㋓のころのすがたを何といいますか。

㋒(よう虫)　㋓(さなぎ)

思考・判断・表現

5 チョウのかんさつをしました。

1つ5点(10点)

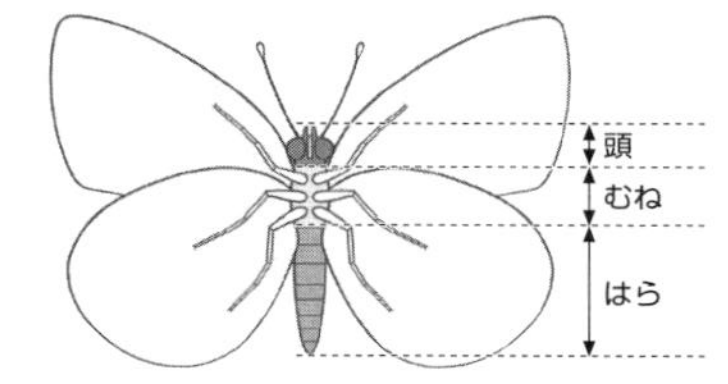

(1)チョウのせい虫のような体のつくりをした動物を何といいますか。

(こん虫)

(2) 記述 バッタやカブトムシが、(1)で答えたもののなかまといえるかどうかは、何を調べればよいですか。

(せい虫の体が頭・むね・はらの3つの部分からできていて、むねに6本の足があるか調べる。)

6 ゴムの力で動く車をつくって、ゴムをのばして、車を動かしました。

1つ5点(20点)

(1)車の動くきょりが、①～③のようになるのは、㋐～㋒のどれですか。記号をかきましょう。

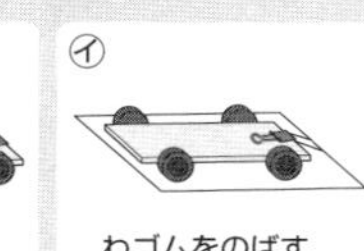
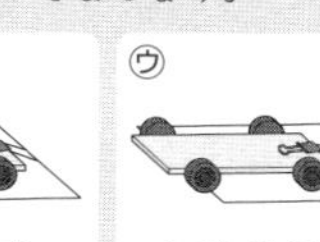
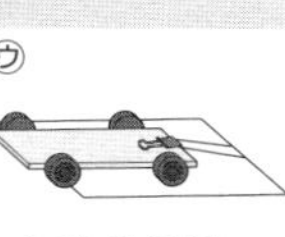
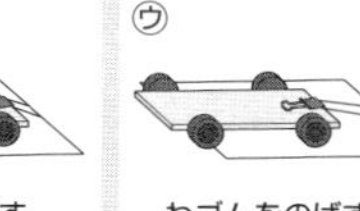
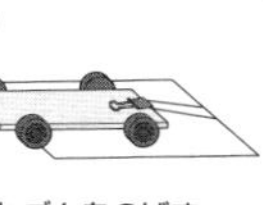

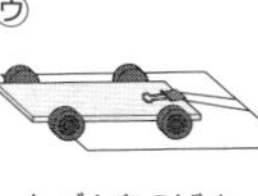
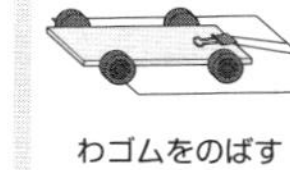

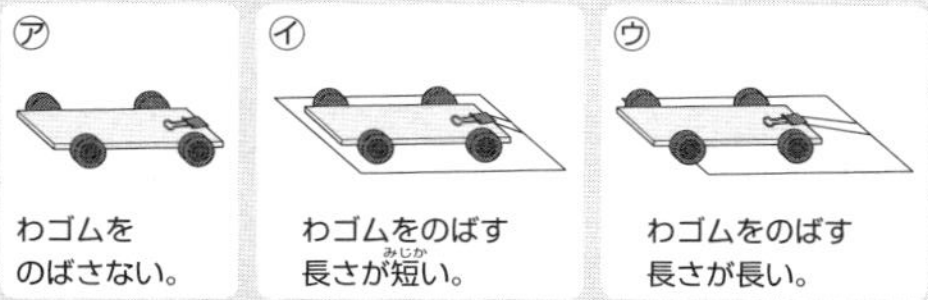

① 車の動くきょりが長い。　(㋒)
② 車の動くきょりが短い。　(㋑)
③ 車は動かない。　(㋐)

(2)㋓、㋔で、車の動くきょりが長いほうに○をつけましょう。

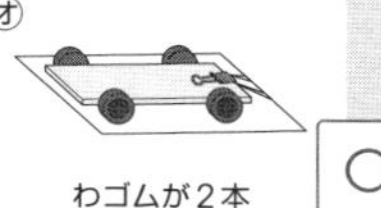

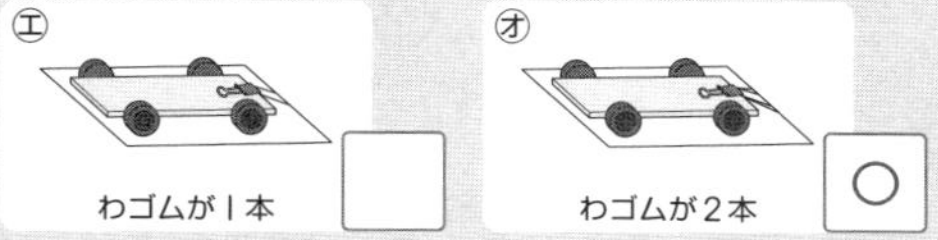

㋓ □　㋔ ○

7 ホウセンカとマリーゴールドの体のつくりをくらべました。

(1)、(2)はそれぞれぜんぶできて5点(10点)

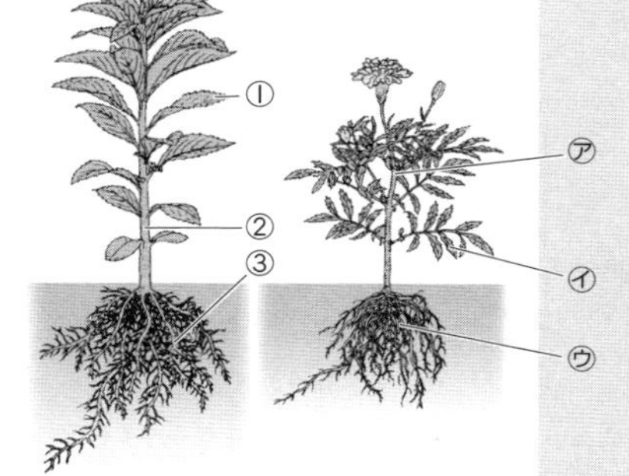

(1)ホウセンカの①～③のつくりは、マリーゴールドの㋐～㋒のどこと同じですか。記号をかきましょう。

①(㋑)　②(㋐)　③(㋒)

(2)植物の体のつくりについて、あてはまる言葉を①～③にかきましょう。

植物の体は、どれも(① 根)、(② くき)、(③ 葉)からできている。

夏のチャレンジテスト　うら　てびき

4 (1)チョウは、たまご(㋐)→よう虫(㋒)→さなぎ(㋓)→せい虫(㋑)のじゅんに育っていきます。よう虫は皮をぬぐたびに大きくなり、食べるえさのりょうや、ふんのりょうがふえていきます。たまごとさなぎのときは、何も食べません。

5 (1)こん虫のせい虫の体は、どれも、頭・むね・はらの3つの部分からできていて、むねに6本のあしがあります。頭には目や口、しょっ角があります。

(2)バッタやカブトムシがこん虫かどうかを調べるには、こん虫のせい虫の体のつくりになっているかどうかを調べます。

6 わゴムをのばすと、もとにもどろうとする力がはたらきます。ゴムの力で、ものを動かすことができます。ゴムを長くのばすほど、ゴムがものを動かすはたらきは大きくなります。

(1)わゴムをのばす長さが短いより、のばす長さが長いほうが、車にはたらくゴムの力も大きいので、車の動くきょりは長くなります。わゴムをのばさないと、ゴムの力が車にはたらかないので、車は動きません。

(2)㋓より㋔のほうがゴムの本数が多いので、車にはたらくゴムの力も大きくなります。よって、㋔のほうが動くきょりが長くなります。

7 植物の体は、どれも、根・くき・葉からできています。葉はくきについており、根は、くきからつながり、土の中に広がっています。

(1)ホウセンカの①が葉、②がくき、③が根です。ホウセンカとマリーゴールドのつくりをくらべると、㋐がくき、㋑が葉、㋒が根であることがわかります。

(2)形や大きさ、色などにちがいはありますが、植物の体のつくりは同じです。

冬のチャレンジテスト

教科書 66〜131ページ

月　日

名前

時間 40分

知識・技能	思考・判断・表現	ごうかく80点
/60	/40	/100

答え 40〜41ページ

知識・技能

1 トンボのせい虫の体を調べました。

(1)、(2)は1つ2点、(3)、(4)は1つ4点(18点)

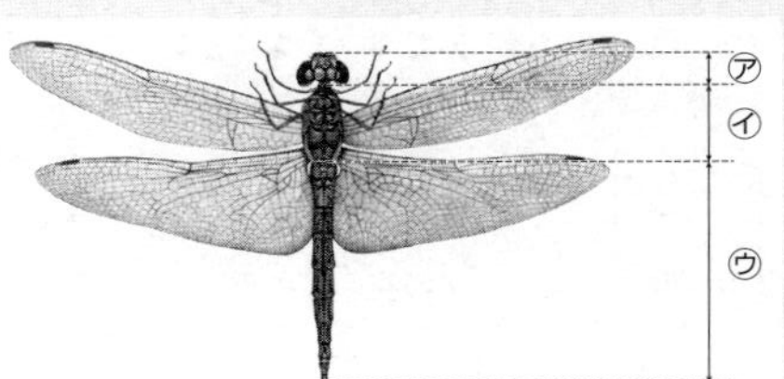

(1)㋐〜㋒の部分を、それぞれ何といいますか。

㋐(　**頭**　)　㋑(　**むね**　)　㋒(　**はら**　)

(2)あしは、どこに何本ついていますか。

(　**むね**　)に(　**6**　)本ついている。

(3)トンボのせい虫のような体のつくりをした動物を何といいますか。

(　**こん虫**　)

(4)カブトムシは、チョウと同じじゅんに、たまごからせい虫に育ちました。トンボやバッタは、どのようなじゅんに育つのかかきましょう。

(　たまご　→　**よう虫**　→　**せい虫**　)

2 ホウセンカの育ち方をまとめました。

1つ4点(12点)

(1)(　)にあてはまる言葉をかきましょう。

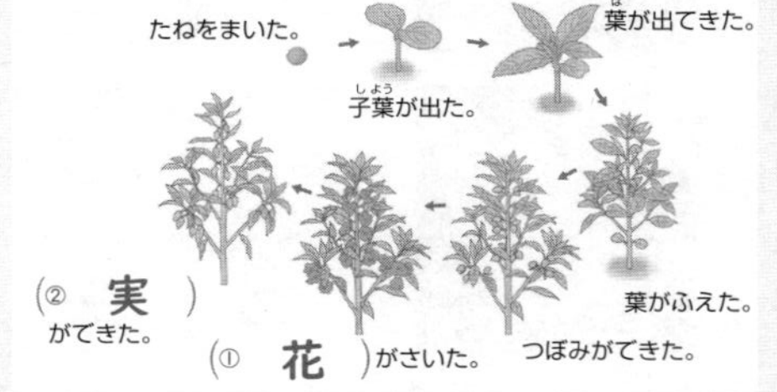

たねをまいた。
子葉が出た。
葉が出てきた。
葉がふえた。
つぼみができた。
(① 花)がさいた。
(② 実)ができた。

(2)(1)の②ができた後、ホウセンカはどうなりますか。

(**実やたねをのこしてかれる。**)

3 ほういじしんの使い方を調べました。

1つ4点(8点)

(1)ほういじしんのはりの色がついたほうは、東西南北のどのほういを指して止まりますか。

(　**北**　)

(2)はりの動きが止まった後の文字ばんの合わせ方で、正しいものは㋐〜㋒のどれですか。

㋐ 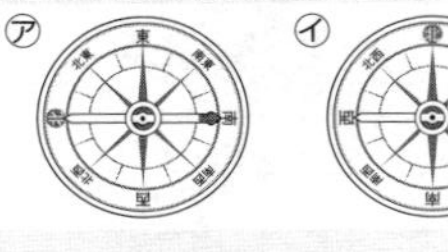　㋑ 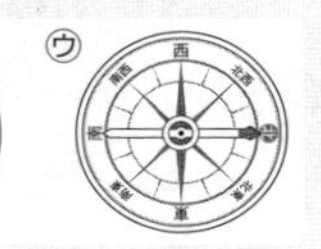　㋒ 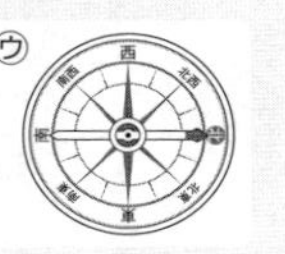

(　**㋒**　)

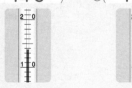

4 日なたと日かげの地面の温度を調べました。

1つ3点(12点)

(1)温度計の目もりの読み方で、正しいほうに○をつけましょう。

㋐  **○**　㋑  □

(2)①、②の温度計の目もりを読んで、温度をかきましょう。

①(　**14℃**　)　②(　**16℃**　)

(3)日なたと日かげの地面の温度をくらべると、温度が高いのはどちらですか。

(　**日なた**　)

●うらにも問題があります。

冬のチャレンジテスト　おもて　てびき

1 (1)〜(3)トンボもこん虫です。こん虫のせい虫の体は、どれも頭・むね・はらの３つの部分からできていて、むねに６本のあしがあります。

(4)チョウやカブトムシは、たまご→よう虫→さなぎ→せい虫のじゅんに育ちます。トンボやバッタは、たまご→よう虫→せい虫のじゅんに育ち、さなぎになりません。

2 (1)植物は、１つのたねから育って、花がさき、実ができてたねができた後に、かれていきます。

3 ほういじしんを使うと、ほういを調べることができます。

(1)はりは、北と南を指して止まり、はりの色がついたほうは北を指します。

(2)ほういじしんを水平に持ち、はりの動きが止まった後、文字ばんを回して、「北」の文字をはりの色のついたほうに合わせます。それからほういを読みます。北と南がわかると、東と西のほういもわかります。

4 温度計を使うと、もののあたたかさやつめたさ(温度)をはかることができます。

(1)温度の目もりは、えきの先が動かなくなってから、温度計と直角になるようにして、えきの先の目もりを真横から読みます。

(2)えきの先が目もりの線と線の間にあるときは、近いほうの目もりを読みます。温度は「度」と読み、「℃」というたんいを使って表します。温度をかくときにはたんいをわすれないようにしましょう。

(3)日なたの地面は、日光であたためられているので、日かげの地面よりも温度が高いです。

5 図のように、明かりをつけました。
(1)は1つ2点、(2)は4点(10点)

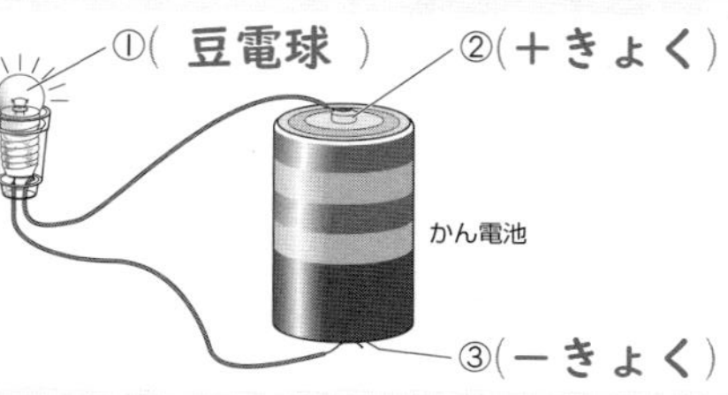

①(豆電球) ②(＋きょく) ③(－きょく)

(1)①～③に、それぞれの名前をかきましょう。

(2)１つの「わ」のようになった、電気の通り道のことを何といいますか。

(回路)

思考・判断・表現

6 ぼうを立てて、午前10時、正午、午後２時のかげの向きと太陽のいちを調べました。
(1)～(4)は1つ3点、(5)は4点(16点)

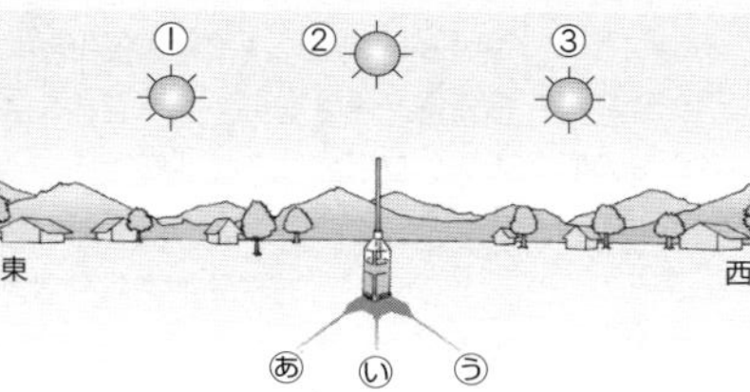

(1)午後２時の太陽のいちは、①～③のどれですか。

(③)

(2)午後２時のぼうのかげは、あ～うのどれですか。

(あ)

(3)太陽のいちのかわり方で、正しいほうに○をつけましょう。

ア(○)①→②→③　イ(　)③→②→①

(4)かげの向きのかわり方で、正しいほうに○をつけましょう。

ア(　)あ→い→う　イ(○)う→い→あ

(5) 記述 時間がたつと、かげの向きがかわるのはなぜですか。

(太陽のいちがかわるから。(太陽が動くから。))

7 かがみを使って、はね返した日光を３分間かべに当てました。
(1)、(3)は1つ3点、(2)は4点(10点)

ア

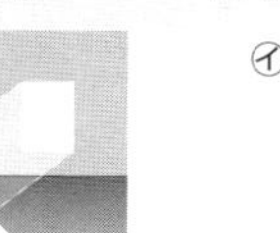

かがみ１まいの光を当てたとき

イ

かがみ３まいの光を重ねて当てたとき

(1)はね返した日光が当たったかべの温度が高いのは、ア、イのどちらですか。

(イ)

(2) 記述 (1)の温度が高いのはなぜですか。

(はね返した日光を重ねているまい数が多いから。)

(3)はね返した日光が当たったところがより明るくなるのは、ア、イのどちらですか。

(イ)

8 電気を通すものと通さないものを調べました。
(1)は1つ2点、(2)は4点(14点)

(1)図の？のところにつないで、明かりがつくものに○、つかないものに×をつけましょう。

①(○)鉄のゼムクリップ

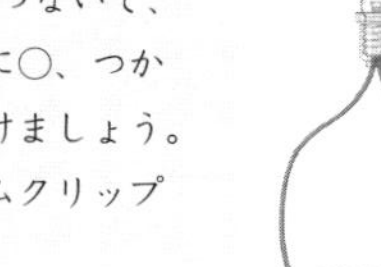

②(○)10円玉

③(×)ガラスのおはじき

④(×)紙

⑤(○)アルミニウムはく

(2)(1)で明かりがついたものは、電気を通すせいしつがあります。これらをまとめて何といいますか。

(金ぞく)

冬のチャレンジテスト　うら　てびき

5 (1)かん電池で、先が出ているほうが＋きょく、出ていないほうが－きょくです。豆電球はどう線つきソケットのどう線で、かん電池の＋きょく・－きょくとつながっています。

(2)「わ」になっている電気の通り道を回路といいます。回路が切れていると、明かりはつきません。

6 (1)(3)時間がたつと、太陽のいちは、東(①)から南の空の高いところ(②)を通り、西(③)へとかわります。午後２時には太陽は西のほうにあります。

(2)太陽が西のほうにあるので、かげは東のほう(あ)にできます。

(4)かげの向きは、西から東へとかわります。

(5)かげは、太陽の光(日光)をさえぎるものがあると、太陽の反対がわにできます。その太陽のいちがかわると、かげの向きもかわります。

7 (1)(3)かがみではね返した日光が当たったところは、明るく、あたたかく(温度が高く)なります。はね返した日光を重ねるほど、日光が当たったところは、より明るく、あたたかくなります。

8 電気を通すものを回路のとちゅうにつなぐと明かりがつきます。このことで、電気を通すもの・通さないものを調べることができます。

(1)鉄や銅、アルミニウムなどは電気を通します。10円玉は銅でできているので、電気を通します。これらでできたものをつなぐと、明かりがつきます。一方、紙や木、ゴム、ガラス、プラスチックなどは、電気を通しません。これらでできたものをつないでも、明かりはつきません。

(2)鉄や銅、アルミニウムなどを、金ぞくといいます。金ぞくは、電気を通すせいしつがあります。

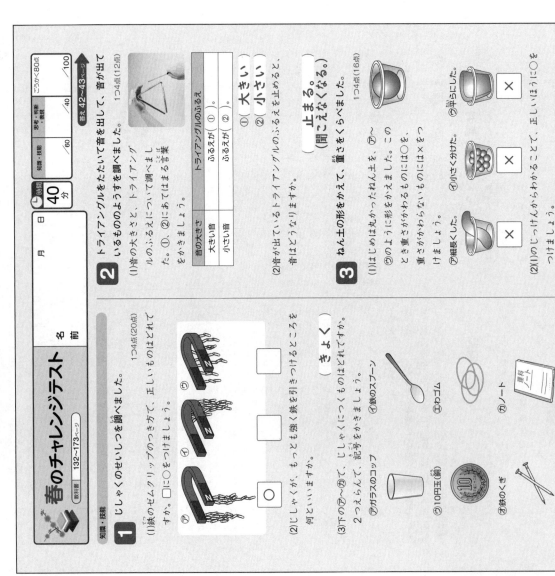

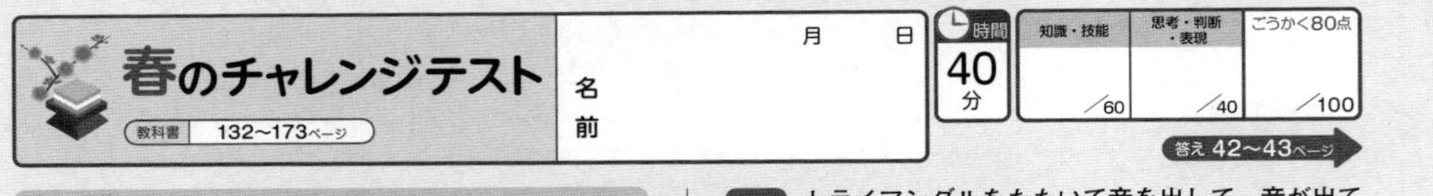

春のチャレンジテスト

教科書 132〜173ページ

名前　　　月　日

時間 40分

知識・技能	思考・判断・表現	ごうかく80点
/60	/40	/100

答え 42〜43ページ

知識・技能

1 じしゃくのせいしつを調べました。　1つ4点(20点)

(1)鉄のゼムクリップのつき方で、正しいものはどれてすか。□に○をつけましょう。

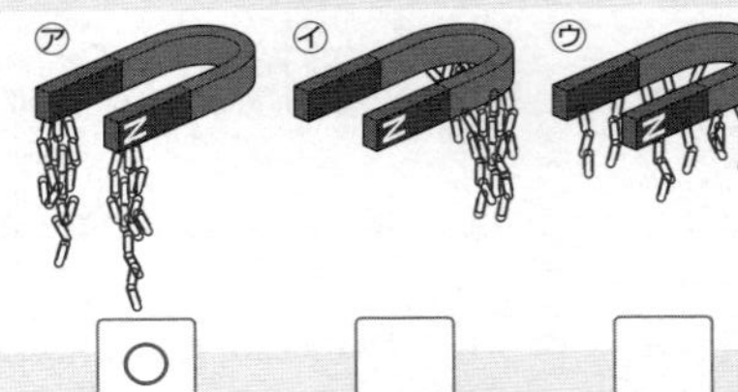

㋐ ○　㋑ □　㋒ □

(2)じしゃくが、もっとも強く鉄を引きつけるところを何といいますか。

（ きょく ）

(3)下の㋐〜㋕で、じしゃくにつくものはどれですか。2つえらんで、記号をかきましょう。

㋐ガラスのコップ　㋑鉄のスプーン

㋒10円玉(銅)　㋓わゴム

㋔鉄のくぎ　㋕ノート

（ ㋑ ）と（ ㋔ ）

(4)じしゃくにつくものは、何でできていますか。

（ 鉄 ）

2 トライアングルをたたいて音を出して、音が出ているもののようすを調べました。　1つ4点(12点)

(1)音の大きさと、トライアングルのふるえについて調べました。①、②にあてはまる言葉をかきましょう。

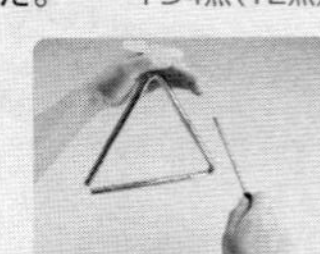

音の大きさ	トライアングルのふるえ
大きい音	ふるえが（ ① ）。
小さい音	ふるえが（ ② ）。

①（ 大きい ）
②（ 小さい ）

(2)音が出ているトライアングルのふるえを止めると、音はどうなりますか。

（ 止まる。（聞こえなくなる。） ）

3 ねん土の形をかえて、重さをくらべました。　1つ4点(16点)

(1)はじめは丸かったねん土を、㋐〜㋒のように形をかえました。このとき重さがかわるものには○を、重さがかわらないものには×をつけましょう。

㋐細長くした。　㋑小さく分けた。　㋒平らにした。

㋐ ×　㋑ ×　㋒ ×

(2)(1)のじっけんからわかることで、正しいほうに○をつけましょう。

ア（　）ものの形をかえると、重さもかわる。
イ（ ○ ）ものの形をかえても、重さはかわらない。

うらにも問題があります。

春のチャレンジテスト　おもて　てびき

1 (1)(2)じしゃくが、もっとも強く鉄を引きつける部分をきょくといいます。ゼムクリップは、きょくにたくさんつきます。
(3)(4)鉄でできたものは、じしゃくにつきます。銅やアルミニウムなど、鉄いがいの金ぞくは、じしゃくにつきません。電気を通すものとのちがいに注意しましょう。また、紙や木、ゴム、ガラス、プラスチックなども、じしゃくにつきません。

2 (1)ものから音が出るとき、ものはふるえています。大きい音はふるえが大きく、小さい音はふるえが小さいです。
(2)音が出ているもののふるえを止めると、音は止まり(聞こえなくなり)ます。

3 ものの形をかえても、重さはかわらないので、はじめは丸かったねん土をどんな形にしても、重さはかわりません。もとの形のときの重さが50gなら、形をかえた後の重さも50gです。

4 同じ体積のおもりの重さを、電子てんびんを使ってくらべました。
1つ4点(12点)

おもりのしゅるい	重さ(g)
鉄	312
アルミニウム	107
ゴム	65
木	18
プラスチック	38

(1)この木のおもり2この重さは何gですか。また、木のおもり2こと、プラスチックのおもり1こでは、どちらが重いですか。

重さ(36g)

(プラスチックのおもり1こ。)

(2)同じ体積の鉄とゴムの重さは、同じですか。ちがいますか。

(ちがう。)

思考・判断・表現

5 2つのじしゃくのきょくを近づけました。
(1)はぜんぶできて4点、(2)は8点、(3)は4点(16点)

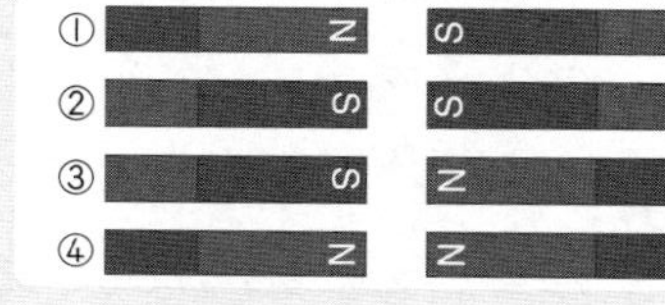

(1)①〜④で、じしゃくが引き合ったものを2つえらび、記号をかきましょう。

(①)と(③)

(2)2つのじしゃくがしりぞけ合うのは、どんなときですか。

(同じきょくどうしを近づけたとき。)

(3)Nきょくとsきょくがわからないじしゃくに、べつのじしゃくのNきょくを近づけたところ、①はしりぞけ合いました。②は何きょくですか。

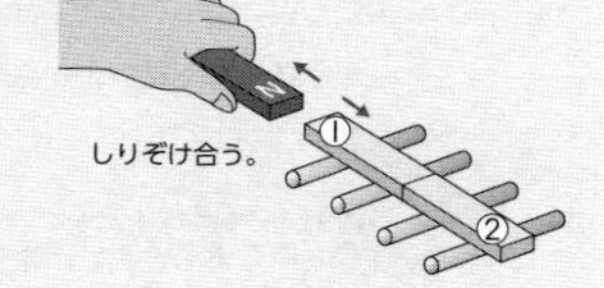

(Sきょく)

6 紙コップと糸を使って糸電話をつくって、音のつたわり方を調べました。
(1)は4点、(2)は8点(12点)

糸にそっとふれたとき

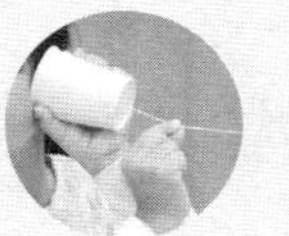
糸をつまんだとき

(1)話しているときに糸にそっとふれると、糸はどうなっていますか。

(ふるえている。)

(2) 記述 話しているときに糸をつまむと、音が聞こえなくなるのはなぜですか。

(音をつたえているふるえが止まるから。)

7 台ばかりを使って、同じ体積の鉄・木・ゴムのおもりの重さをくらべました。
(1)は4点、(2)は8点(12点)

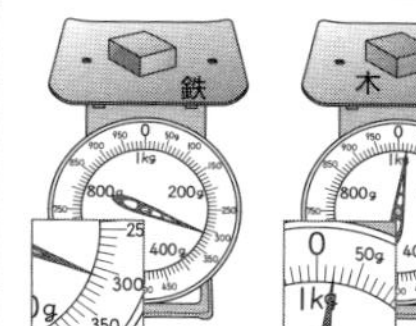

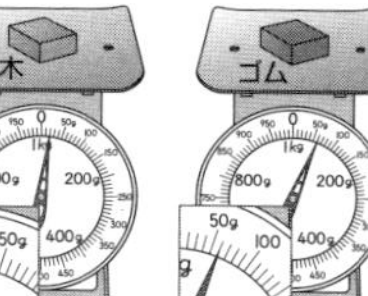

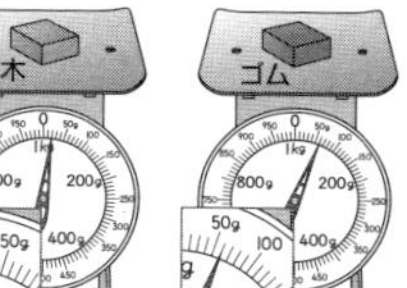

(1)鉄・木・ゴムのおもりの重さについて、正しいことを言っているほうに○をつけましょう。

㋐ ○

㋑

(2) 記述 じっけんからわかることを、[ ]の言葉を使ってまとめましょう。

[同じ体積　もの　重さ　ちがう]

(同じ体積でも、もののしゅるいによって重さはちがう。)

春のチャレンジテスト　うら　てびき

4 (1)木のおもり1この重さは18gなので、2こだと18g+18g=36gになります。プラスチックのおもり1この重さは38gなので、木のおもり2こより重いことになります。
(2)ものの大きさ(かさ)のことを体積といいます。同じ体積でも、もののしゅるいによって、重さはちがいます。

5 (1)(2)2つのじしゃくのきょくどうしを近づけたとき、ちがうきょくどうしは引き合い(①、③)、同じきょくどうしはしりぞけ合います(②、④)。
(3)①がNきょくにしりぞけられたことから、①はNきょくとわかります。①がNきょくならば、反対がわの②はSきょくとなります。

6 (1)音がつたわるとき、音をつたえているものはふるえています。
(2)ふるえを止めると、音がつたわりません。糸をつまむと、ふるえが止まってしまい、音がつたわらなくなるため、音が聞こえなくなります。

7 (1)同じ体積の鉄、木、ゴムのおもりの重さを、台ばかりの目もりから読みとればわかります。
(2)鉄、ゴム、木だけでなく、同じ体積でも、もののしゅるいによって、重さはちがいます。

3年 理科のまとめ

学力しんだんテスト

名前　　　月　　日

時間 40分

ごうかく 80点　　／100

答え 44～45ページ

1 アゲハの育つようすを調べました。

(1)、(4)は1つ4点、(2)、(3)はそれぞれぜんぶできて4点(16点)

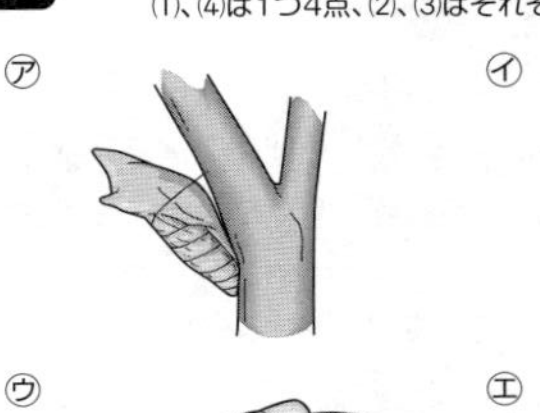

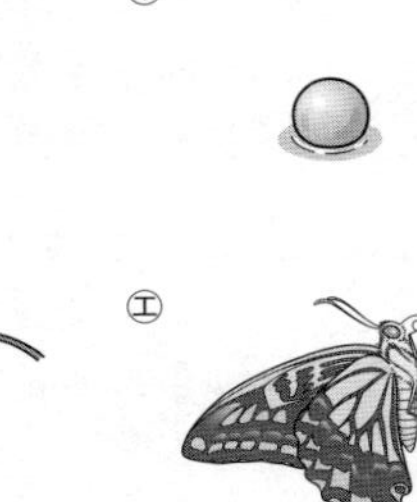

(1)㋐のころのすがたを、何といいますか。

(　さなぎ　)

(2)㋐～㋓を、育つじゅんにならべましょう。

(㋑)→(㋒)→(㋐)→(㋓)

(3)アゲハのせい虫のあしは、どこに何本ついていますか。

(むね)に(6)本ついている。

(4)アゲハのせい虫のような体のつくりをした動物を、何といいますか。

(　こん虫　)

2 ゴムのはたらきで、車を動かしました。

1つ4点(8点)

(1)わゴムをのばす長さを長くしました。車の進むきょりはどうなりますか。正しいほうに○をつけましょう。

①(○)長くなる。　②(　)短くなる。

(2)わゴムを2本にすると、わゴムが1本のときとくらべて、車が進むきょりはどうなりますか。

(（車が進むきょりが）長くなる。)

3 ホウセンカの育ち方をまとめました。

1つ4点(12点)

?

(1)図の？に入るホウセンカのようすについて、正しいことを言っているほうに○をつけましょう。

草たけが大きくなって、花がさきます。

実をのこして、かれてしまいます。

①(　)　②(○)

(2)ホウセンカの実の中には、何が入っていますか。

(たね)

(3)ホウセンカの実は、何があったところにできますか。正しいものに○をつけましょう。

①(　)子葉　②(　)葉　③(○)花

4 午前9時と午後3時に、太陽によってできるぼうのかげの向きを調べました。

1つ4点(12点)

ぼう　東　西　㋐　㋑　北

(1)午後3時のかげの向きは、㋐と㋑のどちらですか。

(㋐)

(2)時間がたつと、かげの向きはどのようにかわりますか。正しいほうに○をつけましょう。

①(　)㋐→㋑　②(○)㋑→㋐

(3)時間がたつと、かげの向きがかわるのはなぜですか。

(太陽のいちがかわるから。(太陽が動くから。))

学力診断テスト(表)

●うらにも問題があります。

学力しんだんテスト　おもて　てびき

1 (1)(2)チョウは、たまご(㋑)→よう虫(㋒)→さなぎ(㋐)→せい虫(㋓)のじゅんに育っていきます。よう虫は皮をぬぐたびに大きくなり、食べるえさのりょうや、ふんのりょうがふえていきます。たまごとさなぎのときは、何も食べません。

(3)(4)こん虫のせい虫の体は、どれも、頭・むね・はらの3つの部分からできていて、むねに6本のあしがあります。頭には目や口、しょっ角があります。

2 わゴムをのばすと、もとにもどろうとする力がはたらきます。ゴムの力で、ものを動かすことができます。ゴムを長くのばすほど、ゴムがものを動かすはたらきは大きくなります。

(1)わゴムをのばす長さを長くすると、車にはたらくゴムの力も大きくなるので、車の進むきょりは長くなります。

(2)わゴムの本数を1本から2本にすると、車にはたらくゴムの力も大きくなるので、車が進むきょりは長くなります。

3 植物は、1つのたねから子葉が出て、葉の数がふえ、草たけが高くなり、くきが太くなっていきます。つぼみができて花がさき、花がさいた後には実ができ、かれていきます。実の中には、たねができます。

4 時間がたつと、太陽のいちは、東から南の空の高いところを通り、西へとかわります。

(1)かげは、太陽の光(日光)をさえぎるものがあると、太陽の反対がわにできます。午後3時には、太陽は西のほうにあります。そのため、かげは東のほう(㋐)にできます。

(2)太陽のいちは、東→西とかわるので、かげの向きは、西(㋑)→東(㋐)とかわります。

(3)かげの向きがかわるのは、太陽のいちがかわる(太陽が動く)からです。

5 虫めがねを使って、日光を集めました。

1つ4点(8点)

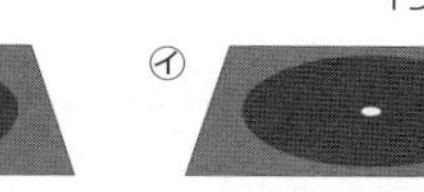
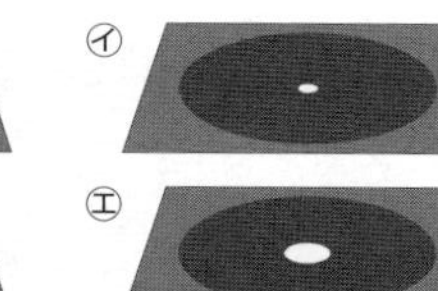

(1)㋐～㋓のうち、日光を集めたところが、いちばん明るいのはどれですか。

(㋑)

(2)㋐～㋓のうち、日光が集まっている部分が、いちばんあついのはどれですか。

(㋑)

6 電気を通すもの・通さないものを調べました。

1つ4点(12点)

(1)電気を通すものはどれですか。2つえらんで、○をつけましょう。

アルミニウムはく　消しゴム　鉄のくぎ　ガラスのコップ

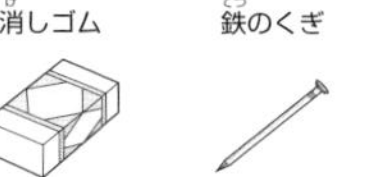

①(○) ②(　) ③(○) ④(　)

(2)(1)のことから、電気を通すものは何でできていることがわかりますか。

(金ぞく)

7 トライアングルをたたいて音を出して、音が出ているもののようすを調べました。

1つ4点(12点)

(1)音の大きさと、トライアングルのふるえについて調べました。①、②にあてはまる言葉をかきましょう。

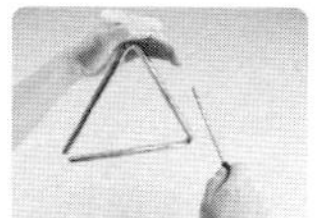

音の大きさ	トライアングルのふるえ
大きい音	ふるえが(①)。
小さい音	ふるえが(②)。

①(大きい) ②(小さい)

(2)音が出ているトライアングルのふるえを止めると、音はどうなりますか。

(止まる。(聞こえなくなる。))

学力診断テスト(裏)

活用力をみる

8 おもちゃをつくって遊びました。

1つ4点(20点)

(1)じしゃくのつりざおを使って、魚をつります。

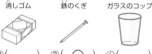

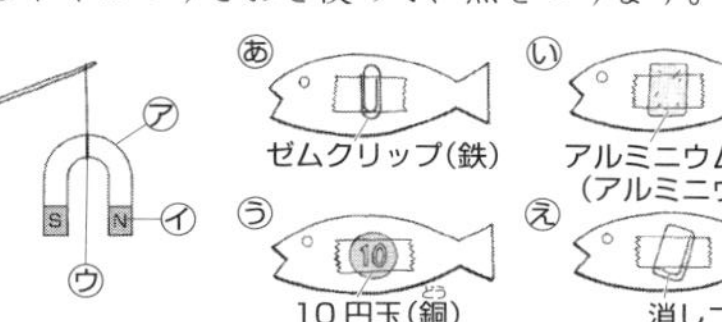

①つれるのは、㋐～㋓のどれですか。

(㋐)

②じしゃくの㋐～㋒のうち、魚をいちばん強く引きつける部分はどれですか。

(㋑)

(2)シーソーのおもちゃで遊びました。シーソーは、重いものをのせたほうが下がります。

①同じりょうのねん土から、リンゴ、バナナ、ブドウをつくり、シーソーにのせました。ア～ウのうち、正しいものに○をつけましょう。

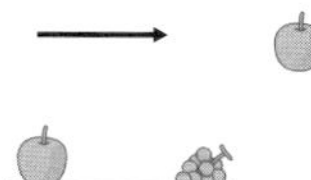

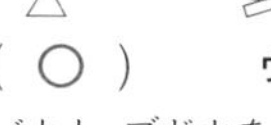

ア(　) イ(○) ウ(　)

②同じ体積のリンゴ、バナナ、ブドウを、もののしゅるいをかえてつくり、シーソーにのせました。リンゴ、バナナ、ブドウの中で、いちばん重いものはどれですか。

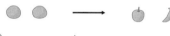

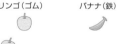

リンゴ(ゴム)　バナナ(鉄)　ブドウ(プラスチック)

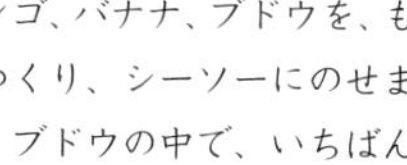

(バナナ)

③同じ体積でも、ものによって重さはかわりますか、かわりませんか。

(かわる。)

学力しんだんテスト　うら　てびき

5 虫めがねを使うと、日光を集めることができます。日光を集めたところを小さくするほど、明るく、あつくなります。

6 鉄や銅、アルミニウムなどの金ぞくは、電気を通すせいしつがあります。ゴムやガラスのほか、紙や木、プラスチックなどは、電気を通しません。

7 (1)ものから音が出るとき、ものはふるえています。大きい音はふるえが大きく、小さい音はふるえが小さいです。

(2)音が出ているもののふるえを止めると、音は止まり(聞こえなくなり)ます。

8 (1)①鉄でできたものは、じしゃくにつきます。銅やアルミニウムなど、鉄いがいの金ぞくは、じしゃくにつきません。ゴムも、じしゃくにつきません。そのため、じしゃくのつりざおを使ってつれる魚は、ゼムクリップがついている魚(㋐)です。

②じしゃくがもっとも強く鉄を引きつけるのは、きょくの部分です。

(2)①同じりょうのねん土の形をかえても、重さはかわりません。よって、左右どちらかが下がることはなく、シーソーは水平になって止まります。

②シーソーは重いものをのせたほうが下がるので、図を見ると、

・リンゴよりバナナが重い。

・ブドウよりリンゴが重い。

・ブドウよりバナナが重い。

ことがわかります。これらのことから、バナナ(鉄)がいちばん重いことがわかります。

③同じ体積でも、もののしゅるいによって重さはちがいます。

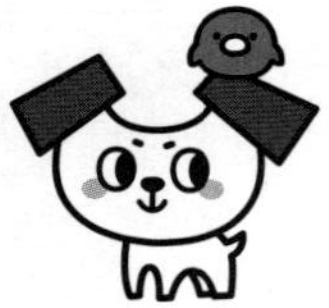

メモ

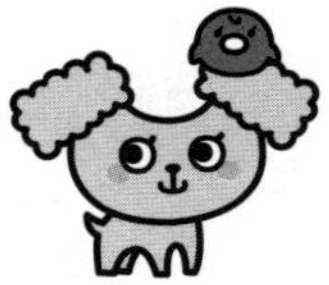

メモ

ふろく　取りはずしてお使いください。

理科 スタートアップドリル

3年

このドリルを使って
２年生までに学習した
ことをふり返ろう。

年　　組

1 生きものを見つけよう①

1 春の校ていで、生きものを見つけました。
（　）にあてはまる生きものの名前を、あとの［　　］からえらんで、
（　）にかきましょう。

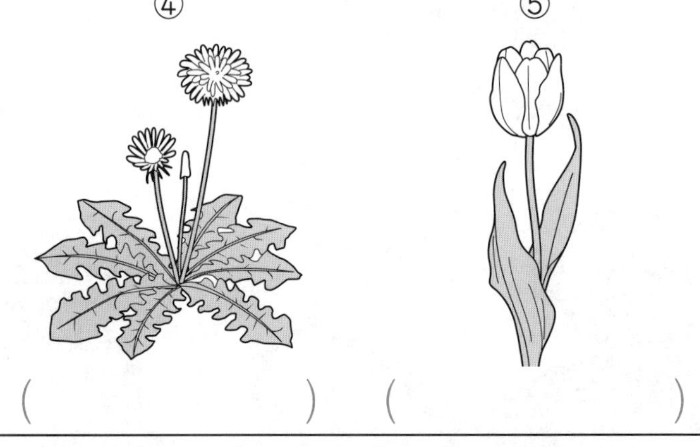

①（　　　　　　）　②（　　　　　　）　③（　　　　　　）

④（　　　　　　）　⑤（　　　　　　）

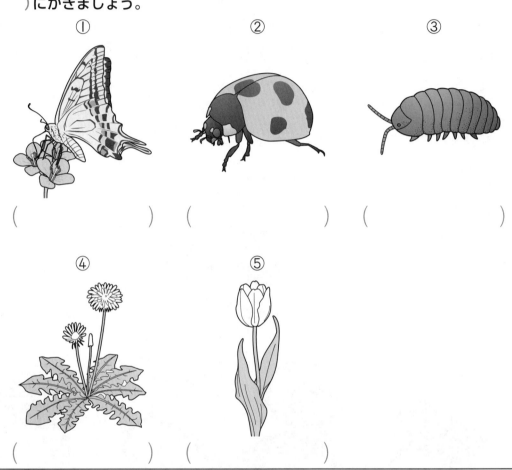

ダンゴムシ　　タンポポ　　チューリップ　　チョウ　　テントウムシ

2 花をそだてよう①

1 たねと、花やみをかんさつして、ひょうにまとめました。
①や②は、㋐と㋑のどちらに入りますか。(　　)にかきましょう。

	ヒマワリ	フウセンカズラ	アサガオ
たね	㋐		㋑
花またはみ			

①

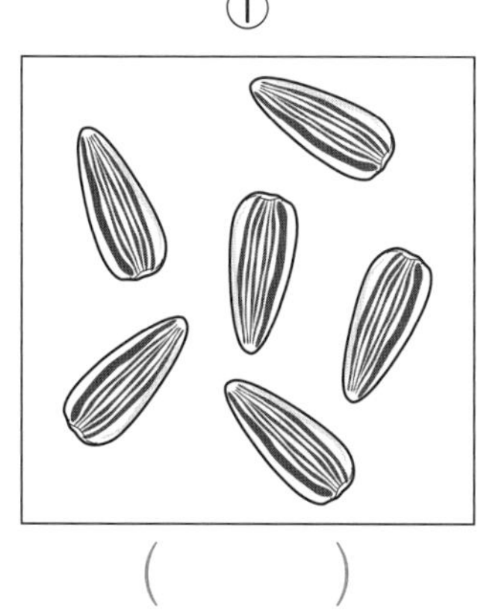

(　　　)

②

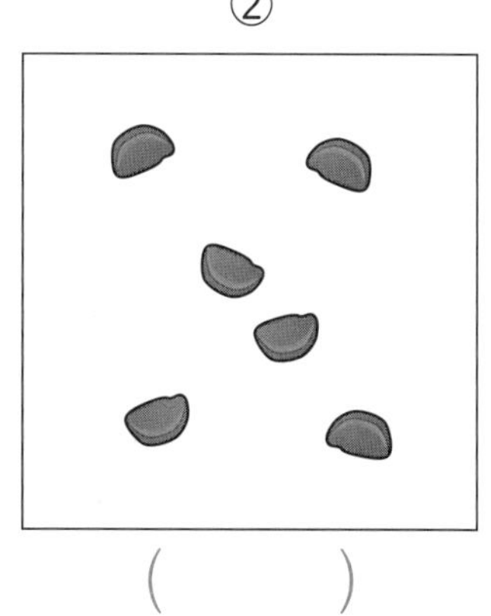

(　　　)

3 花をそだてよう②

1 アサガオのたねをまいて、そだてました。

(1) アサガオのたねまきを、正しいじゅんにならべかえます。
(　　)に、1から3のばんごうをかきましょう。

(　　)　(　　)　(　　)

(2) アサガオのそだちを、正しいじゅんにならべかえます。
(　　)に、1から3のばんごうをかきましょう。

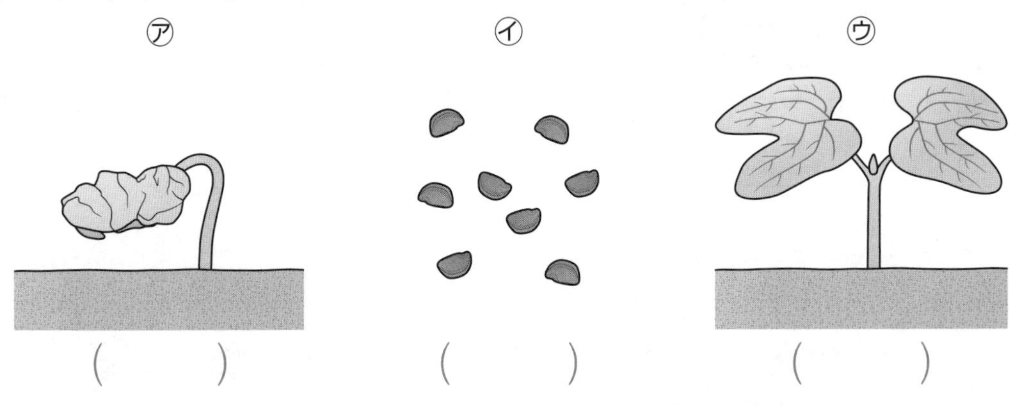

(　　)　(　　)　(　　)

(3) ①から④で、アサガオのせわのしかたで、正しいものはどれですか。
正しいものを2つえらんで、(　　)に○をかきましょう。

①(　　)日当たりのよい場しょにおく。
②(　　)水は毎日よるにやる。
③(　　)ひりょうはやらなくてよい。
④(　　)つるがのびたら、ぼうを立てる。

4 きせつだより

1 それぞれのきせつに、生きものをかんさつしました。
夏に見られる生きものには○を、秋に見られる生きものには△を、
(　　)にかきましょう。

①ヒマワリ(花)

(　　)

②アサガオ(花)

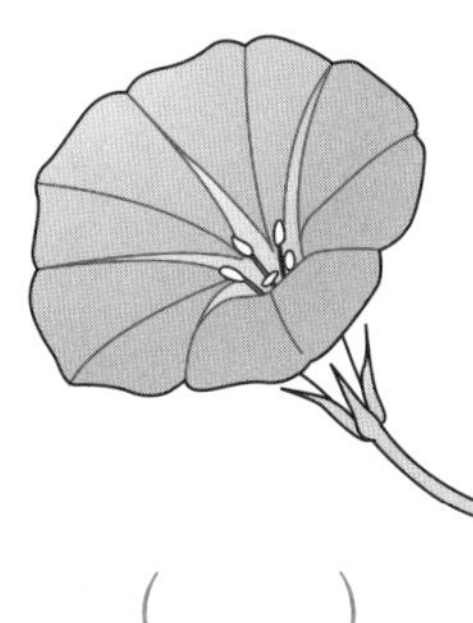

(　　)

③キンモクセイ(花)

(　　)

④イチョウ(黄色の葉(は))

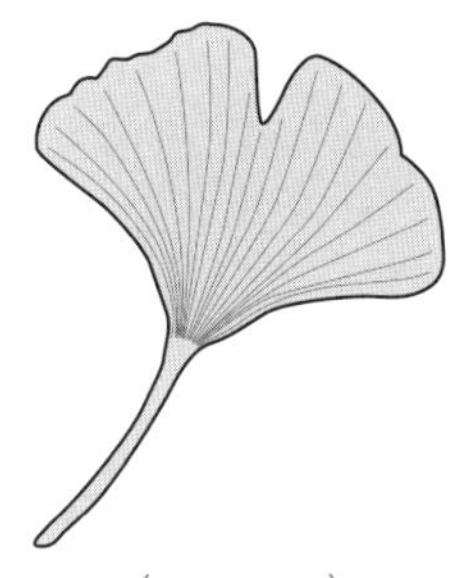

(　　)

⑤カエデ(赤色の葉)

(　　)

⑥エノコログサ

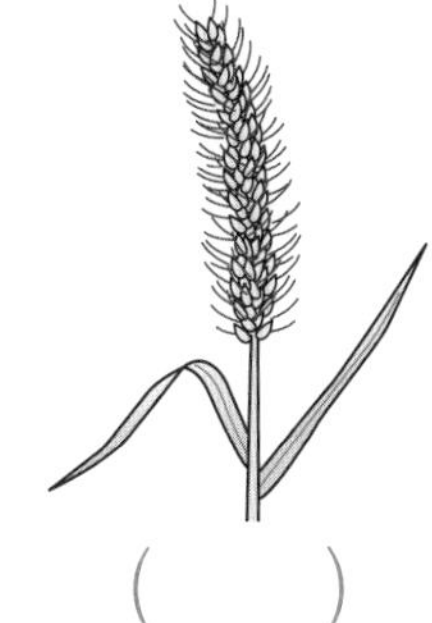

(　　)

⑦コナラ(み)

(　　)

⑧カブトムシ

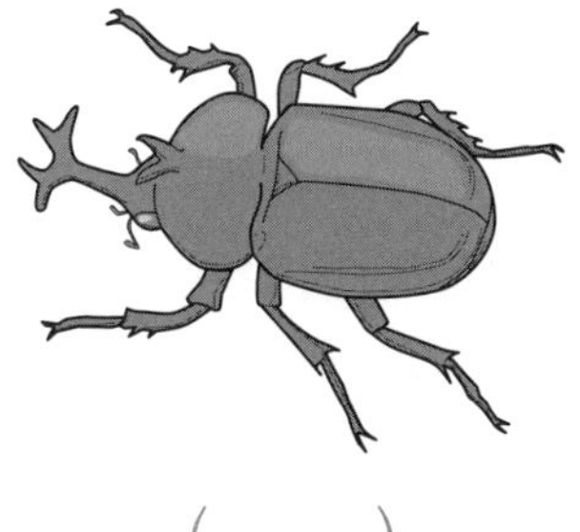

(　　)

⑨コオロギ

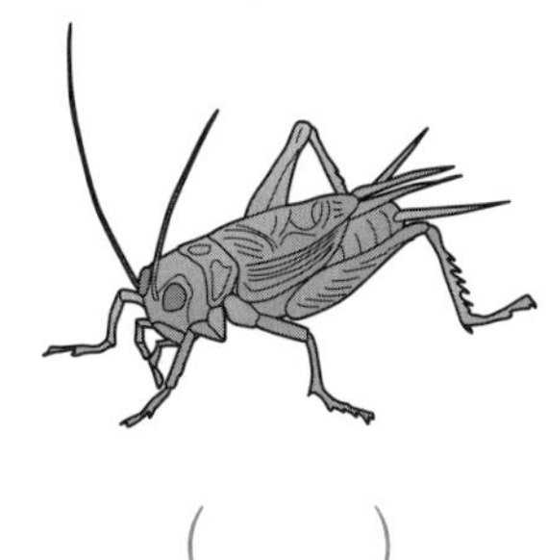

(　　)

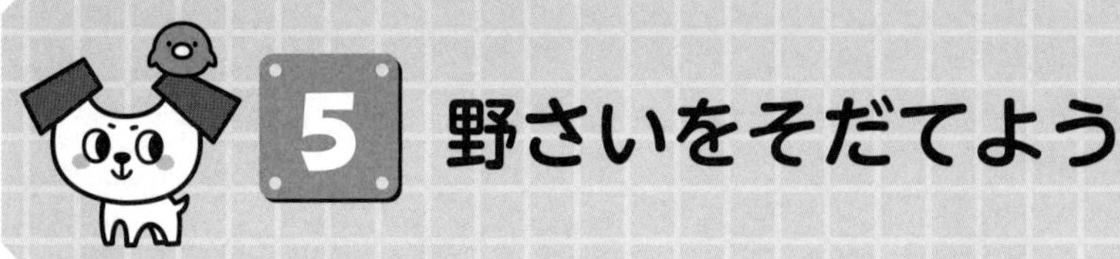

5 野さいをそだてよう

1 （　）にあてはまる野さいの名前を、あとの［　］からえらんでかきましょう。

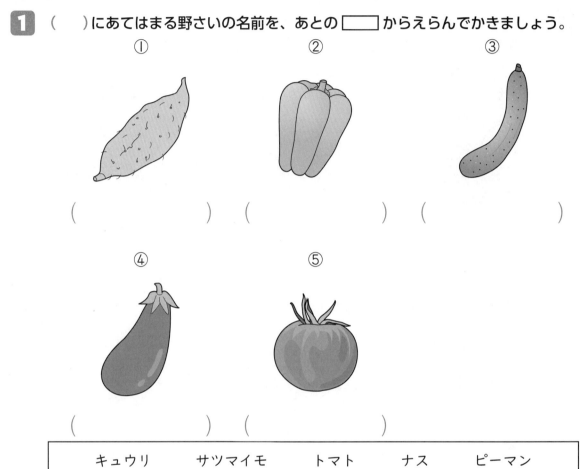

①（　　　）

②（　　　）

③（　　　）

④（　　　）

⑤（　　　）

キュウリ　サツマイモ　トマト　ナス　ピーマン

2 野さいのなえのうえかえを、正しいじゅんにならべかえます。
（　）に、1から3のばんごうをかきましょう。

㋐土をかけて、上からかるくおさえる。

（　）

㋑なえをそっととり出し、うえる。

（　）

㋒なえが入る大きさのあなをほる。

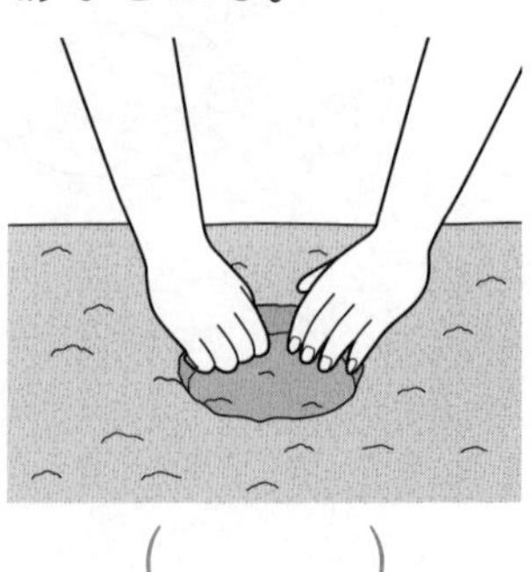

（　）

6 生きものを見つけよう②

1 ①から④の生きものは、どこで見つかりますか。
（　　）にあてはまることばを、あとの［　　］からえらんでかきましょう。

①ダンゴムシ

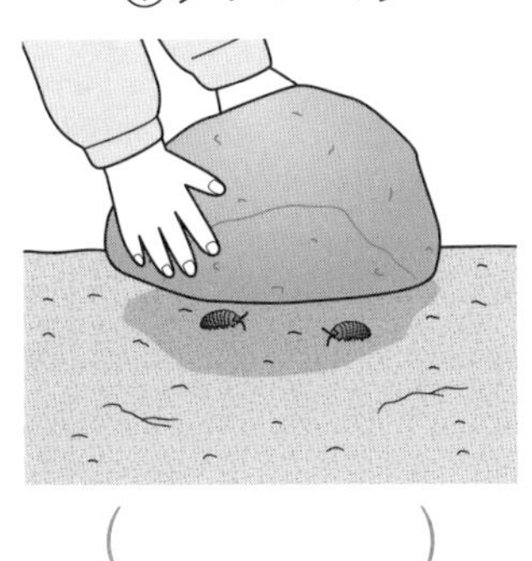

（　　　　　）

②バッタ

（　　　　　）

③メダカ

（　　　　　）

④クワガタ

（　　　　　）

石の下	草むら	水の中	森や林

2 ①と②の名前はなんですか。（　　）にあてはまる名前をかきましょう。

①

（　　　　　）

②

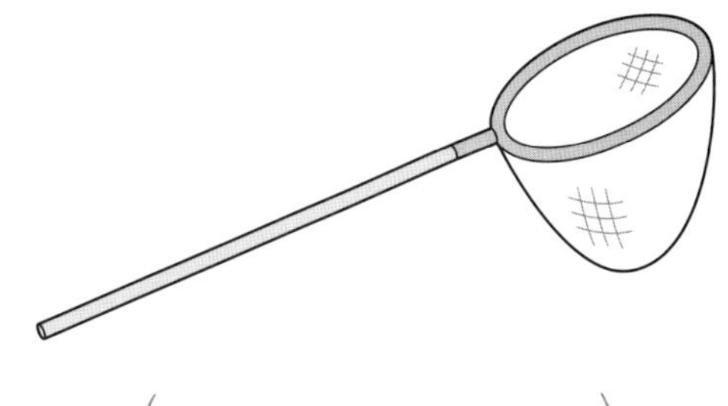

（　　　　　）

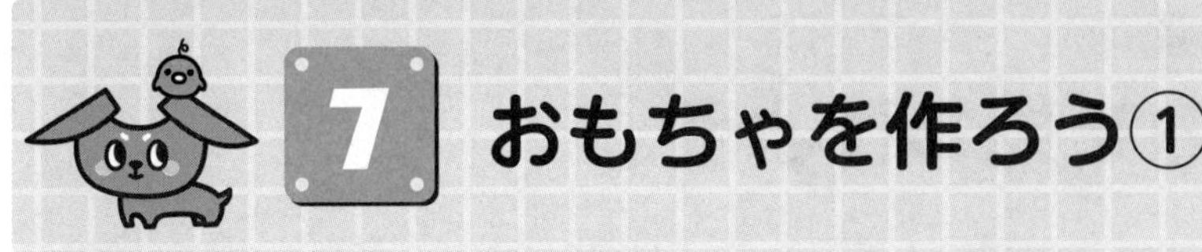

7 おもちゃを作ろう①

1 おもちゃを作るときに、道ぐをつかいます。
（　　）にあてはまることばを、あとの［　　］からえらんでかきましょう。

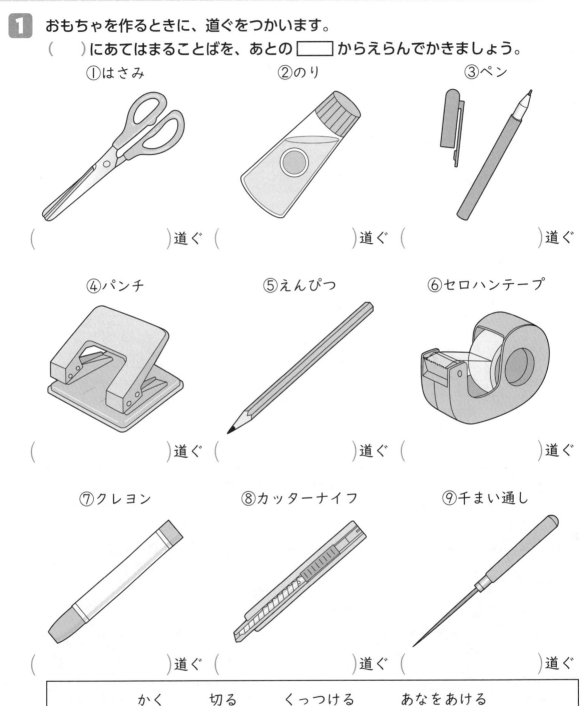

①はさみ（　　　　）道ぐ　②のり（　　　　）道ぐ　③ペン（　　　　）道ぐ

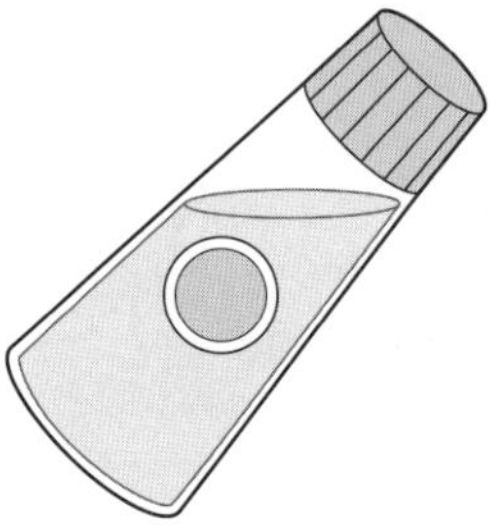

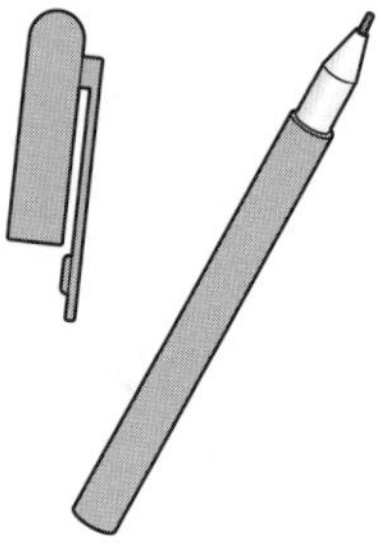

④パンチ（　　　　）道ぐ　⑤えんぴつ（　　　　）道ぐ　⑥セロハンテープ（　　　　）道ぐ

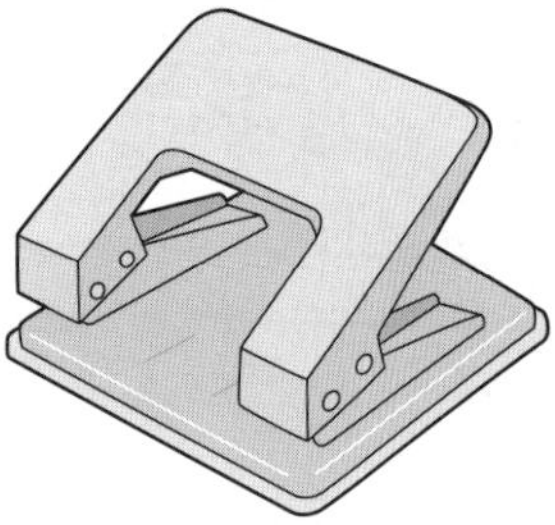

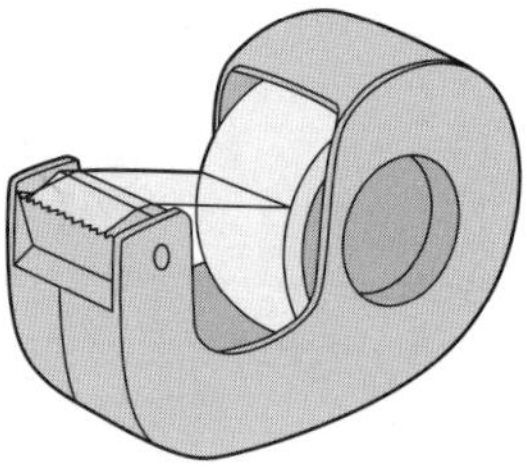

⑦クレヨン（　　　　）道ぐ　⑧カッターナイフ（　　　　）道ぐ　⑨千まい通し（　　　　）道ぐ

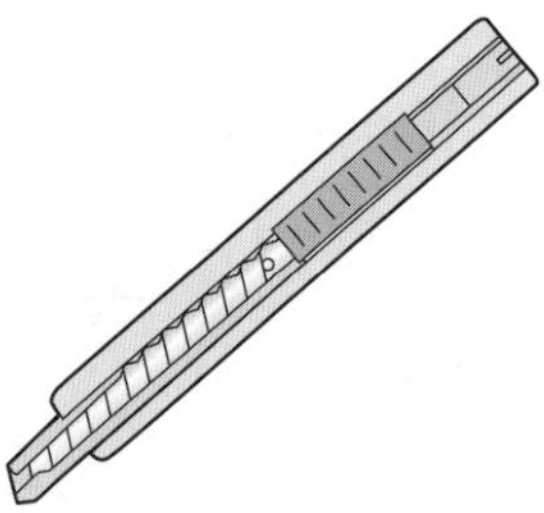

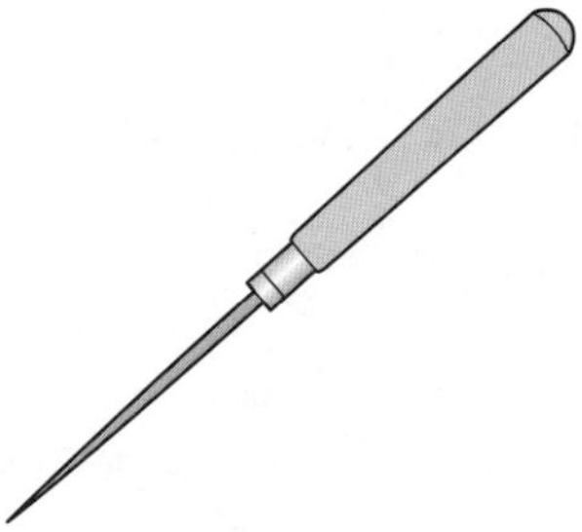

かく　切る　くっつける　あなをあける

8 おもちゃを作ろう②

1 カッターナイフをつかうときのやくそくです。
①から③で、正しいものに○を、正しくないものに×を、（　　）にかきましょう。

①もつほうをむけて
わたす。

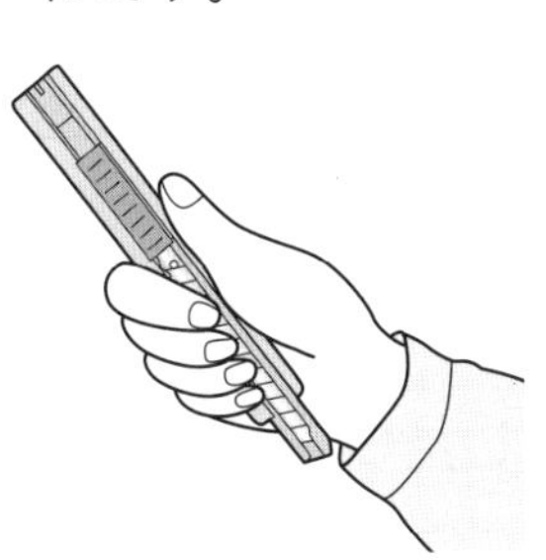

（　　）

②はの通り道に
手をおかない。

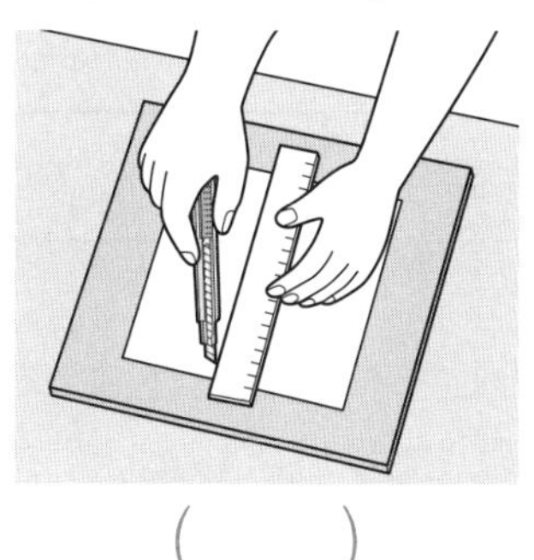

（　　）

③すぐつかえるように
ずっとはを出しておく。

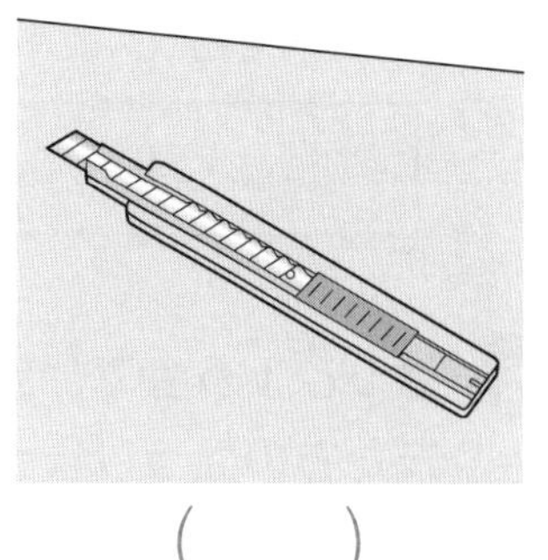

（　　）

2 おもちゃを作りました。①から③は、何の力をつかったおもちゃですか。
（　　）にあてはまることばを、あとの［　　］からえらんでかきましょう。

①ごろごろにゃんこ

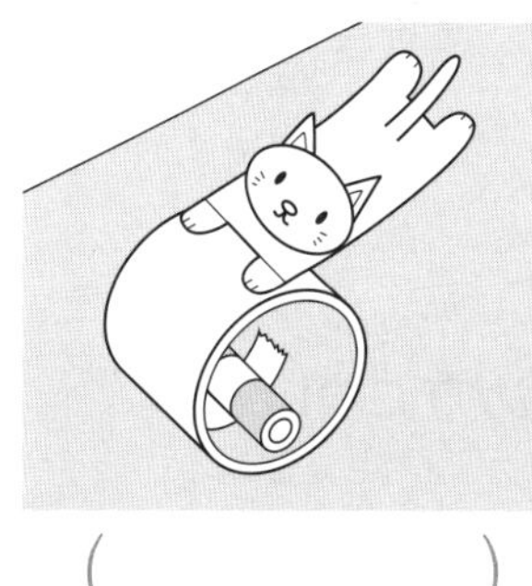

（　　　　）

②ウィンドカー

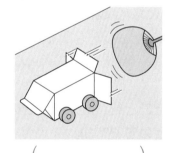

（　　　　）

③さかなつりゲーム

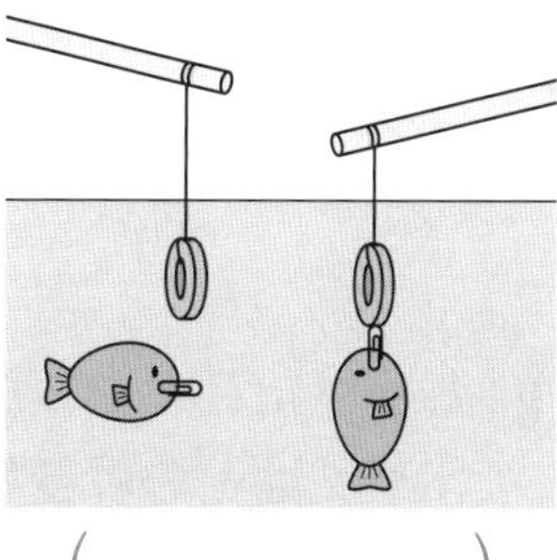

（　　　　）

おもり　　風　　じしゃく

9 はっぴょうしよう

1 **話し合いをするときに大切なことについて、**
（　）に入ることばを、あとの［　］からえらんでかきましょう。

①話し合いをするときに、（　　　　）をきめておく。
②自分が（　　　　）いることを、はっきりと言う。
③だれかが（　　　　）いるときは、しっかりと聞く。

思って　　話して　　めあて

2 **はっぴょう会で、自分のしらべたことをはっぴょうしたり、**
友だちのはっぴょうを聞いたりしました。

(1) 話し方として、正しいものを2つえらんで、（　）に○をかきましょう。
①（　　）下をむいて、ゆっくりと小さな声で話す。
②（　　）ていねいなことばづかいで話す。
③（　　）聞いている人のほうを見ながら話す。

(2) 話の聞き方として、正しいものを2つえらんで、（　）に○をかきましょう。
①（　　）話している人を見ながら、しずかに聞く。
②（　　）まわりの人と話しながら聞く。
③（　　）さいごまでしっかりと聞く。

3 **しらべたことやわかったことを、伝えるときのまとめ方について、**
①や②はどのようなまとめ方ですか。
（　）に入ることばを、あとの［　］からえらんでかきましょう。

①けいじばんなどにはって、たくさんの人に伝えることができる。
（　　　　　　）
②伝えたい人が手にとって、じっくりと読んでもらうことができる。
（　　　　　　）

げき　　パンフレット　　ポスター

答え

1 生きものを見つけよう①

1

①
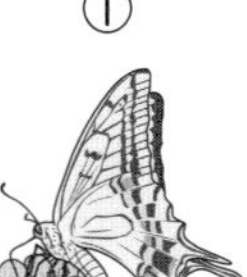
チョウ

②

テントウムシ

③

ダンゴムシ

④

タンポポ

⑤

チューリップ

★生きものをかんさつするときは、見つけた場しょ、大きさ、形、色などをしらべて、カードにかきましょう。また、きょうかしょなどで、名前をしらべましょう。

おうちのかたへ

３年理科でも身の回りの生き物を観察しますが、そのときには生き物によって、大きさ、形、色など、姿に違いがあることを学習します。

2 花をそだてよう①

1

①
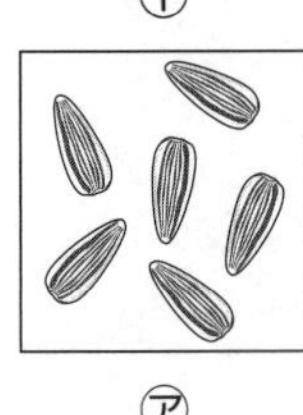
㋐

②
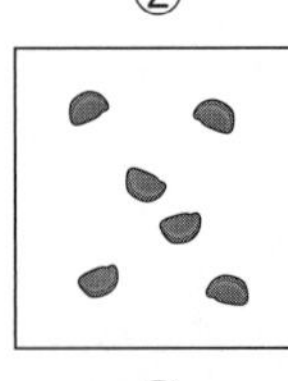
㋑

★ヒマワリ、フウセンカズラ、アサガオで、たねの大きさや形、色がちがいます。くらべてみましょう。

おうちのかたへ

３年理科でも植物のたねをまき、成長を観察しますが、そのときには植物の育つ順序や、植物の体のつくりを学習します。

3 花をそだてよう②

1 (1)

㋐
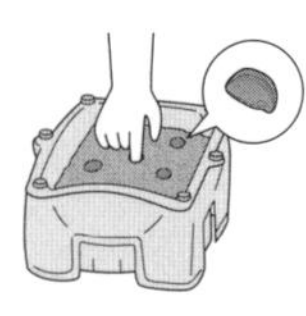
1

㋑

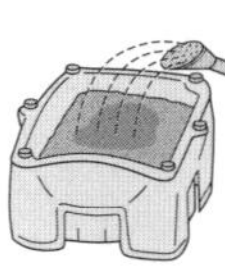
3

㋒

2

★土にあなをあけて、たねを入れます(㋐)。それから、土をかけます(㋒)。そのあと、土がかわかないように、水をやります(㋑)。

(2)

㋐

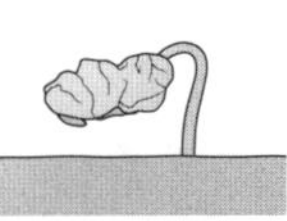
2

㋑

1

㋒
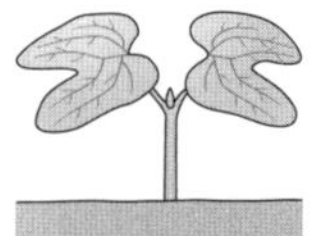
3

★たね(㋑)からめが出て(㋐)、葉がひらきます(㋒)。

(3)①と④に○

★アサガオをそだてるときには、日当たりと風通しのよい場しょにおきます。水は土がかわいたらやるようにします。

おうちのかたへ

３年理科でも植物の栽培をしますので、そのときに、たねのまき方や世話のしかたを扱います。

4 きせつだより

1

①ヒマワリ(花)

○

②アサガオ(花)

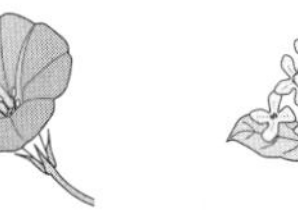

○

③キンモクセイ(花)

△

④イチョウ(黄色の葉)

△

⑤カエデ(赤色の葉)

△

⑥エノコログサ

△

⑦コナラ(み)

△

⑧カブトムシ

○

⑨コオロギ

△

★イチョウやカエデの葉は、夏にはみどり色ですが、秋になると黄色や赤色になって、やがて落ちます。

おうちのかたへ

動物の活動や植物の成長と季節の変化の関係は、4年理科で扱います。

5 野さいをそだてよう

1

①

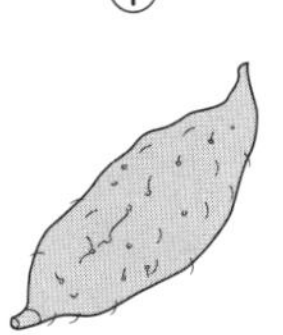

サツマイモ

②

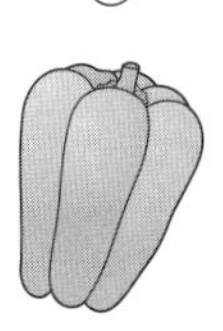

ピーマン

③

キュウリ

④

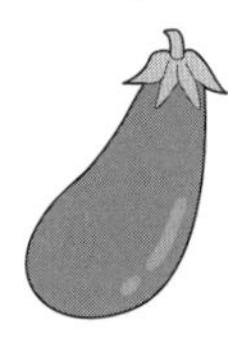

ナス

⑤

トマト

★ふだん食べている野さいを思い出しましょう。

2

㋐

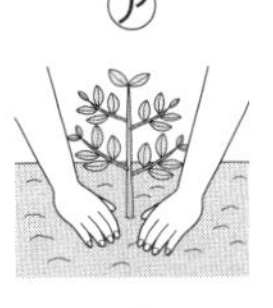

3

㋑

2

㋒

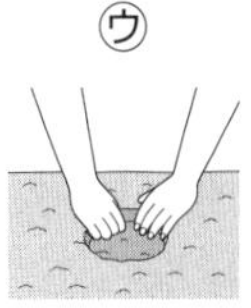

1

★なえの大きさに合わせて、あなをほります(㋒)。ねをきずつけないように、そっとなえをとり出して(㋑)、土にうえます。うえたあとは、土をかぶせてかるくおさえます(㋐)。

おうちのかたへ

3年理科でも植物の栽培をしますので、そのときに、植え替えのしかたを扱います。

6 生きものを見つけよう②

1

①ダンゴムシ

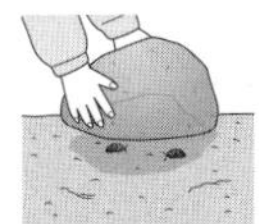

石の下

②バッタ

草むら

③メダカ

水の中

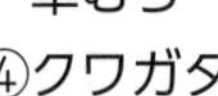

④クワガタ

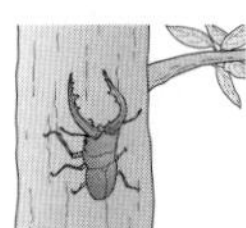

森や林

★①ダンゴムシは、石やおちばの下などにいることが多いです。②バッタは、草むらにいることが多いです。③メダカは、池やながれがおだやかな川などにすんでいます。④クワガタは、じゅえきが出る木にいます。

おうちのかたへ

３年理科で、生物と環境の関わりを扱いますので、そのときに昆虫のすみかや食べ物の関係を学習します。

2

①

虫めがね

②

(虫とり)あみ

★虫めがねは、小さいものを大きくして見るときにつかいます。(虫とり)あみは、虫をつかまえるときにつかいます。

おうちのかたへ

３年理科で、虫眼鏡の使い方を学習します。

7 おもちゃを作ろう①

1

①はさみ

切る道ぐ

②のり

くっつける道ぐ

③ペン

かく道ぐ

④パンチ

あなをあける道ぐ

⑤えんぴつ

かく道ぐ

⑥セロハンテープ

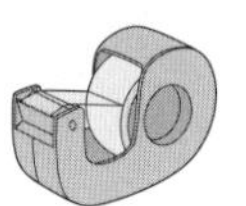

くっつける道ぐ

⑦クレヨン

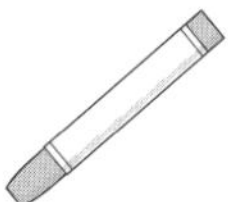

かく道ぐ

⑧カッターナイフ

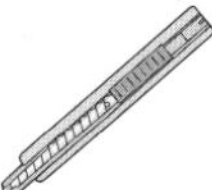

切る道ぐ

⑨千まい通し

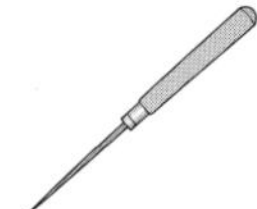

あなをあける道ぐ

★⑧カッターナイフは、はを紙などに当てて切る道ぐです。はが通るところに手をおいてはいけません。⑨千まい通しは、糸などを通すあなをあけたいときにつかいます。

8 おもちゃを作ろう②

1

①	②	③
	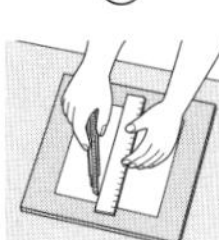	
○	○	×

★②カッターナイフのはが通るところに、手をおいてはいけません。③カッターナイフをつかわないときには、ははしまっておきます。

2

①	②	③
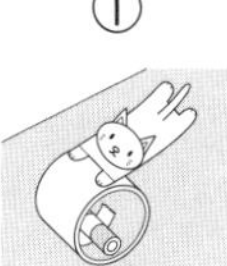		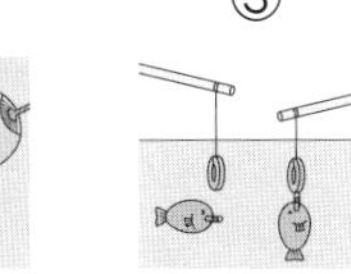
おもり	風	じしゃく

★①中に入れたおもりによって、前後にゆらゆらとうごくおもちゃです。②広げた紙が風をうけて、前へすすみます。③紙でつくった魚につけたクリップがじしゃくにくっつくことをつかって、魚をつり上げます。

おうちのかたへ

理科でも、ものづくりは各学年で行います。風の力や磁石の性質は、3年で扱います。

9 はっぴょうしよう

1 ①めあて
②思って
③話して

2 (1)②と③に○

★みんなのほうを見ながら、ていねいなことばづかいで、聞こえるように話しましょう。

(2)①と③に○

★話している人にちゅう目し、話をよく聞きましょう。しつもんがあれば、はっぴょうがおわってからします。

3 ①ポスター
②パンフレット

★だれに何をどのようにつたえたいかによって、はっぴょうのし方をえらびます。